普通高等教育“十三五”应用型人才培养规划教材

现代工程图学习题集

主　编　葛常清
副主编　程　洋　卢卫萍　黄爱维
　　　　袁　群　顾　锋

机械工业出版社

本书与葛常清主编的《现代工程图学》主教材配套使用，章节安排顺序与主教材一致。本书主要内容包括制图的基本知识和基本技能，制图基本原理与三视图，几何元素的投影，几何元素的相对位置，组合体，机件的表达方法，轴测图，零件图上的技术要求，零件的连接，齿轮、弹簧和滚动轴承，零件图，装配图和表面展开图共十三章。

本书和主教材可供普通高等学校和职业院校中工科机械类、近机械类各专业的画法几何、机械制图、工程图学等课程的课堂教学和课后训练使用，还可供各专业师生及相关工程技术人员参考。

图书在版编目（CIP）数据

现代工程图学习题集/葛常清主编．—北京：机械工业出版社，2019.9（2024.6重印）
普通高等教育“十三五”应用型人才培养规划教材
ISBN 978-7-111-63292-4

Ⅰ.①现…　Ⅱ.①葛…　Ⅲ.①工程制图-高等学校-习题集
Ⅳ.①TB23-44

中国版本图书馆 CIP 数据核字（2019）第 170090 号

机械工业出版社（北京市百万庄大街 22 号　邮政编码 100037）
策划编辑：舒　恬　责任编辑：舒　恬　王勇哲
责任校对：李　杉　封面设计：张　静
责任印制：刘　媛
涿州市般润文化传播有限公司印刷
2024 年 6 月第 1 版第 3 次印刷
260mm×184mm · 9.5 印张 · 229 千字
标准书号：ISBN 978-7-111-63292-4
定价：24.00 元

电话服务
客服电话：010-88361066
010-88379833
010-68326294

网络服务
机　工　官　网：www.cmpbook.com
机　工　官　博：weibo.com/cmp1952
金　书　网：www.golden-book.com
机工教育服务网：www.cmpedu.com

前　言

本书根据教育部高等学校工程图学教学指导委员会制定的《普通高等院校工程图学课程教学基本要求》，在对往届毕业生大量追踪调查和综合分析的基础上，结合多年教改经验编写而成。

本书在编写过程中注意加强画法几何与制图之间的联系，力求通过练习和实践培养学生的空间形象思维能力和逻辑思维能力，提高学生的读图、绘图的水平，同时注重与后续课程及生产实际等方面的联系。各章节习题量略有增加，以适应不同专业和不同程度的教学要求。各院校也可让学生对现有的教学模型或零、部件实物开展测绘练习。

本书可作为普通高等学校本、专科及职业院校机械类、近机械类等专业制图课程的教材，还可供相关工程技术人员参考。

参加本书编写工作的人员有：南通理工学院的程洋、卢卫萍、王凤琴、黄爱维、金亚云、顾燕、徐媛媛、罗霁、张爱国、周春杰、葛常清，上海第二工业大学的袁群，上海应用技术大学的张云飞，厦门理工学院李文望，淮阴工学院顾锋、左晓明，盐城工学院马如宏。

本书由同济大学洪钟德教授、东华大学王继成教授主审。他们对书稿提出了许多有益的意见和建议，向二位表示衷心的感谢。本书的大部分插图由南通理工学院孙俪、宋阁、高鹏等用 AutoCAD 绘制。本书在编写过程中得到了参编各校领导的大力支持和院系、教研室等有关方面的热情惠助，在此一并表示感谢。

限于编者的水平，加上时间仓促，书中错漏欠妥之处在所难免，恳请专家、读者批评指正。

编　者

目　录

前　言
第 1 章　制图的基本知识和基本技能 …… 1
第 2 章　制图基本原理与三视图 …… 13
第 3 章　几何元素的投影 …… 15
第 4 章　几何元素的相对位置 …… 28
第 5 章　组合体 …… 51
第 6 章　机件的表达方法 …… 75
第 7 章　轴测图 …… 93
第 8 章　零件图上的技术要求 …… 98
第 9 章　零件的连接 …… 102
第 10 章　齿轮、弹簧和滚动轴承 …… 108
第 11 章　零件图 …… 112
第 12 章　装配图 …… 121
第 13 章　表面展开图 …… 140
参考文献 …… 145

第 1 章　制图的基本知识和基本技能

1-1　字体练习

班级__________　姓名__________　学号__________

1. 10号长仿宋体字。

图样上字体端正笔画清楚排列整齐间

隔均匀长仿宋体字横平竖直注意起落

结构匀称填满方格标题栏学校设计绘

图校核姓名班级图号数量重量零部件名

班级＿＿＿＿＿ 姓名＿＿＿＿＿ 学号＿＿＿＿＿

2. 7号长仿宋体字。

螺钉栓母垫圈片开口销键弹簧滚动珠锥钉轴承

伞齿轮蜗杆汽箱体底座壳叉支架法兰盖皮带轮

变减速器油泵杯盖轴密衬塞压液技术要求表面

粗糙度其余公偏差配合精度基孔轴平行垂直径

向跳动位移同心廊椭圆柱互换性材料钢球墨铸

铁青黄铜铬钨锰热处理渗淬火碳车铣钻磨镗锪

班级__________ 姓名__________ 学号__________

3. 英文字母的大小写。

ABCDEFGHIJKLMNOPQRSTUVWXYZ

ABCDEFGHIJKLMNOPQRSTUVWXYZ

abcdefghijklmnopqrstuvwxyz

abcdefghijklmnopqrstuvwxyz

4. 阿拉伯数字和罗马数字。

0123456789

I II III IV V VI VII VIII IX X

0123456789

I II III IV V VI VII VIII IX X

按指定位置画出各类直线和同心圆，右下角矩形框内细实线应等距（目测）。

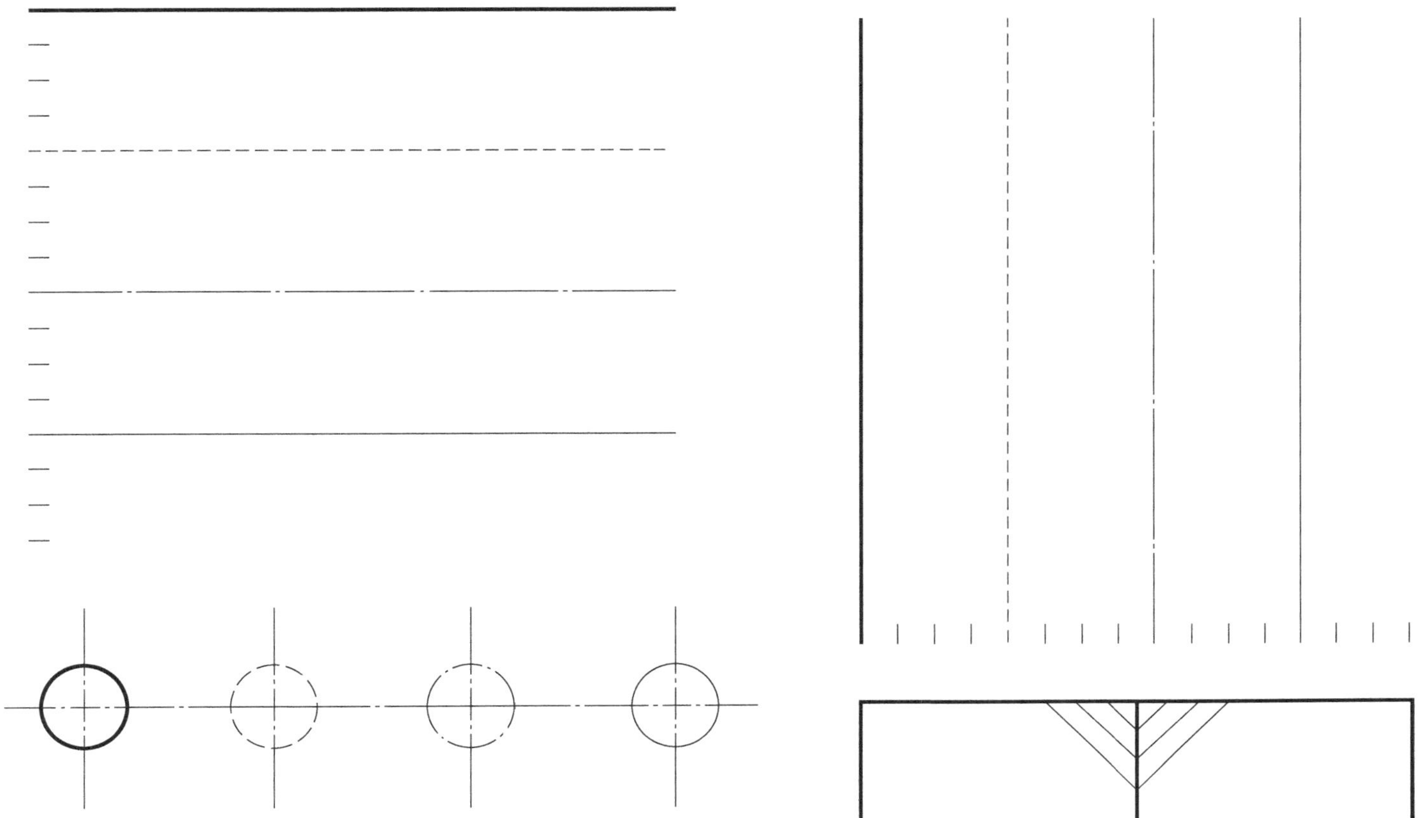

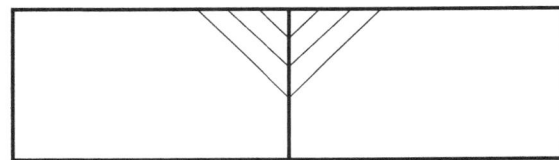

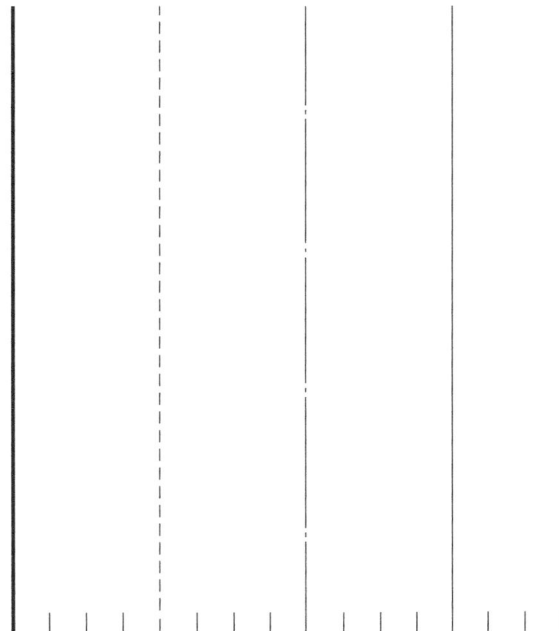

1. 按给定尺寸用1：1比例在右侧空白处抄画下列图形，并标注斜度、锥度尺寸。

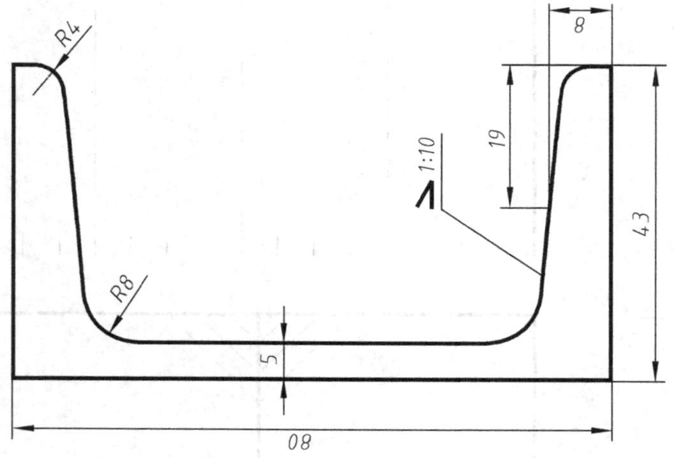

(1)

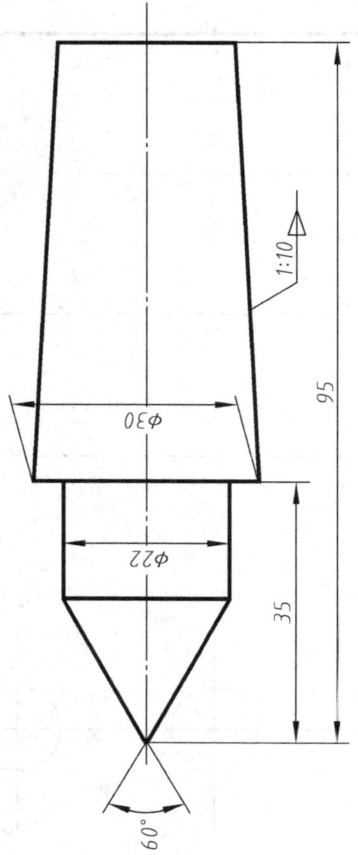

(2)

2. 等分圆周及绘制非圆曲线（在各题的右方用 1∶1 的比例抄画已知图形，第 3 题按给出的尺寸绘制）。

（1）

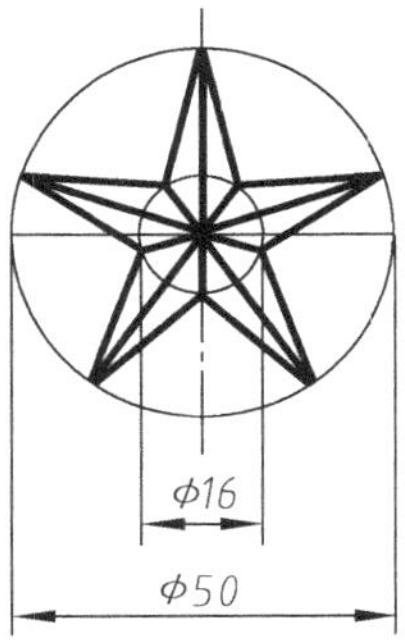

（2）

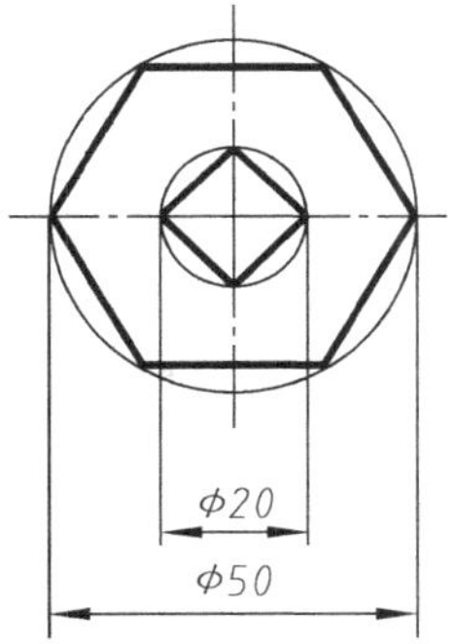

（3）作出椭圆（长轴 50mm，短轴 30mm）。

（4）

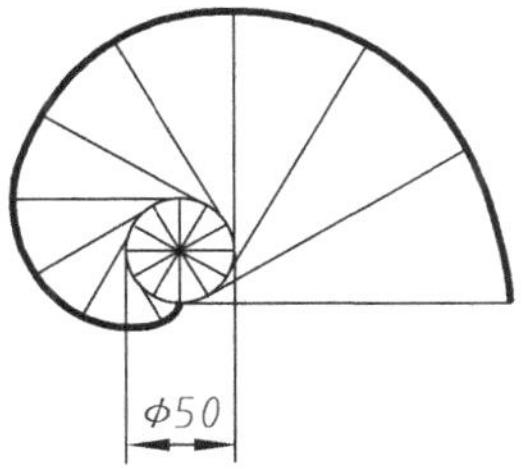

3. 根据各题左上方小图所注尺寸，完成其右方对应的图形。

(1)

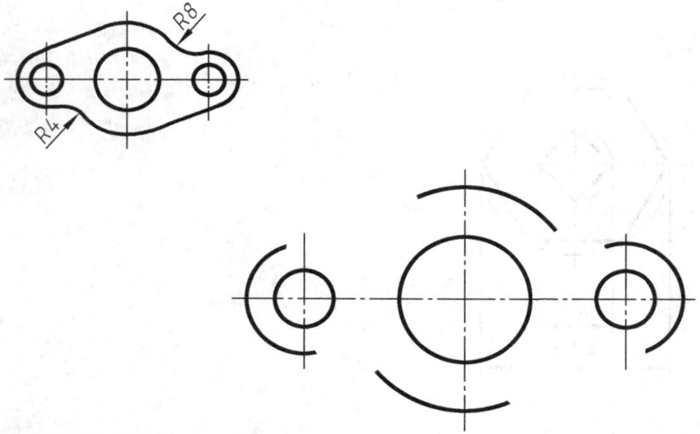

(2)

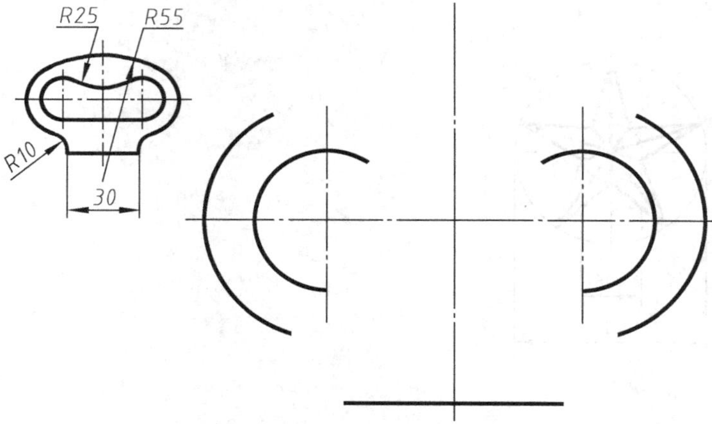

(3)

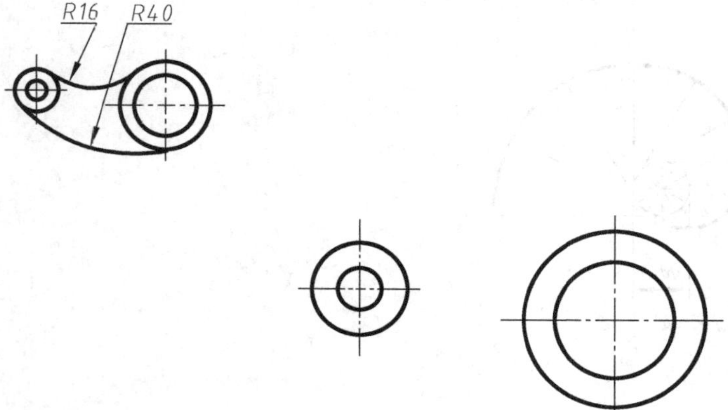

(4)

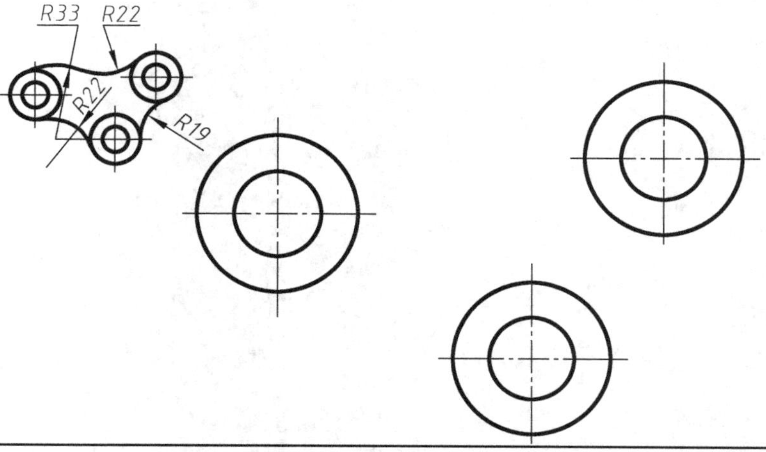

标注出下列各图形的尺寸，尺寸数值直接从图中量取并取整数，单位为 mm。

(1)

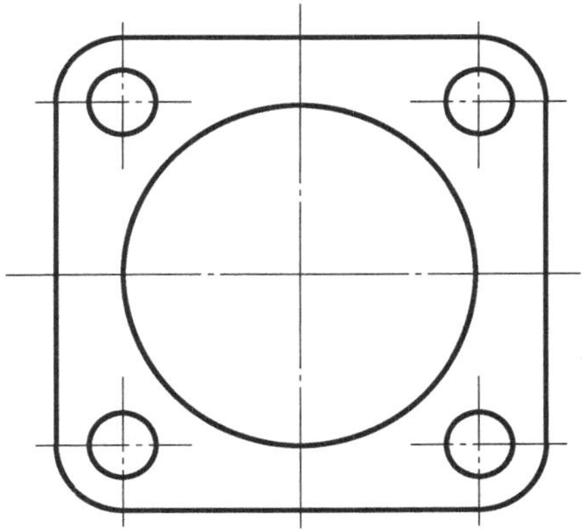

(2)

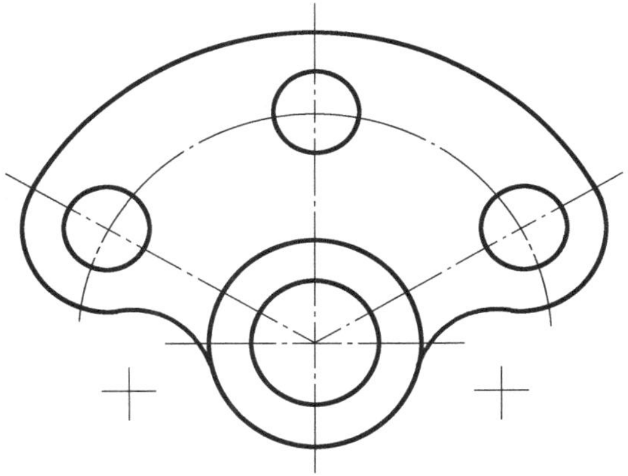

(3)

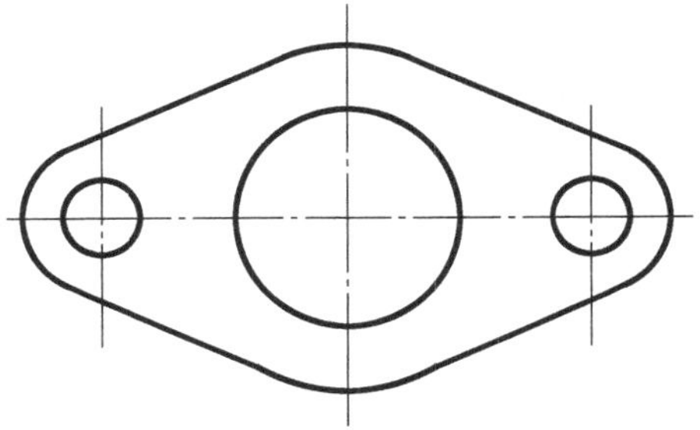

(4)

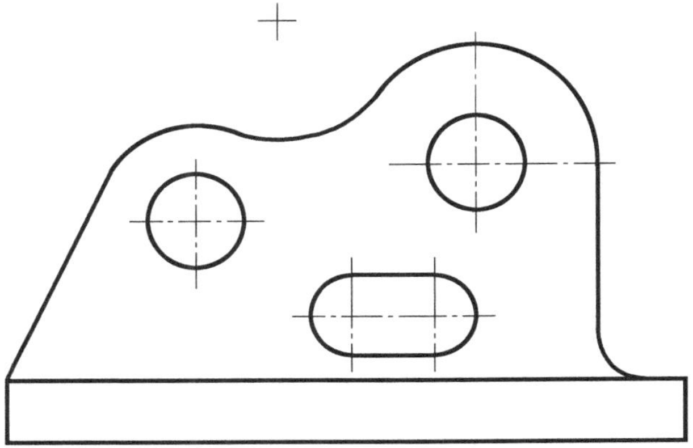

作业指导书

一、目的、内容与要求

1. 目的

1）熟悉机械制图和技术制图国家标准中的一些基本规定（如图线、字体、比例、尺寸标注和标题栏等）。

2）掌握绘图工具和仪器的使用方法。

3）掌握平面图形的分析、画法及尺寸标注。

2. 内容

1）抄画线型（不注尺寸）。

2）抄画零件轮廓（选画一个图形，并注尺寸，详细内容见第 11-12 页）

3. 要求：图形正确、布置适当、线型合格、字体工整、尺寸完整、符合国标、连接光滑、图面整洁。

二、图名、图幅与比例

1. 图名：基本练习

2. 图幅：A3

3. 比例：1∶1

三、绘图步骤及注意事项

1. 做好绘图前的准备工作。将绘图桌安排在采光较好的位置。明确作业要求，对所画图形仔细分析研究，以确定正确的作图步骤。清洁所用的绘图仪器、工具，磨削好铅笔及圆规上的铅芯，准备好胶带纸、橡皮等用品。洗手后便可着手绘图。

2. 固定图纸，画出图框线和标题栏。当图纸较小时，应将图纸布置在图板的左下方，但离图板底边的距离须大于丁字尺的宽度。用丁字尺的导边对准图纸上方的水平图框线或图幅上边缘，再向下移一小段距离，用胶带纸固定好图纸的左上和右上两角，然后将丁字尺连续下移至距图幅下边缘一段距离，固定好左下和右下两角。如使用未印好图框格式的图纸，还需画出图框线和标题栏。

3. 布置图面。估算各图形的面积（包括所注尺寸），将所画图形均匀地布置在图纸上。

4. 轻画底稿。用较硬的铅笔轻轻地画出各图底稿：①画轴线或对称中心线；②先画主要轮廓，后画细部结构，对于圆弧连接，作出正确的连接点（切点）及连接弧的圆心；③标注尺寸；④画剖面符号；⑤检查并整理图面，擦去多余或过长的线条，为了不损坏有效图线，可用擦图片。

5. 检查、校核，清理图面，擦去多余的作图线。

6. 加深图线。粗实线线宽约 0.7~0.9mm，细实线、细点画线、虚线的线宽约 0.2~0.3mm；虚线的短画，长度约 4mm，间隙 1mm，细点画线的长画长度约 15~20mm，间隙及点共约 3mm。粗线用 HB~2B 铅芯，细线用 H 或 HB 铅芯，文字用 HB 铅芯，圆规铅芯要比铅笔的铅芯软。

7. 尺寸标注。箭头宽约 0.7~0.9mm，长约 5mm；尺寸数字用 3.5 号字。

8. 填写标题栏。单位、图名、图号、材料等用 10 号字，其余用 7 号（或 5 号）字。图中文字均用工程字体。

在 A3 图纸上用 1∶1 的比例抄画出两个图形（题 1 与题 2、3、4 中的任意一个）。

1. 抄画线型。

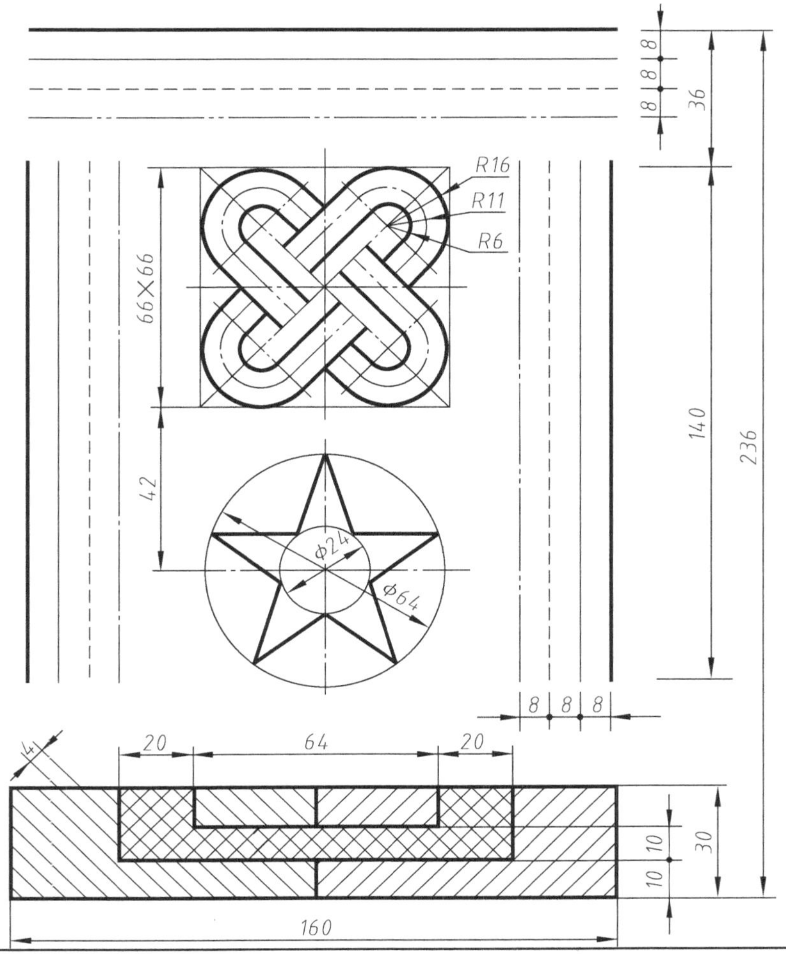

2. 抄画吊钩。

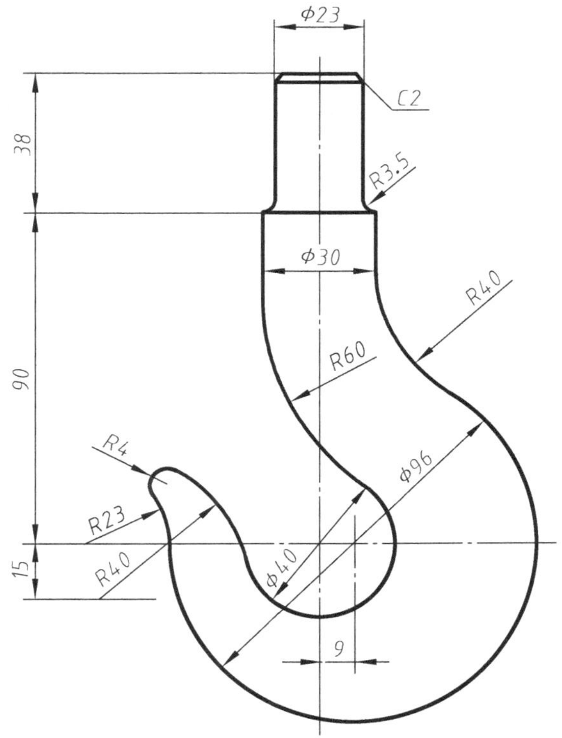

3. 抄画扳手。

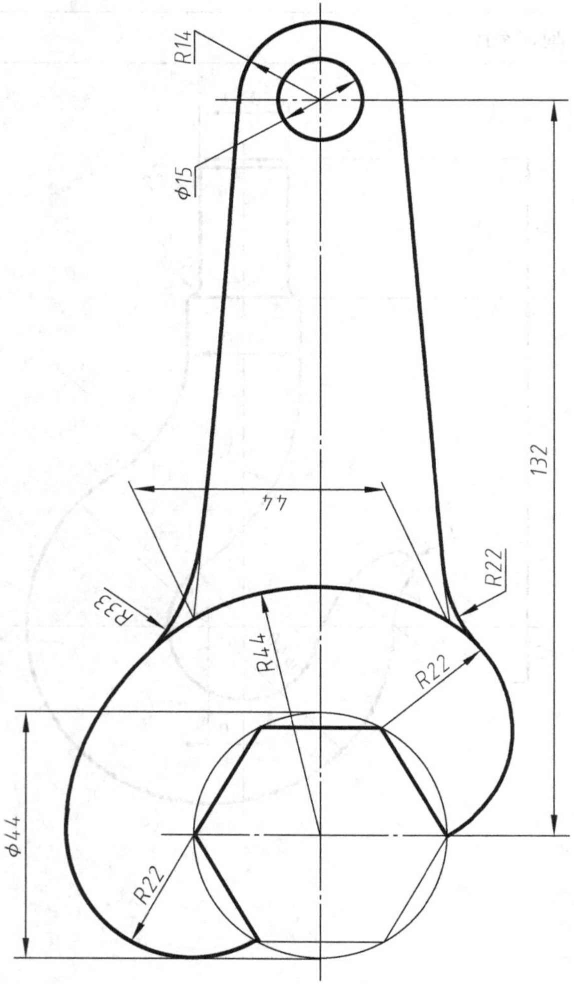

4. 抄画挂轮架。

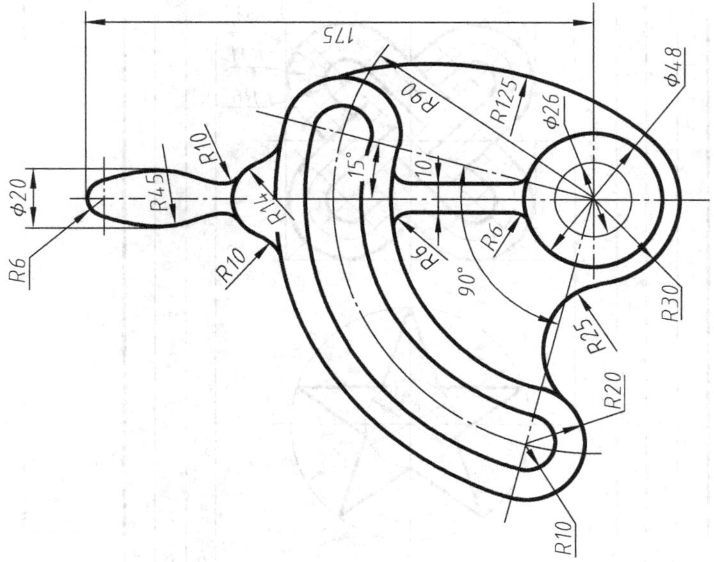

看图练习　　　　班级________　姓名________　学号________

1. 根据物体立体图及已知视图，在最下面一栏中找出各分题所缺视图，在其左边的圆圈中填上对应的分题号，并将此图抄画在对应的投影位置上。

(1)

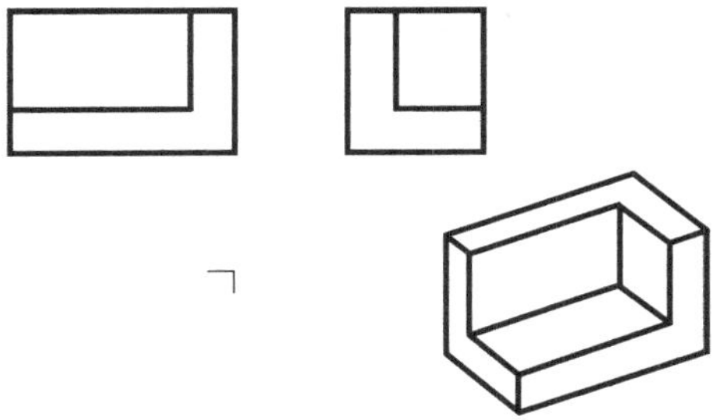

(2)

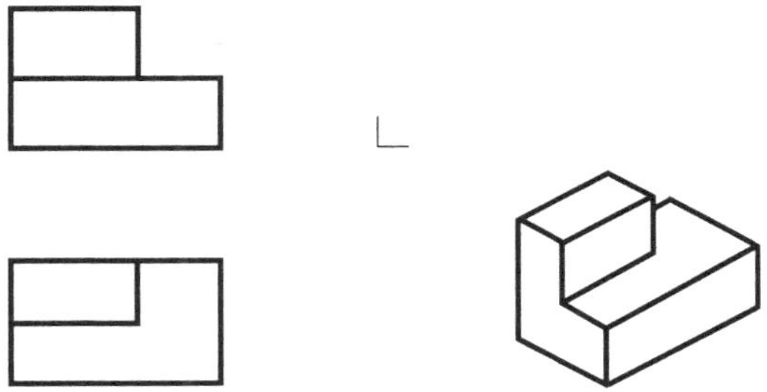

(3)

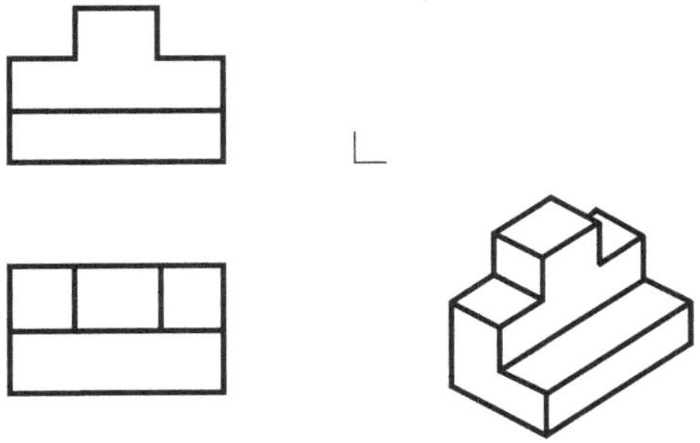

(4)

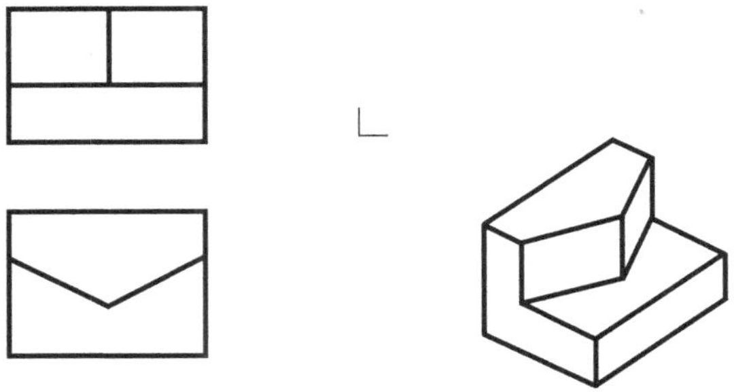

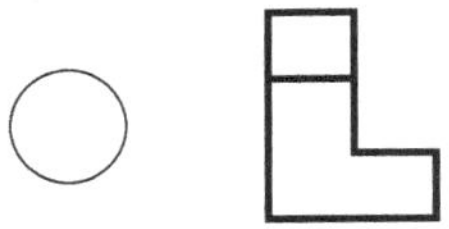

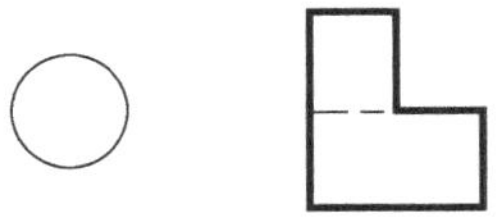

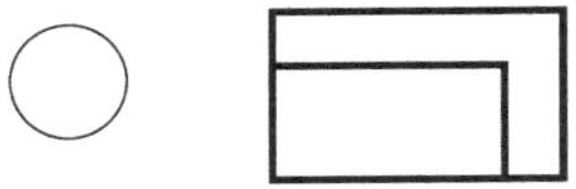

看图练习（续） 班级＿＿＿＿＿ 姓名＿＿＿＿＿ 学号＿＿＿＿＿

2. 分析左栏中各物体的立体图，在右栏中找出与其相对应的三视图，将其编号填在该轴测图旁的圆圈内。

第 3 章　几何元素的投影

3-1　点的投影

班级__________　姓名__________　学号__________

1. 已知点 A（25，10，15）、B（0，20，10）、C（15，0，25）、D（35，0，0），求作它们的投影图和轴测图（立体图）。

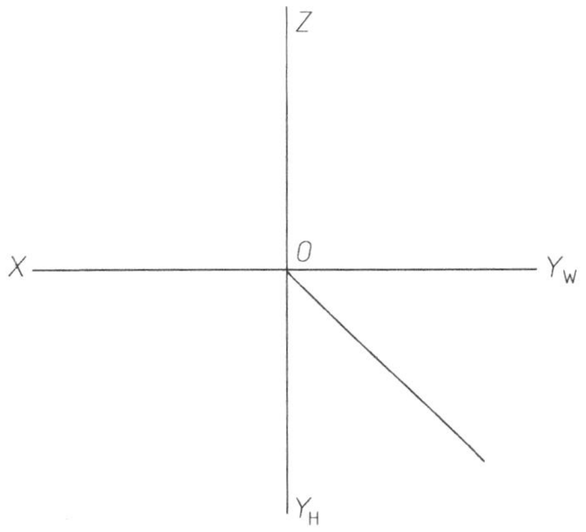

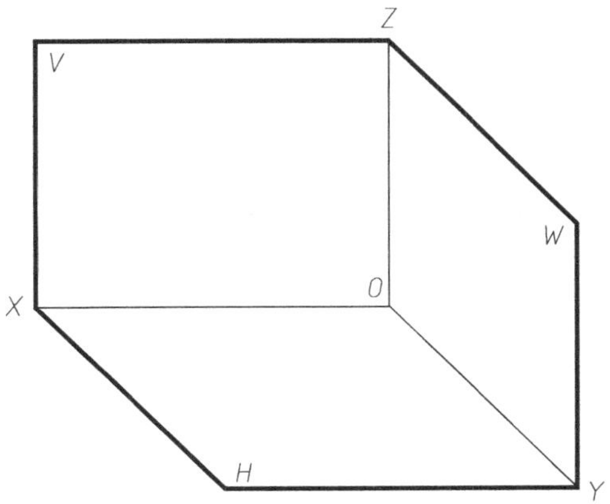

2. 已知各点的两个投影，试画出第三个投影。

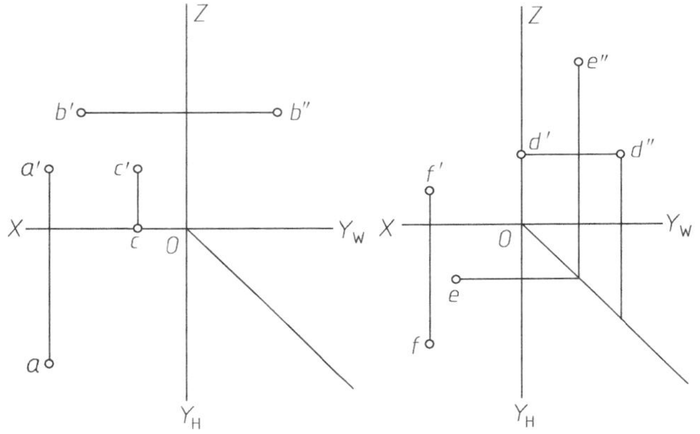

3. 已知点 B 在点 A 左方 5mm、下方 15mm、前方 10mm；点 C 在点 A 正前方 15mm。试作出点 B 和 C 的三面投影。

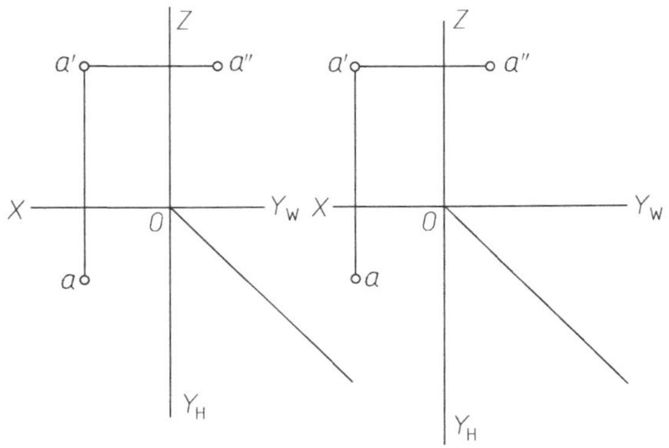

3-1 点的投影（续）

班级________ 姓名________ 学号________

4. 判别下列各对重影点的相对位置并填空。

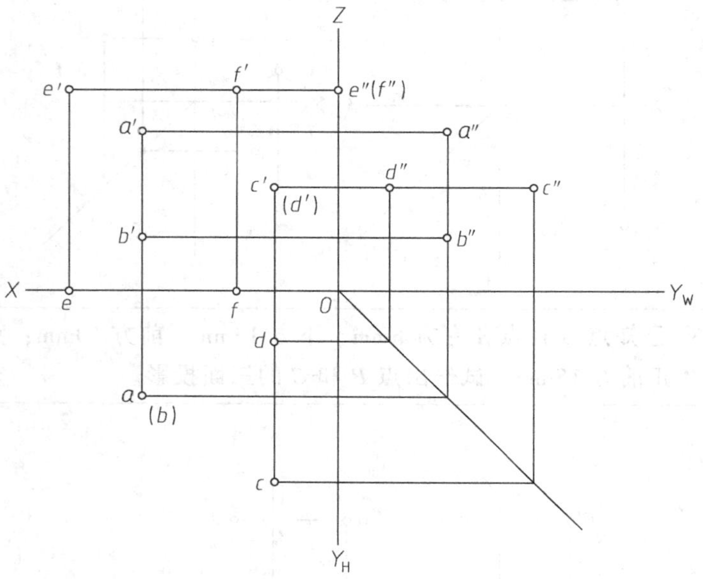

1. 点 *A* 在点 *B* 的____方____ mm。
2. 点 *D* 在点 *C* 的____方____ mm。
3. 点 *F* 在点 *E* 的____方____ mm，且该两点均在____面上。

5. 已知点 *A* 距 *H* 面 20mm，距 *V* 面 10mm，距 *W* 面 20mm；点 *B* 在点 *A* 的正左方 15mm；点 *C* 在点 *A* 前方 10mm，右方 10mm，距 *H* 面 10mm。试画出各点的三面投影。

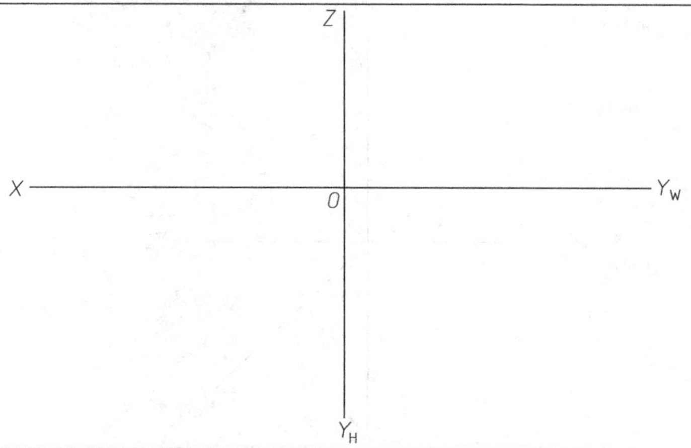

6. 在物体的投影图中指出 *A*、*B*、*C* 三点的三面投影。

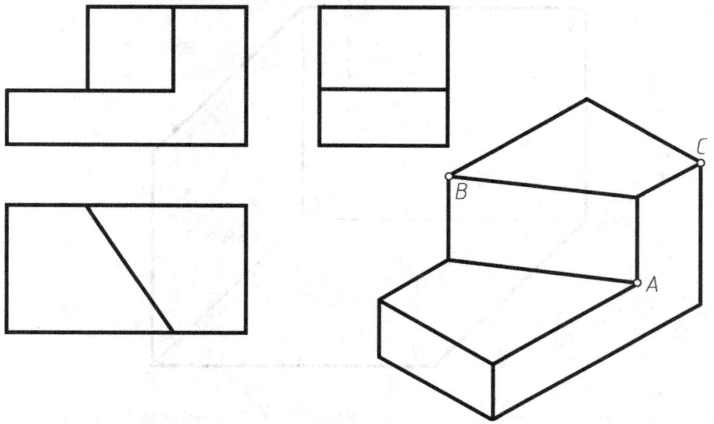

3-2 直线的投影

班级__________ 姓名__________ 学号__________

1. 已知点 S（25，15，40）、A（40，10，0）、B（25，35，0）、C（5，0，0）。试画出直线段 SA、SB、SC 的三面投影。

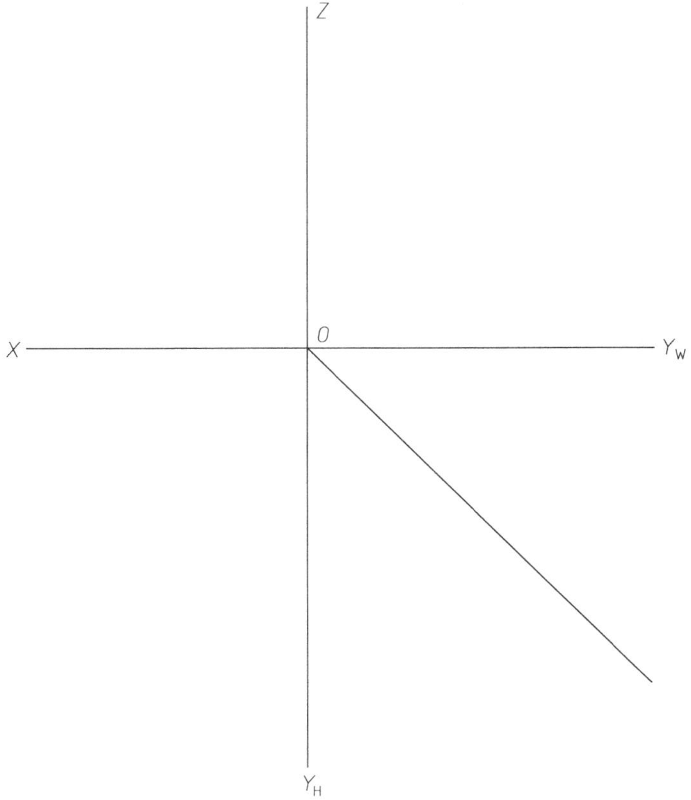

2. 根据立体图，在物体的投影图中标出 AB、BC、CD、DE 各线段的三面投影，并填上各线段名称。

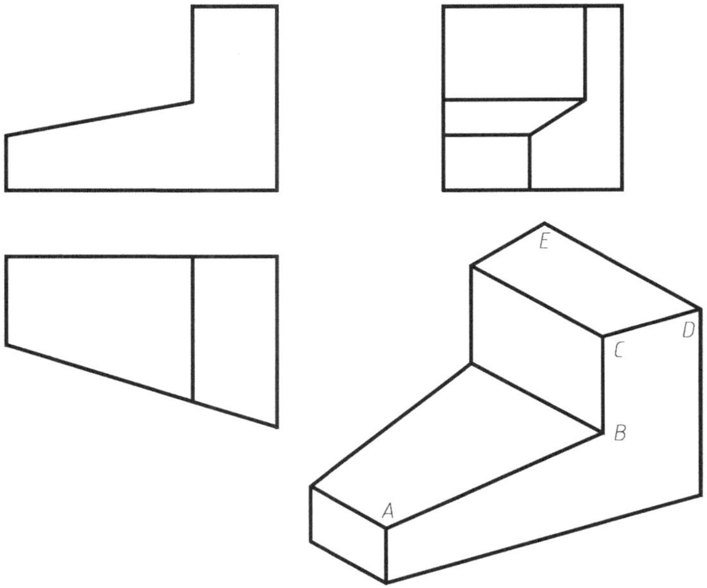

AB 是______________________

BC 是______________________

CD 是______________________

DE 是______________________

3-2 直线的投影（续）

班级________ 姓名________ 学号________

3. 已知点 B 距 H 面 25mm，点 C 距 V 面 5mm，试作出直线 AB、CD 的三面投影。

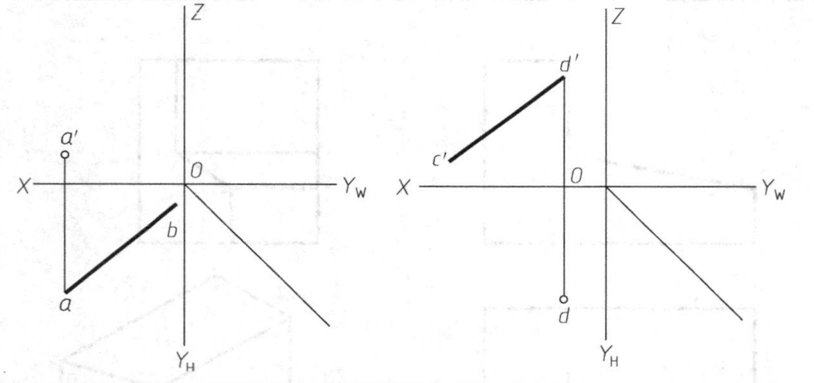

4. 已知正平线 AB 与 H 面的倾角 $\alpha=30°$，点 B 在 H 面上，求作直线 AB 的三面投影。

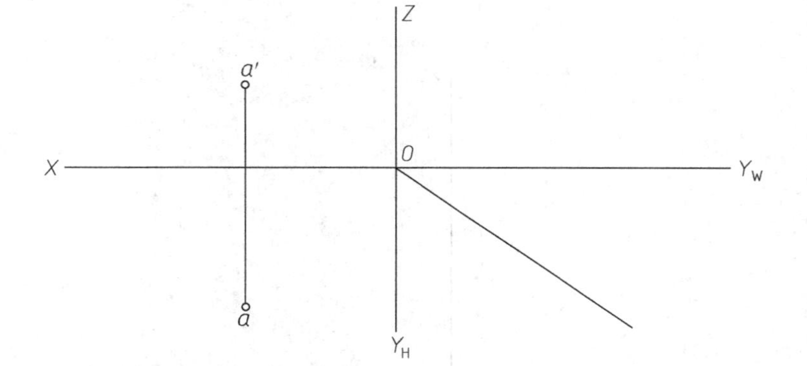

5. 在直线 AB 上求一点 K，使点 K 与 H、V 面的距离之比为 3 : 2。

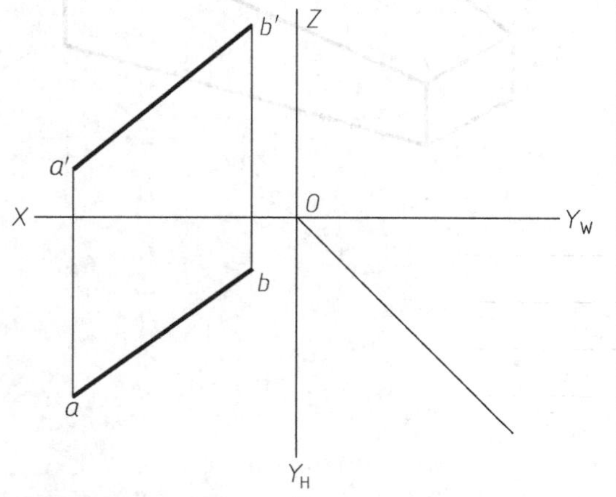

6. 在直线 DE 上求一点 K，使线段 $DK=18$mm。

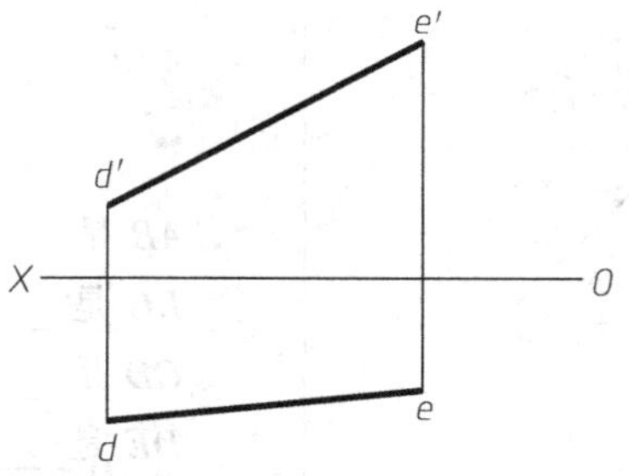

7. 已知点 K 在直线 EF 上，求作点 k'。

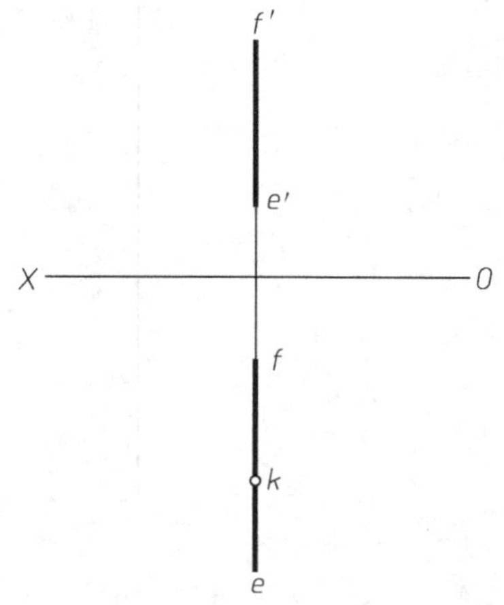

1. 判别 *AB* 与 *CD* 两直线的相对位置，填在各图右下方的横线上。

(1)

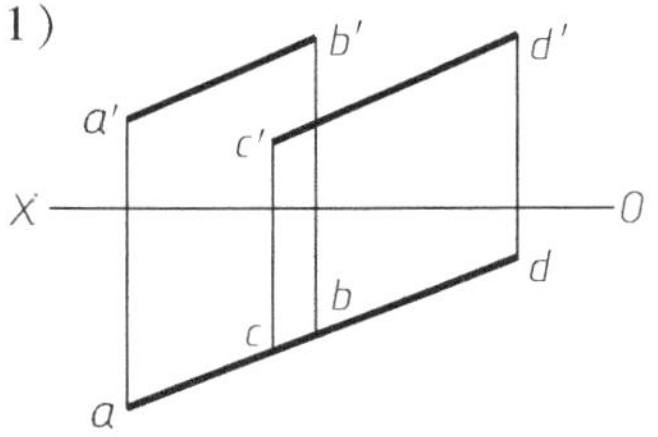

______

(2)

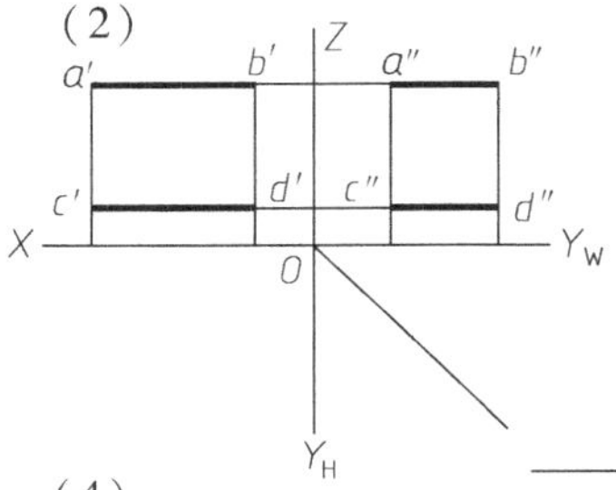

______

(3)

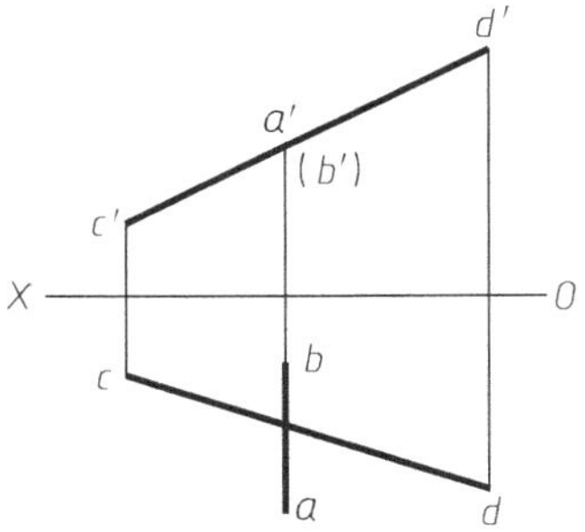

______

(4)

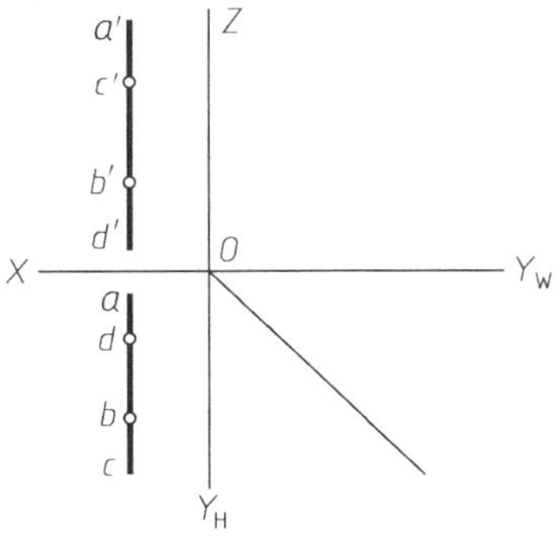

______

(5)

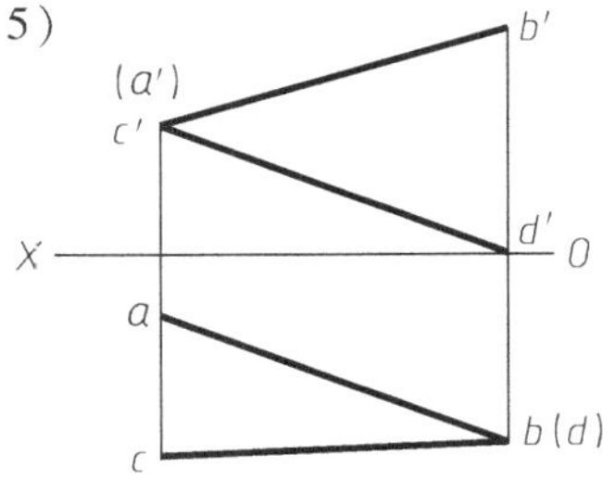

______

(6)

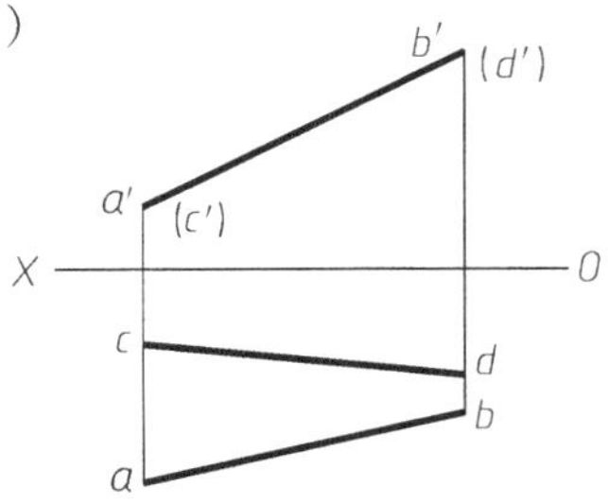

______

2. 过点 *M* 作一长度为 20mm 的侧平线 *MN* 与 *AB* 相交。

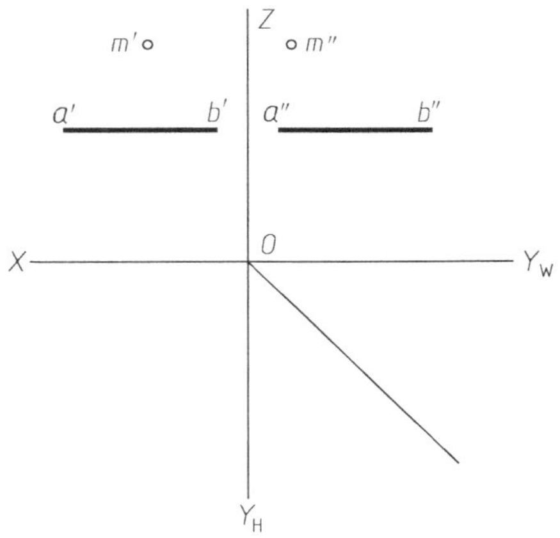

3. 作直线 *MN* 与已知直线 *AB*、*CD* 垂直相交。

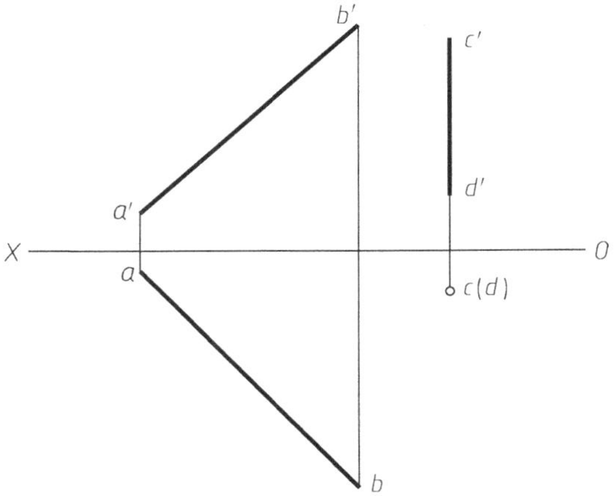

4. 过点 E 作直线 EF，使其与交叉直线 AB、CD 都相交。

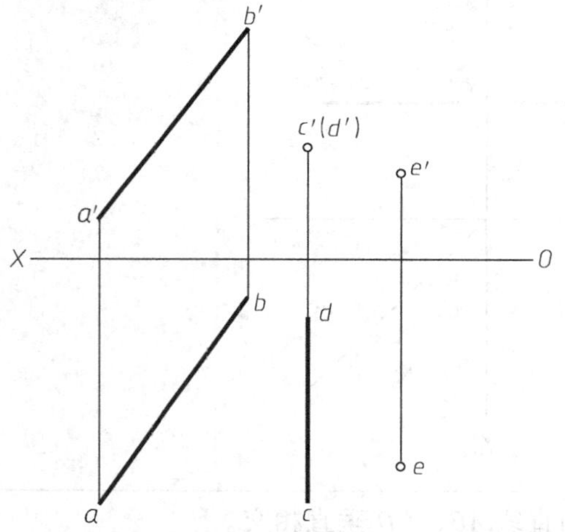

5. 过点 K 作直线 KG 与 AB 相交。

（1）点 G 在 Z 轴上

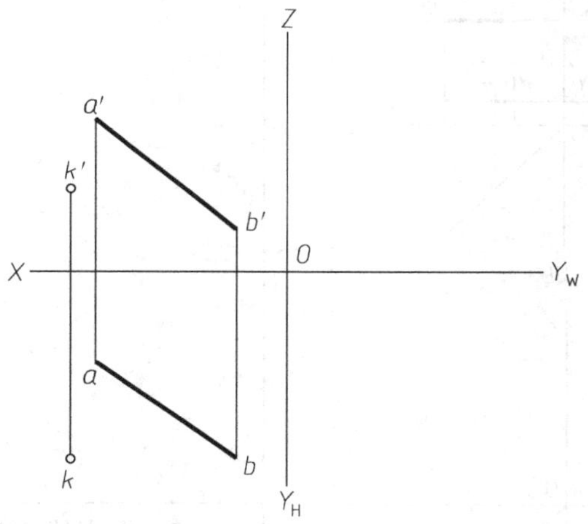

（2）点 G 在 Y 轴上

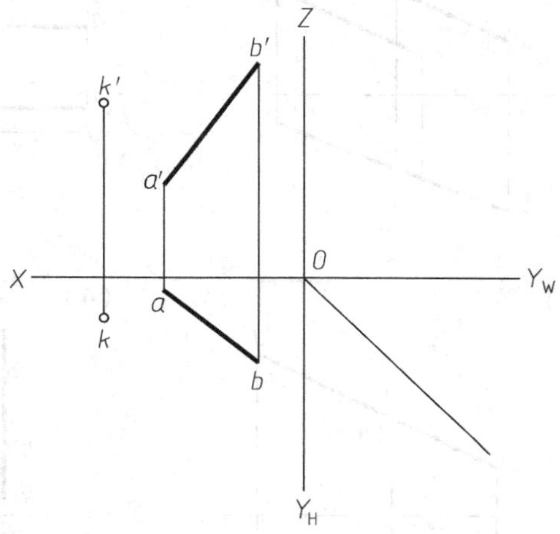

6. 过点 K 作一直线 MN 与正平面 AB 垂直相交。

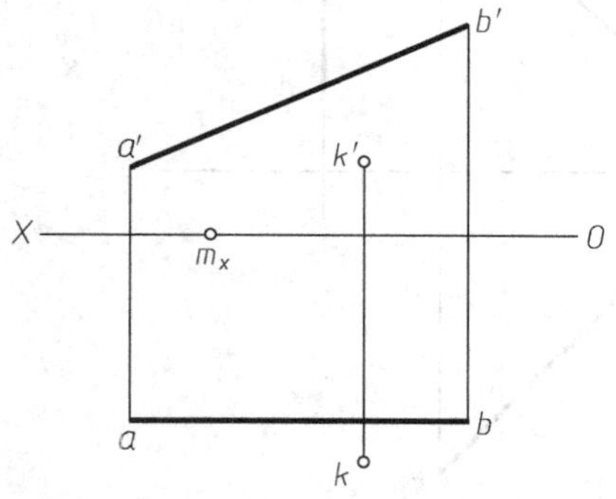

7. 作出直线 AB、CD 的公垂线。

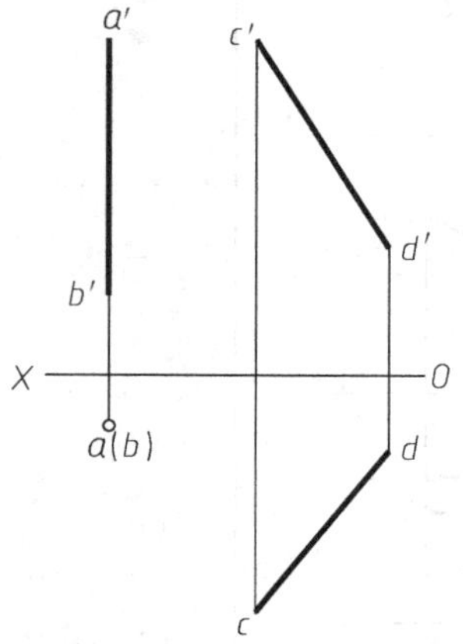

8. 已知直线段 AM 是等腰 $\triangle ABC$ 底边 BC 上的高，点 B 在 H 面上，点 C 在 V 面上，求作 $\triangle ABC$ 的投影。

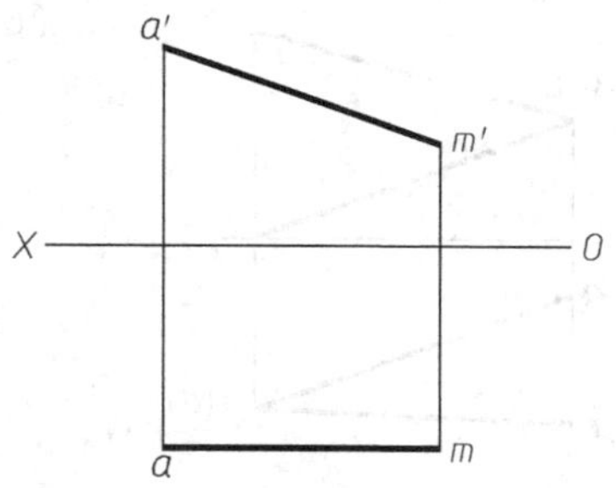

在下列物体的投影图上注全指定平面的三面投影并在立体图上也对应注出，再将各平面的类型填在对应的横线上。

（1）

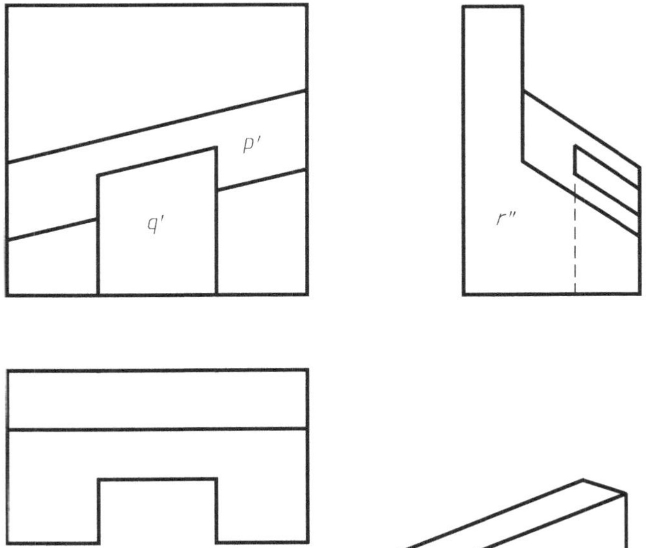

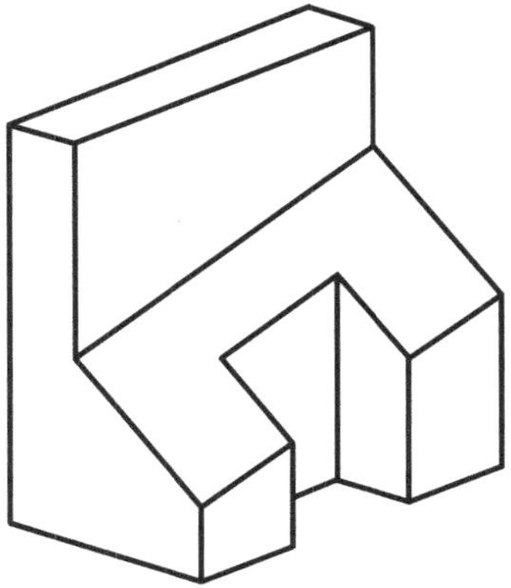

P 面是__________面

Q 面是__________面

R 面是__________面

（2）

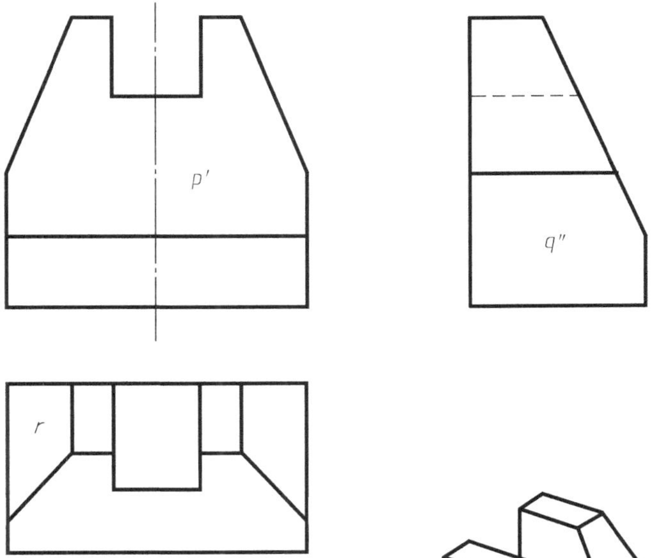

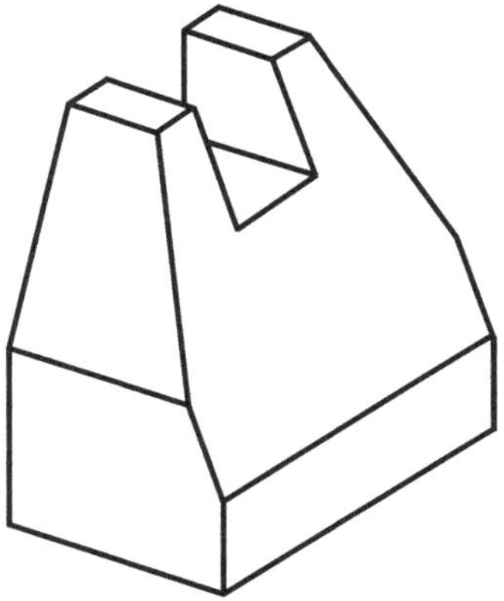

P 面是__________面

Q 面是__________面

R 面是__________面

1. 判别 A、B、C、D 四点是否属于同一平面。

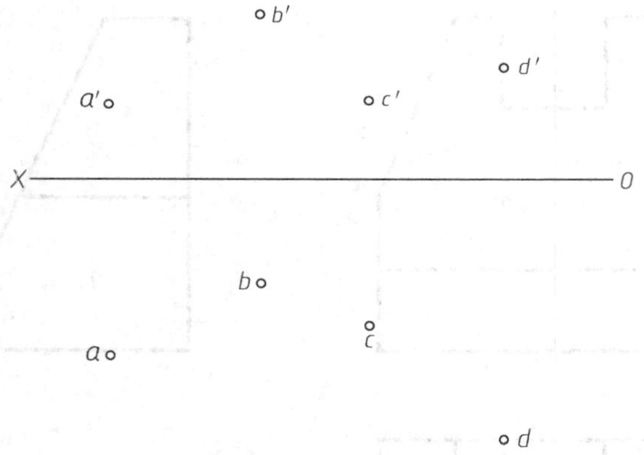

2. 在 $\triangle ABC$ 内求一点 K，使点 K 距 H 面 12mm，距 V 面 15mm。

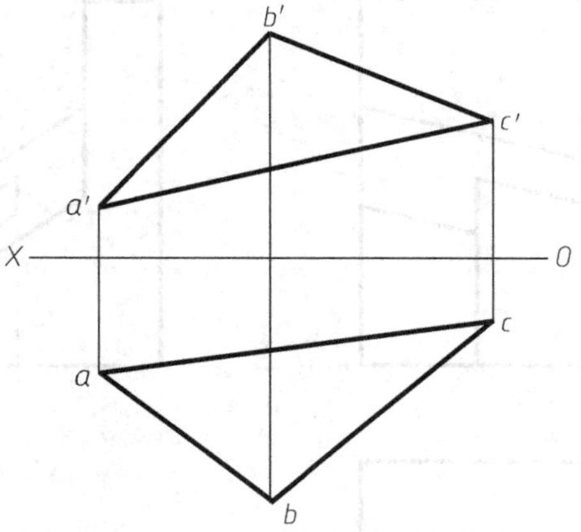

3. 补全四边形的正面投影。

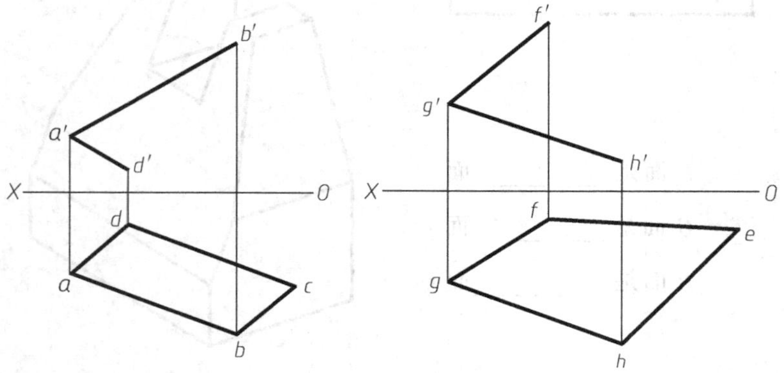

4. 补全五边形的水平投影。

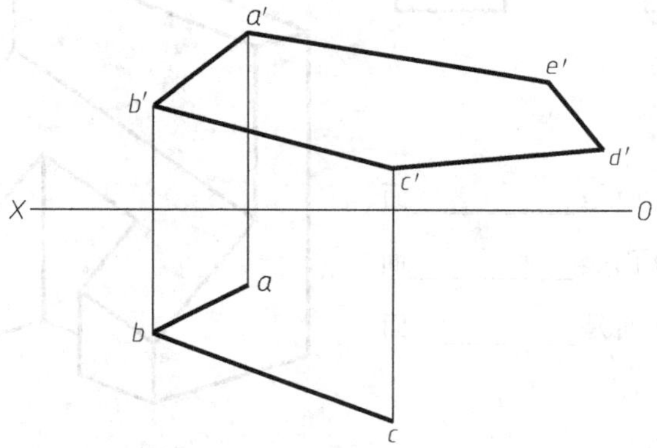

5. 已知直线 AB 是平面 P 内的一条水平线，并知平面 P 与 V 面的夹角为 45°，试作出平面 P。

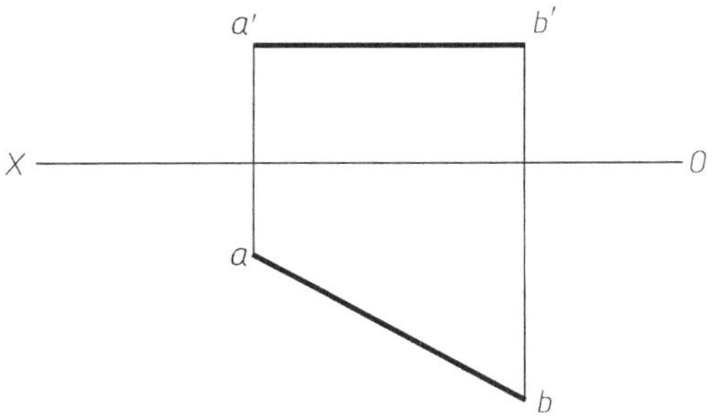

6. 已知直线 AB 为某平面对 V 面的最大斜度线，并知该平面与 V 面夹角 $\beta=30°$，求作该平面。

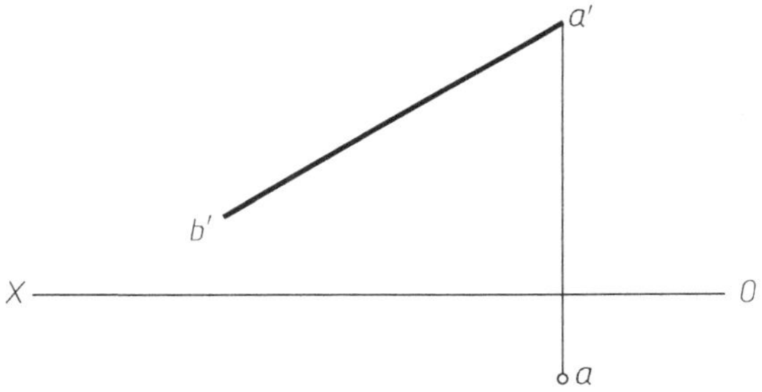

7. 球 M 从斜坡 $ABCD$ 上滚下，作出其轨迹的投影，并求出斜坡对 H 面的倾角。

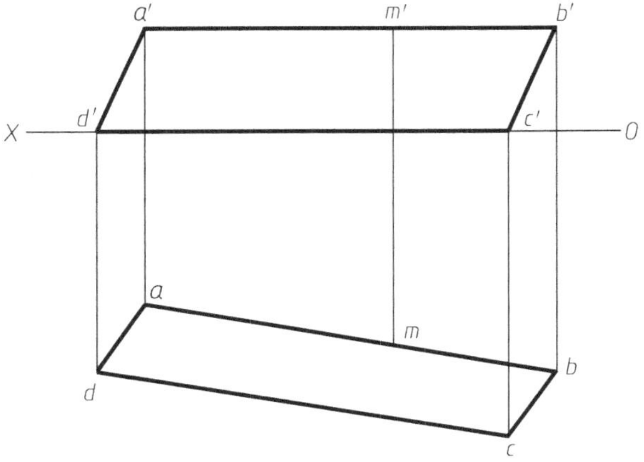

8. 已知 $\triangle ABC$ 平面对 V 面的倾角 $\beta=30°$，作出该三角形的水平投影（$bc /\!/ X$ 轴）。

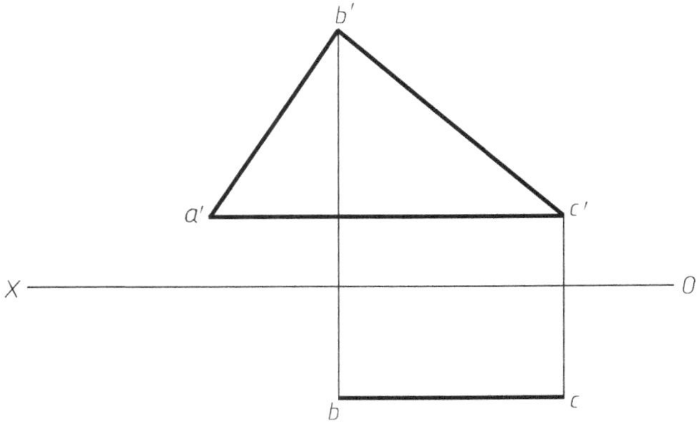

3-6 实长、实形、倾角的求法（直角三角形法）

班级＿＿＿＿＿ 姓名＿＿＿＿＿ 学号＿＿＿＿＿

1. 作出线段 *AB* 的实长及其对投影面的倾角 α、β、γ。

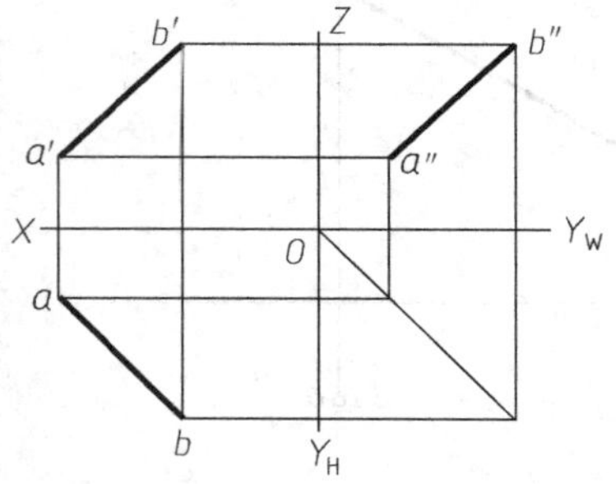

2. 已知线段 *AB* 的水平投影 *ab* 及 *a*′，倾角 $\beta=30°$，试完成其三面投影。

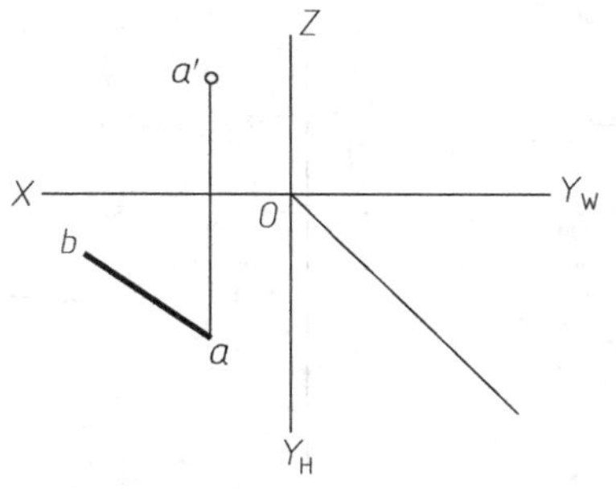

3. 已知直线段 *CD* 的正面投影 *c*′*d*′及点 *C* 的水平投影 *c*，实长为 22mm，完成三面投影。

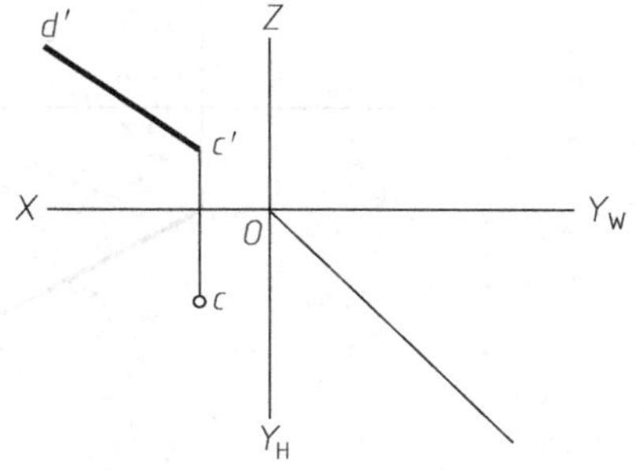

4. 已知正方形 *ABCD* 的边 *CD* 比边 *AB* 低 20mm，试完成正方形的两投影。

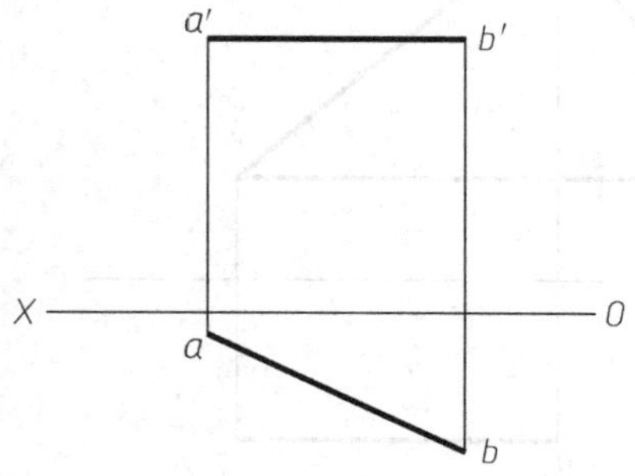

5. 以水平线 *AC* 为对角线，作一正方形 *ABCD*，其中点 *B* 距 *H* 面为 25mm。

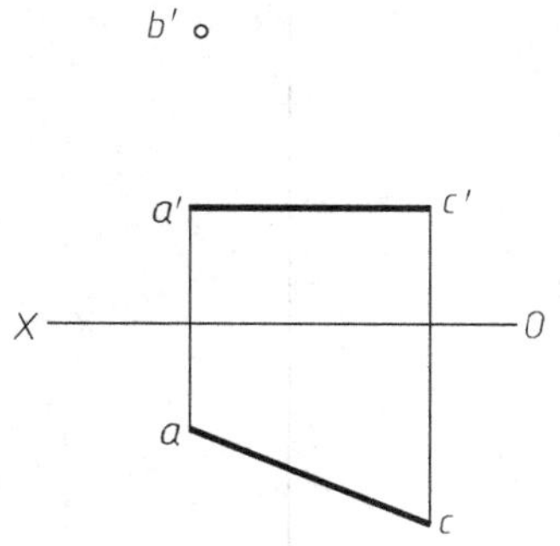

6. 作一等腰△*ABC*，其底边 *BC* 在正平线 *EF* 上，底边中点为 *D*，顶点 *A* 在直线 *GH* 上，并已知 *AB*=*AC*=25mm。

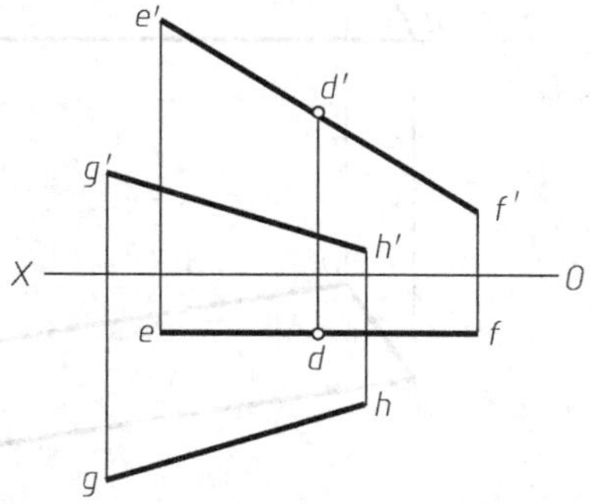

1. 补全下面各立体的三面投影并注全平面 P、Q、R 和曲面 Π、Σ、Ω 在各自三面投影中的位置（积聚性投影用引出标注，代表面的不可见投影的字符置于括号中）。

(1)

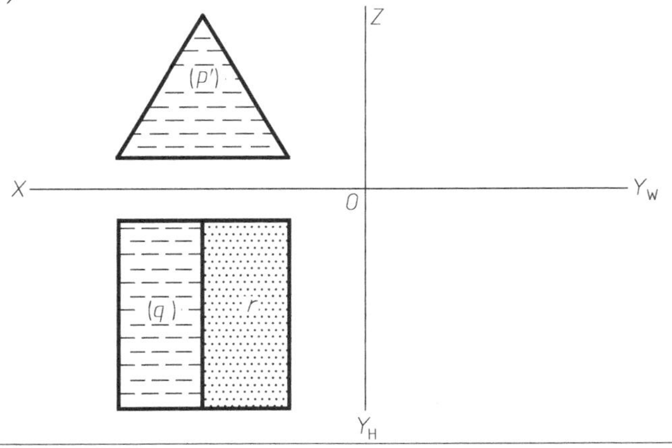

(2)

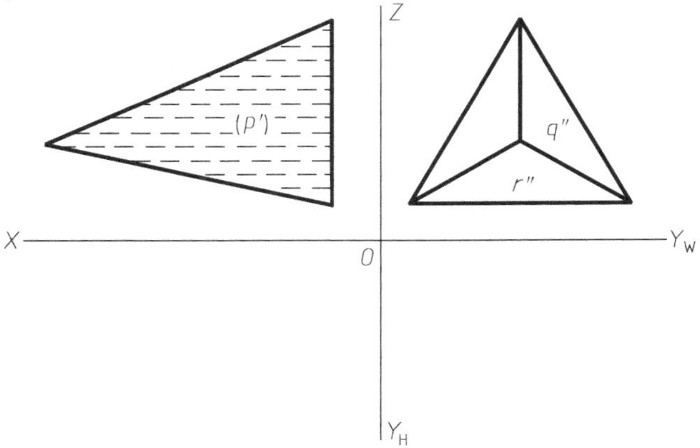

(3)

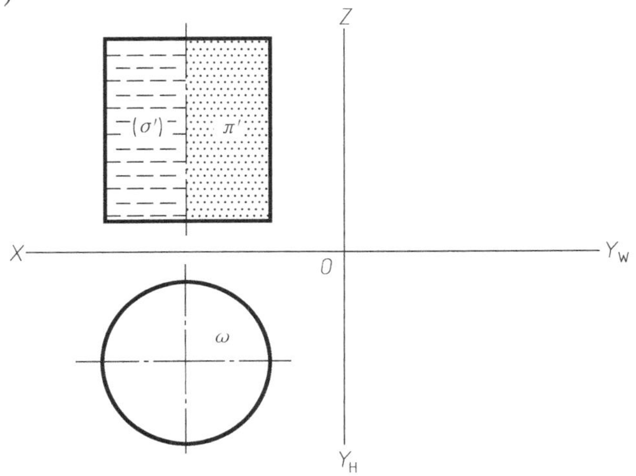

(4)

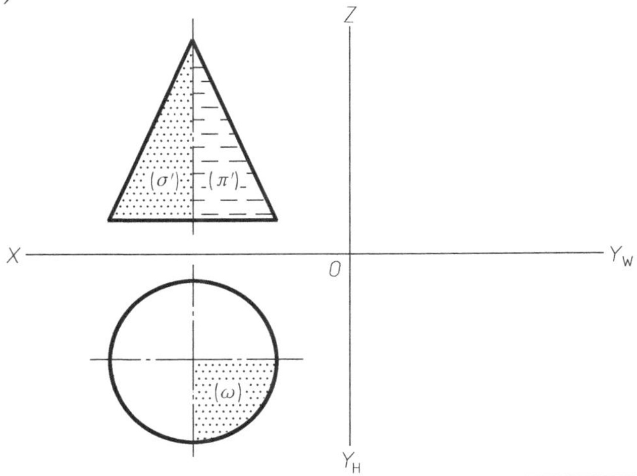

2. 标注曲面 Π、Σ、Ω 和曲线 l_1、l_2、l_3 的三面投影（或投影位置）。

（1）

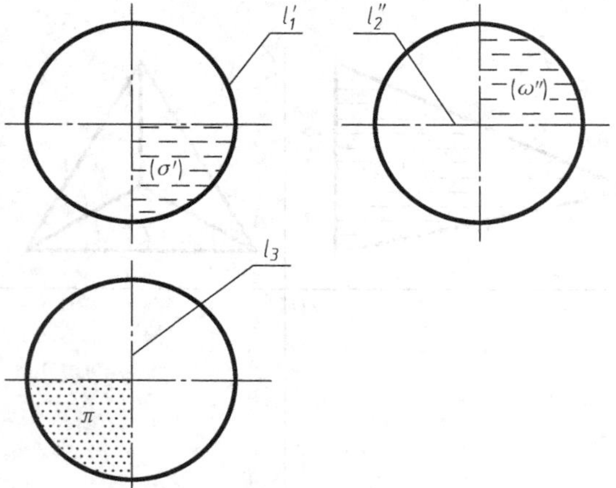

（2）

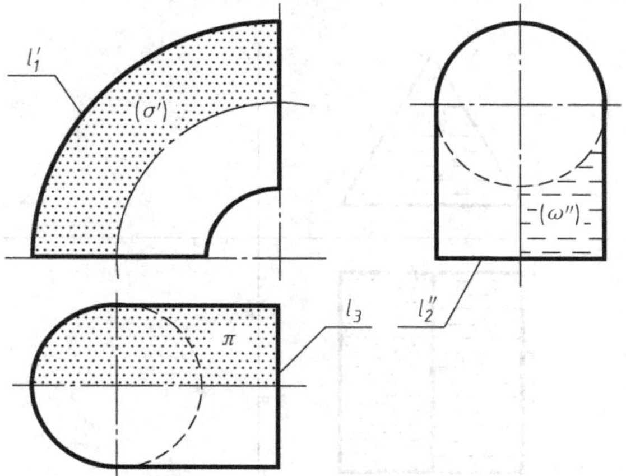

3. 补全立体的三面投影，并求出立体表面上指定点、线的其他投影。

（1）

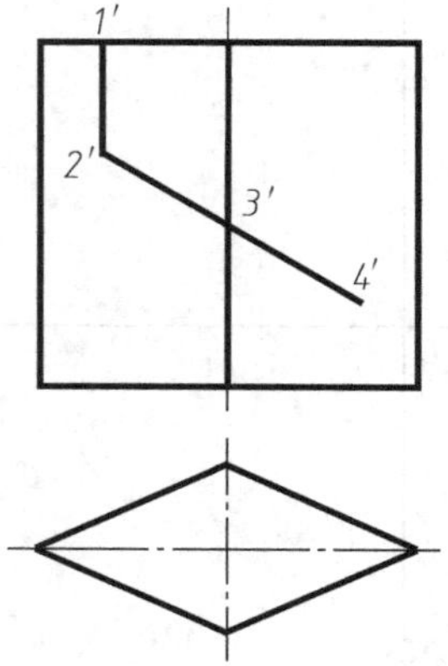

（2）

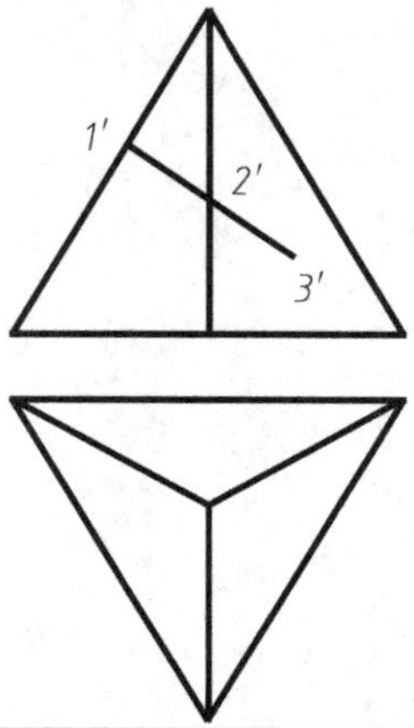

4. 标注各立体表面上指定点、线的三面投影。

(1)

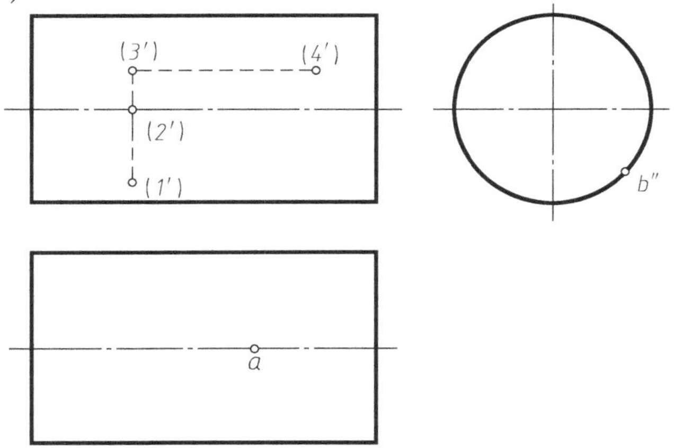

(2)

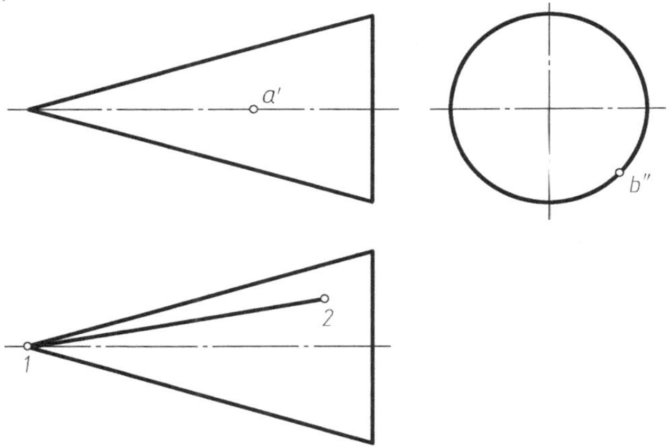

(3)

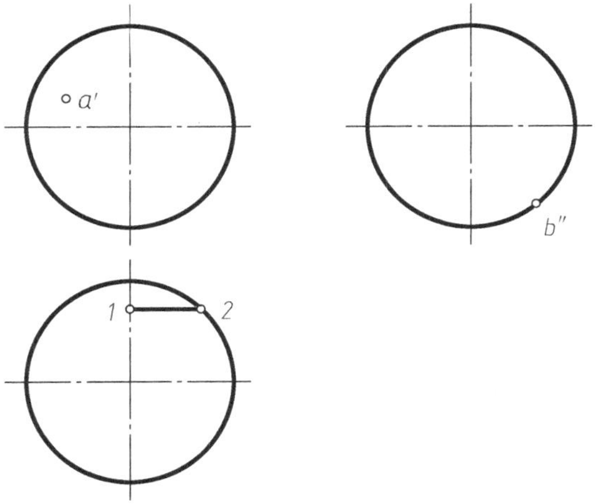

(4)

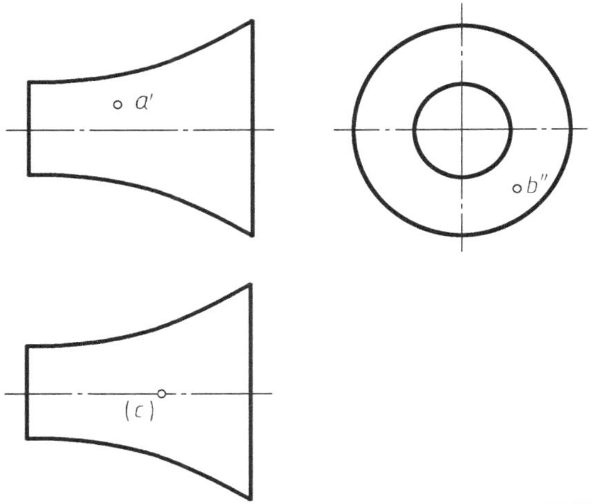

第 4 章　几何元素的相对位置

4-1　平行问题

班级__________　姓名__________　学号__________

1. 已知直线 *AB* 平行于△*DEF*，求作直线 *AB* 的正面投影。

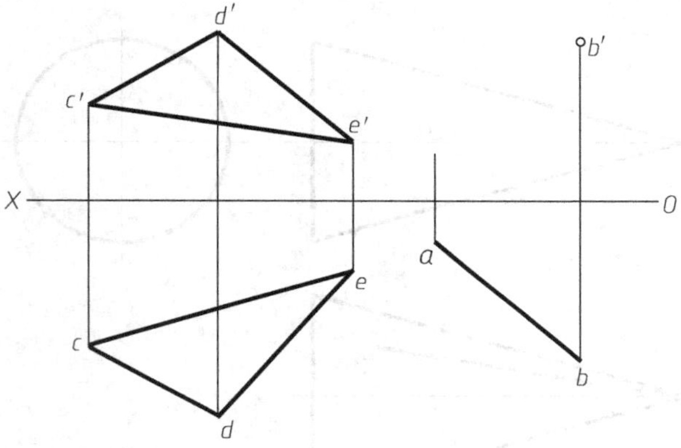

2. 判别两平面是否平行。

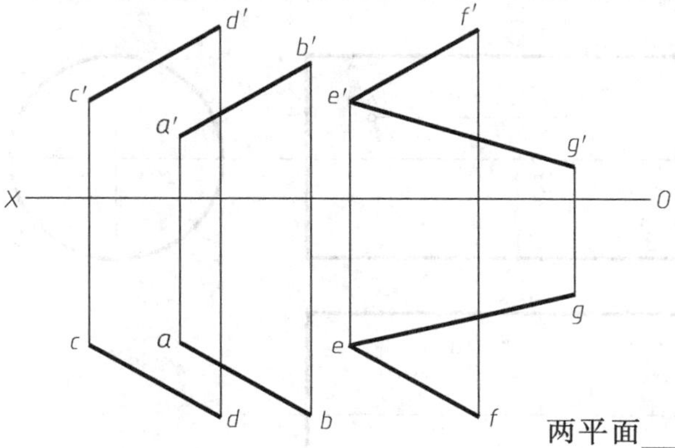

两平面__________

3. 过直线 *BC* 作一平面平行于直线 *DE*。再过点 *A* 作铅垂面平行于直线 *DE*。

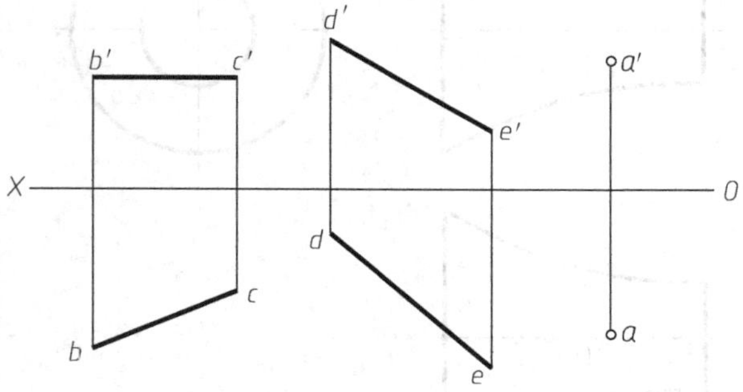

4. 已知平面△*ABC* 同时与两交叉直线 *DE*、*FG* 平行，求作△*ABC* 的正面投影。

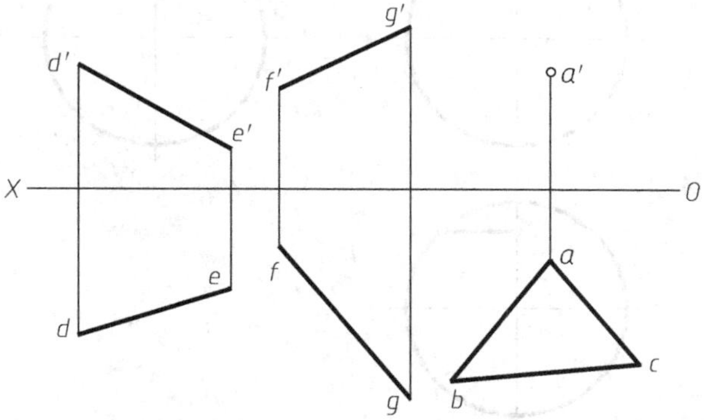

4-2 相交问题

班级__________ 姓名__________ 学号__________

1. 求特殊位置直线与一般位置平面的交点，并判别可见性。

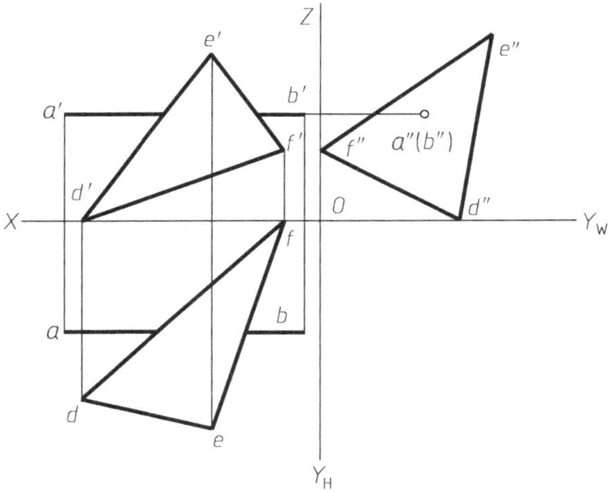

2. 求特殊位置平面与直线的交点，并判别可见性。

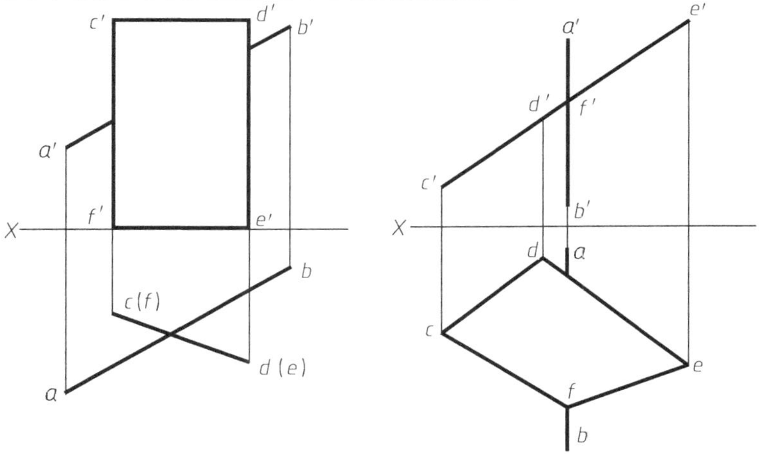

3. 求特殊位置平面与一般位置平面的交线，并判别可见性。

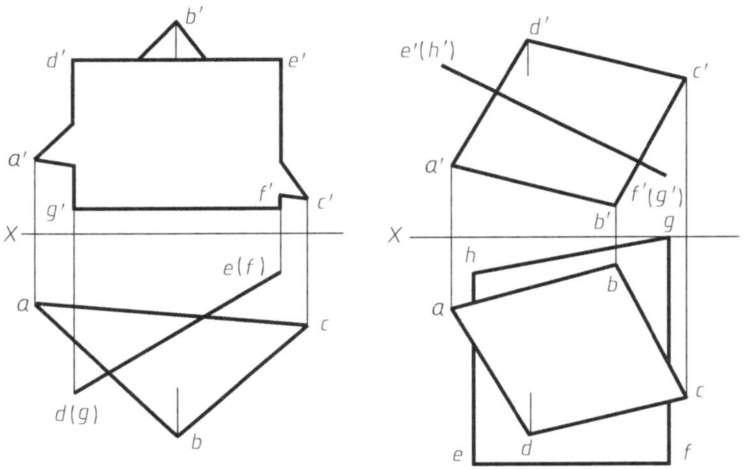

4. 补全侧垂面与一般位置平面交线的两面投影，并判别可见性。

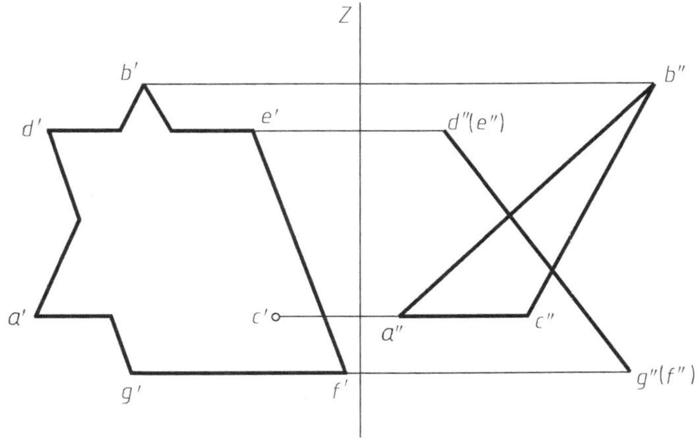

5. 求直线 *AB* 与▱*CDEF* 的交点，并判别可见性。

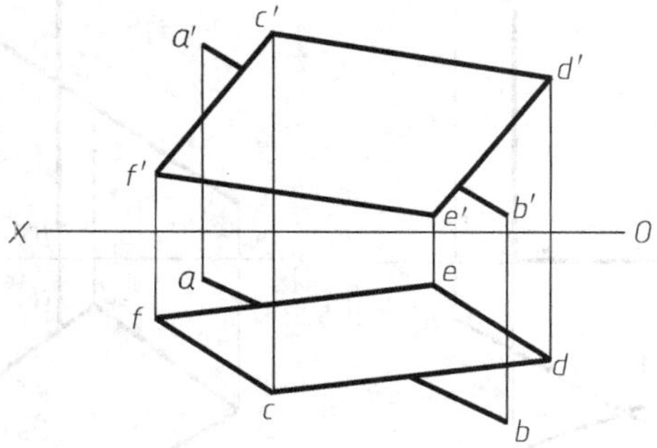

6. 求直线 *DE* 与平面 *BAC* 的交点。

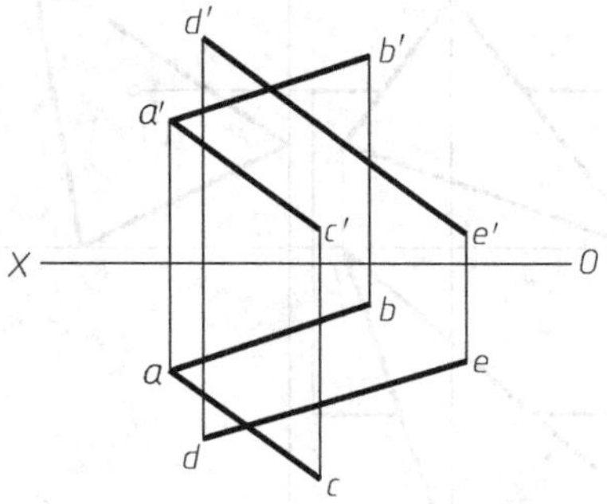

7. 求直线 *DE* 与△*ABC* 的交点，并判别可见性。

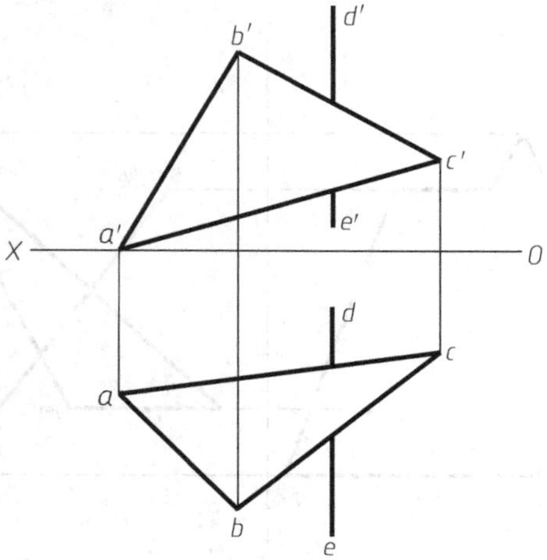

8. 过点 *A* 作一直线与 *X* 轴及直线 *BC* 相交。

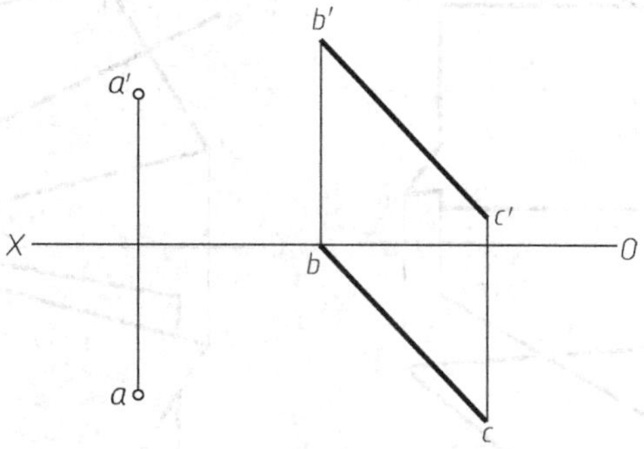

9. 求△*ABC* 与△*DEF* 的交线，并判别可见性。

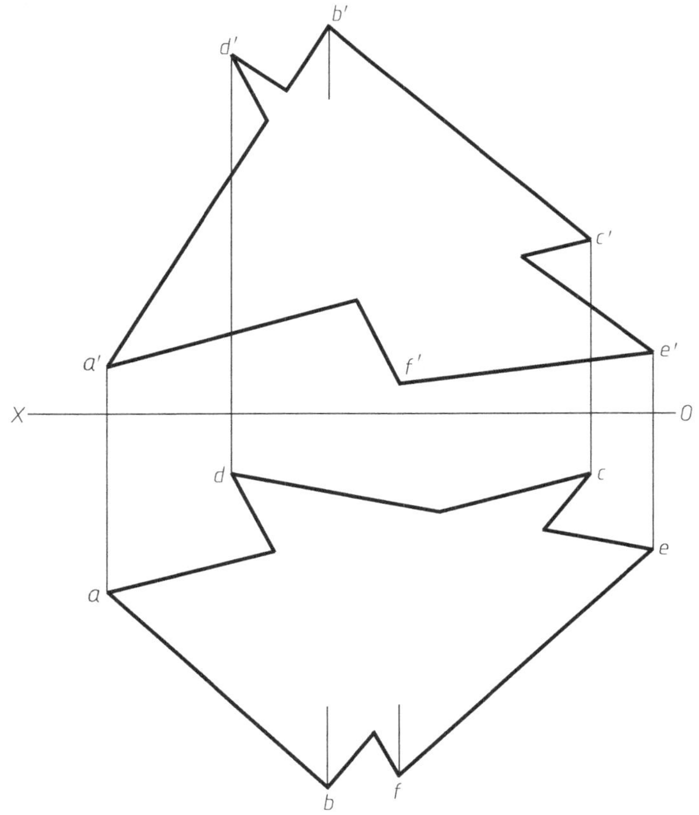

10. 求▱*ABCD* 和△*EFG* 的交线，并判别可见性。

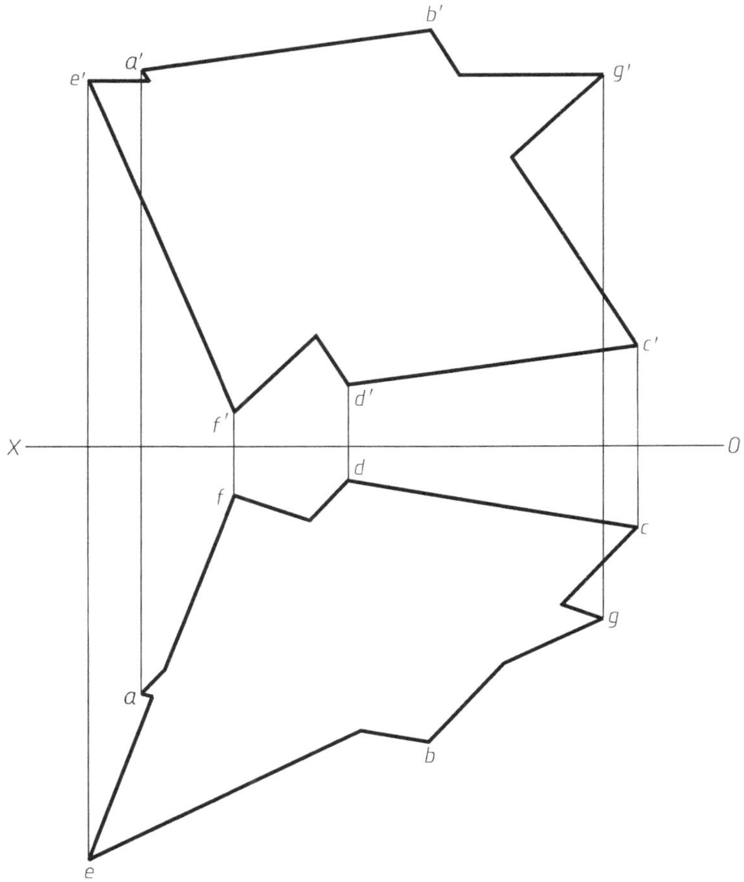

4-3 垂直问题

班级__________ 姓名__________ 学号__________

1. 过点 *K* 作平面的垂线，并求出垂足。

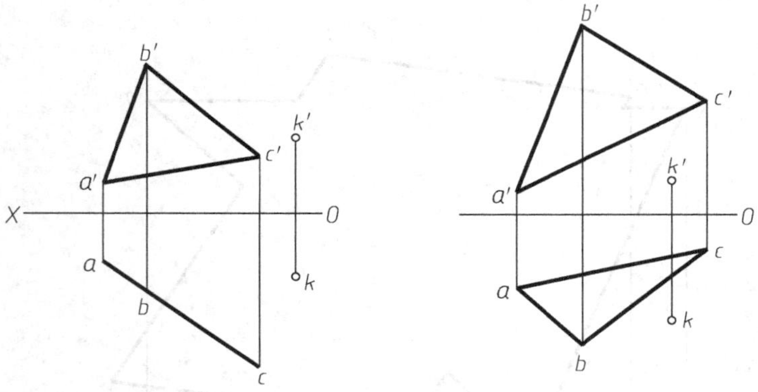

2. 过直线 *AB* 作一平面垂直于△*DEF*。

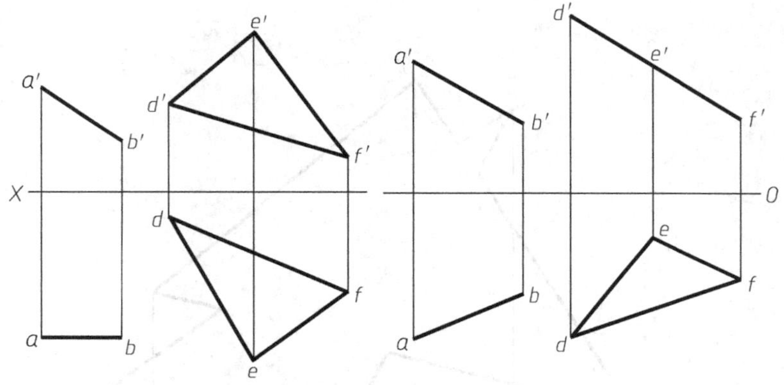

3. 判别两平面是否垂直。

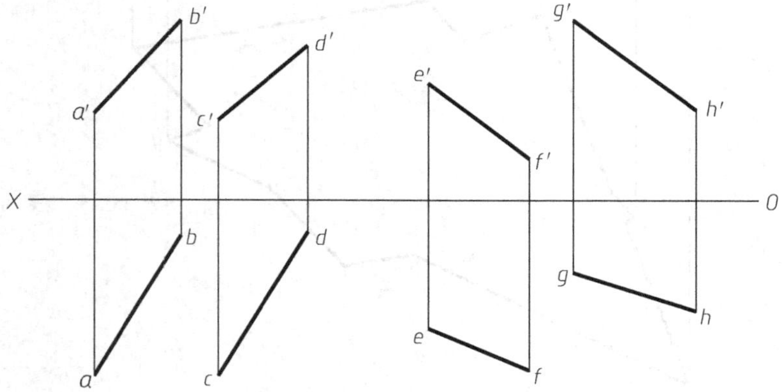

两平面__________

4. 已知△*ABC* 所在平面垂直于△*DEF*，作出△*ABC* 的投影。

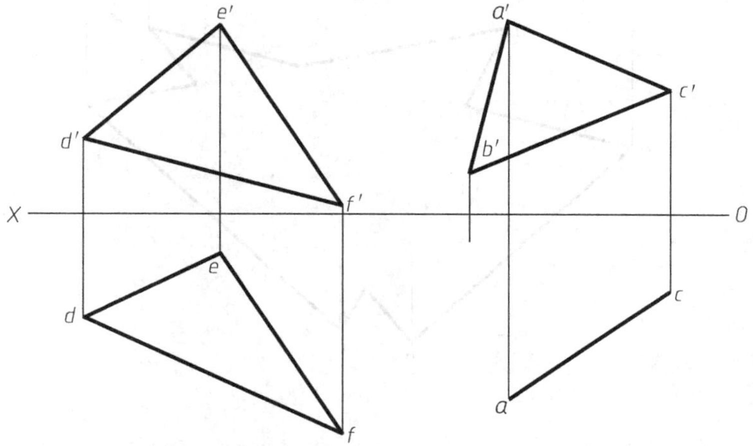

4-4 直线、平面相对位置综合问题

班级__________ 姓名__________ 学号__________

1. 求两平行直线间的距离。

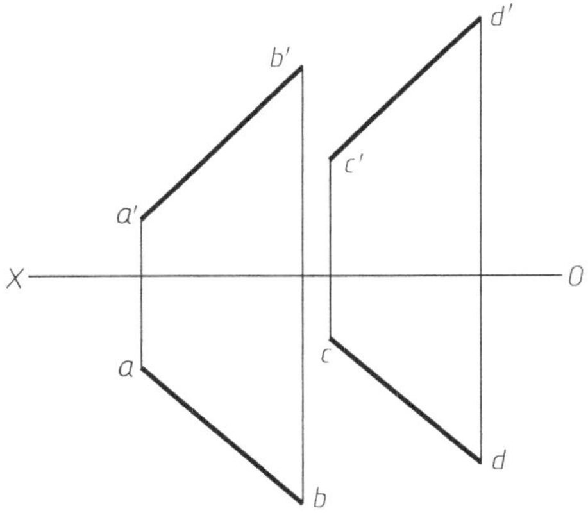

2. 求两平行平面间的距离。

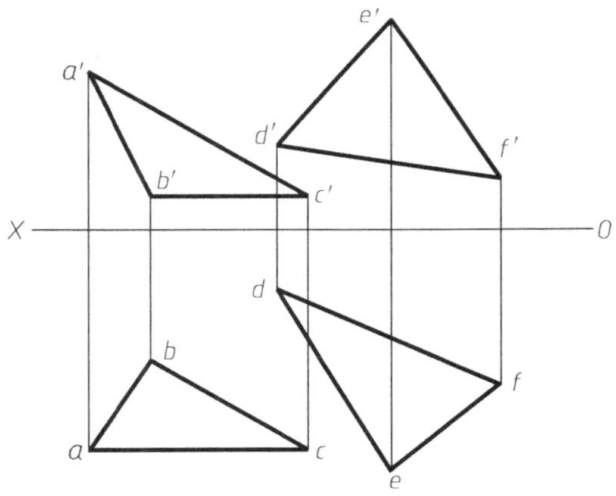

3. 已知菱形 *ABCD* 的对角线 *BD* 的两个投影，且一个顶点 *A* 在直线 *EF* 上，求此菱形的两面投影。

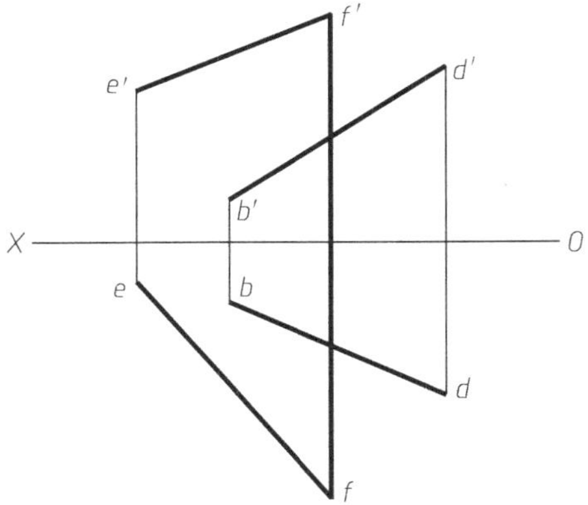

4. 已知矩形 *ABCD* 的一边 *AB* 的两个投影及其邻边 *BC* 的正面投影，求作此矩形的两面投影。

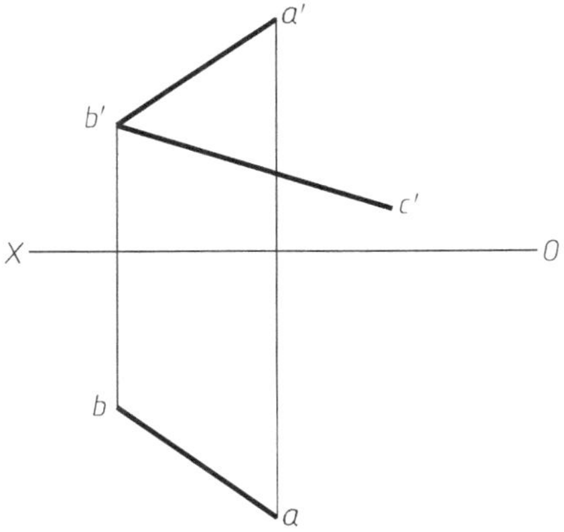

5. 在平面 $ABDC$（$AB /\!/ CD$）上找出相对于点 M 和点 N 等距点的轨迹。

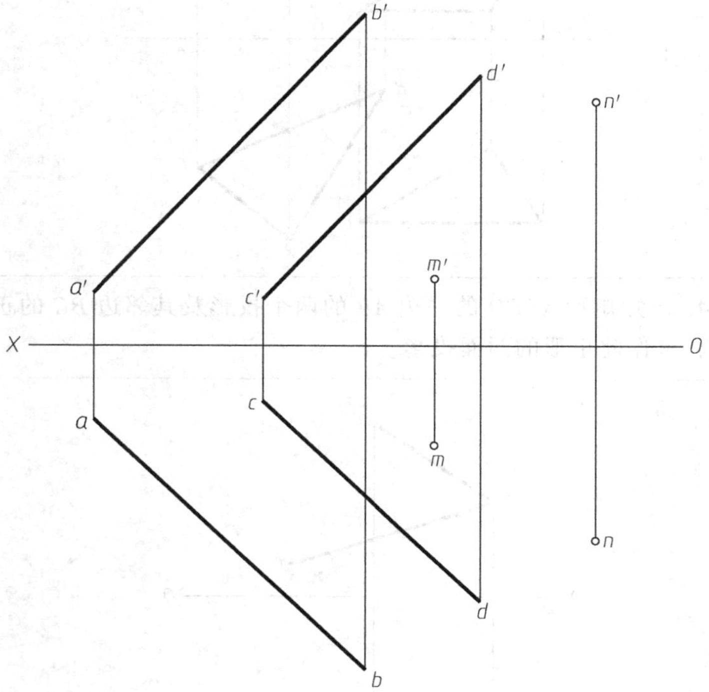

6. 过点 K 作直线 KL，使其垂直于直线 MN，同时平行于平面 $ABDC$（$AB /\!/ CD$）。

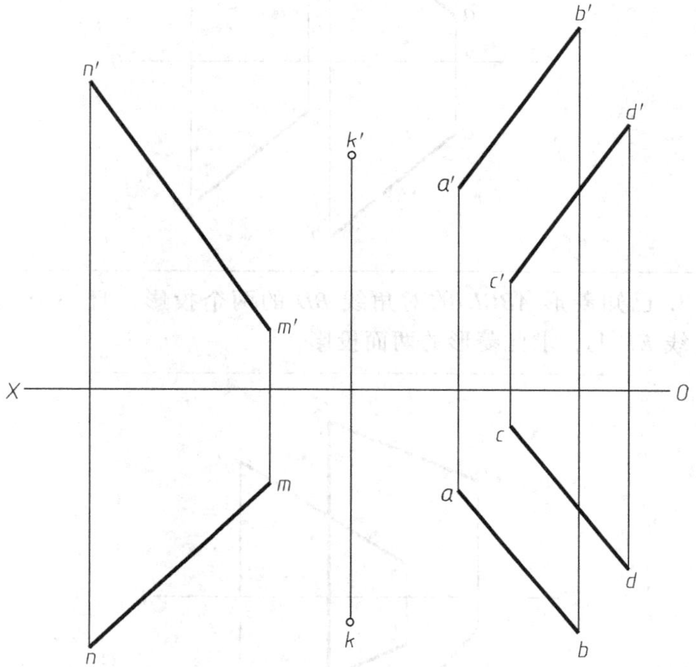

7. 已知正方形 *ABCD* 的点 *A* 在直线 *EF* 上，点 *C* 在直线 *BG* 上，求作其两面投影。

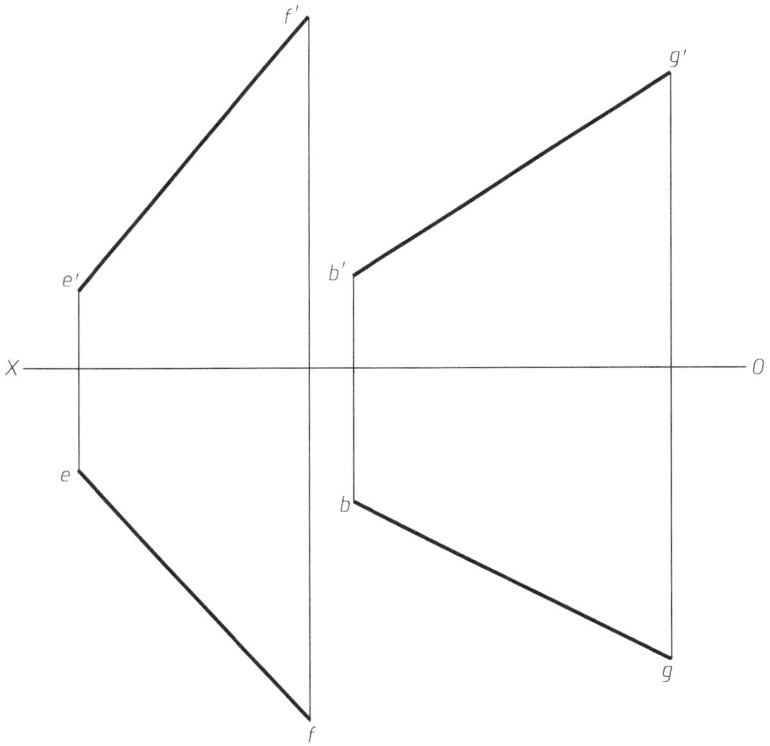

8. 过点 *K* 作一平面与直线 *AB* 平行，并使两交叉直线 *CD*、*EF* 在该平面上的投影互相平行。

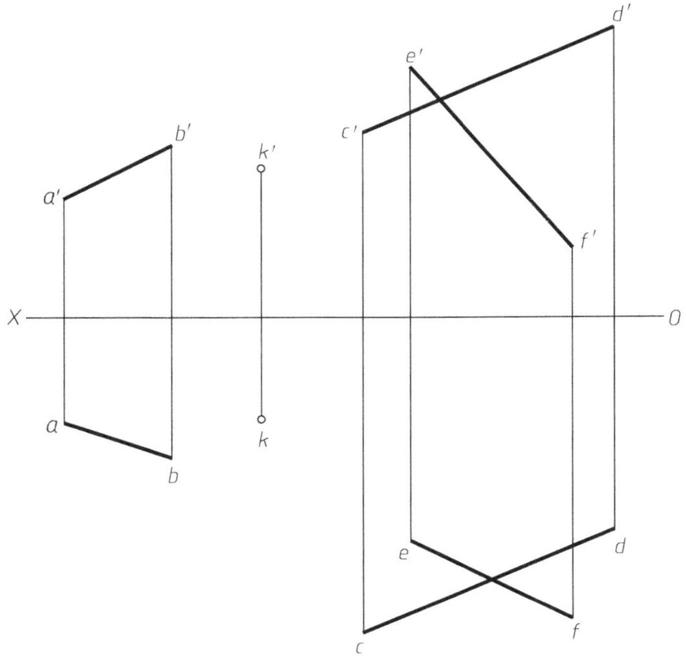

1. 完成棱柱被截切后的水平投影和侧面投影。

（1）

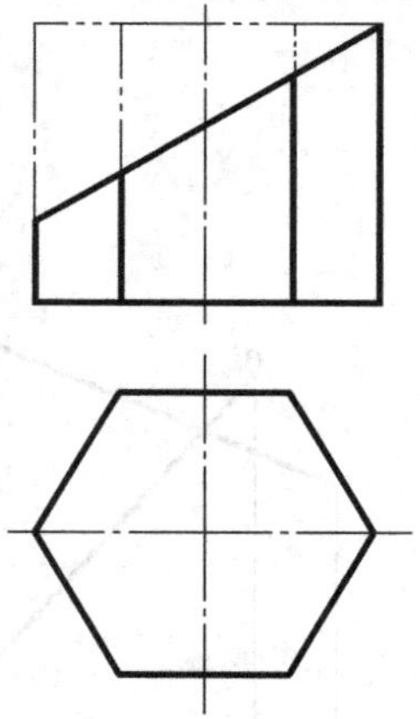

（2）

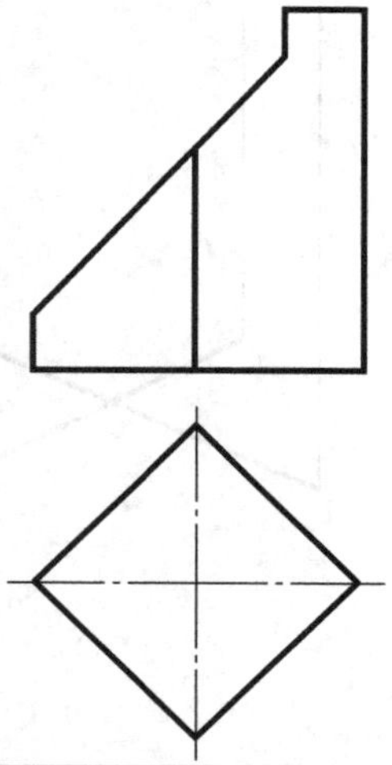

2. 完成棱锥被截切后的水平投影和侧面投影。

（1）

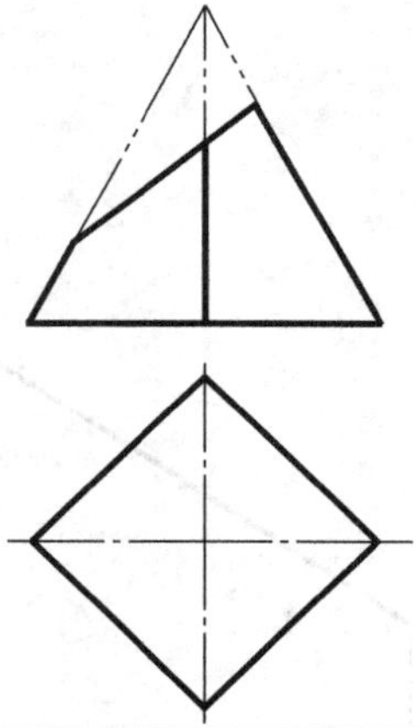

（2）

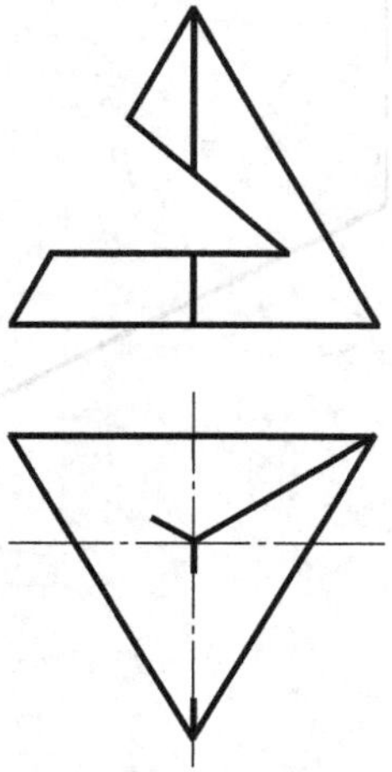

3. 完成圆柱被截切后的水平投影。

（1）

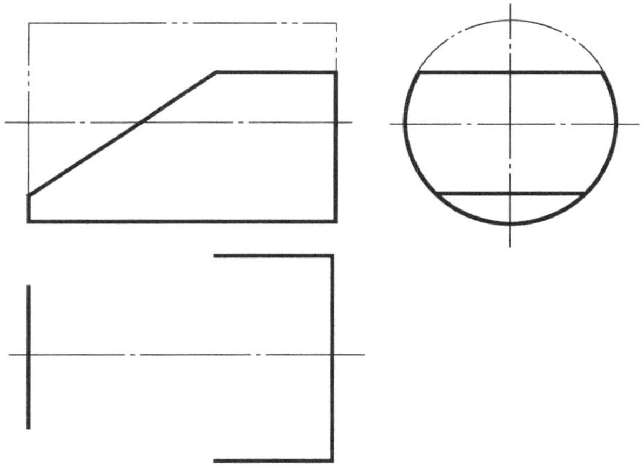

（2）

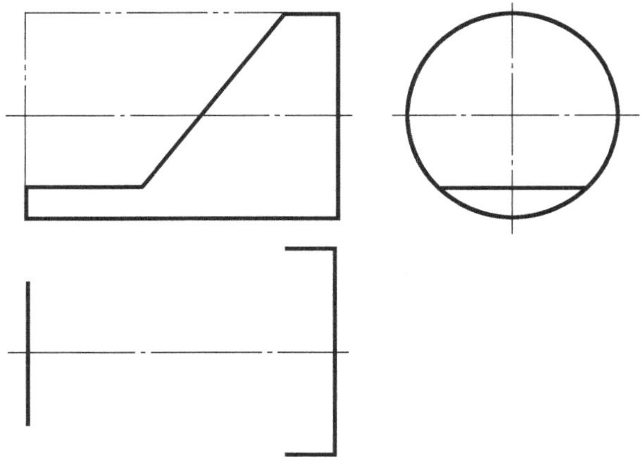

4. 作出圆柱被截切后的侧面投影。

（1）

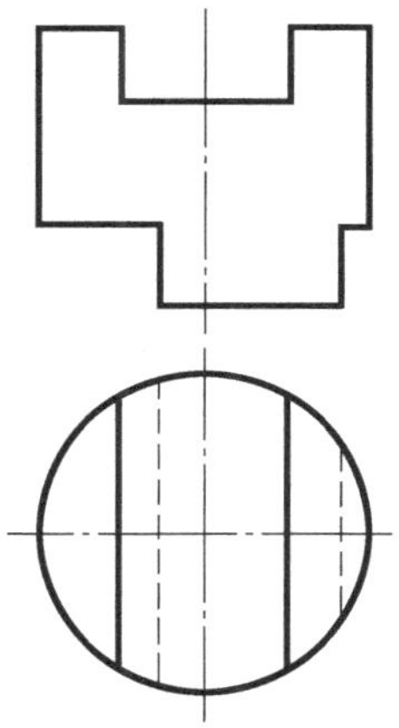

（2）

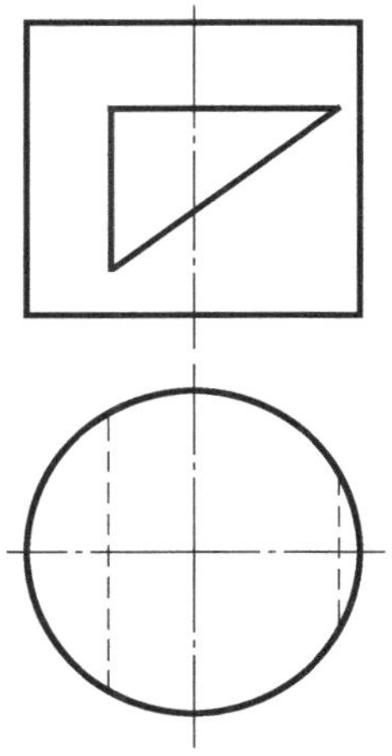

5. 完成圆锥被截切后的水平投影和侧面投影。

（1）

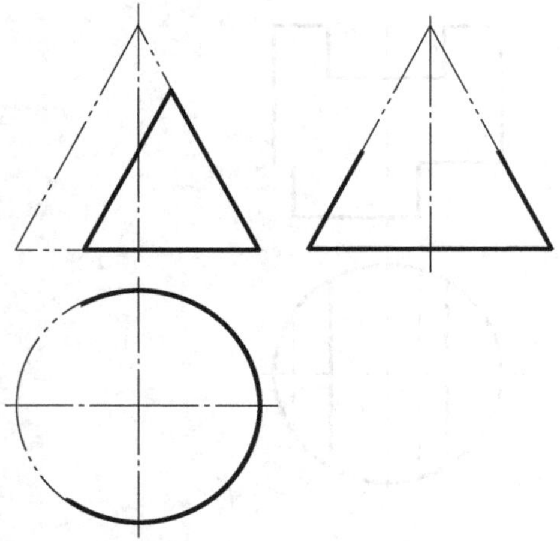

（2）

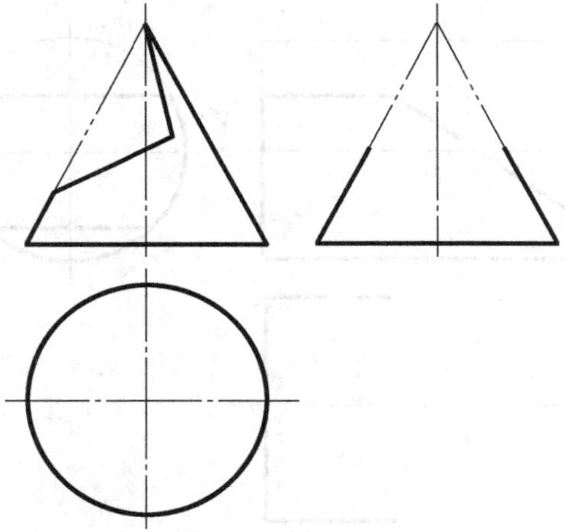

（3）

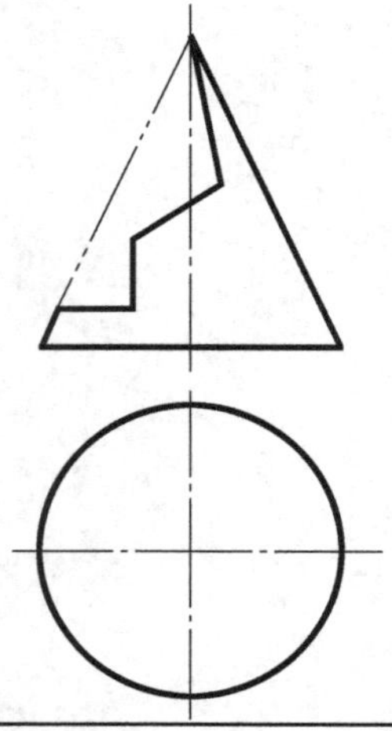

6. 作出物体的侧面投影。

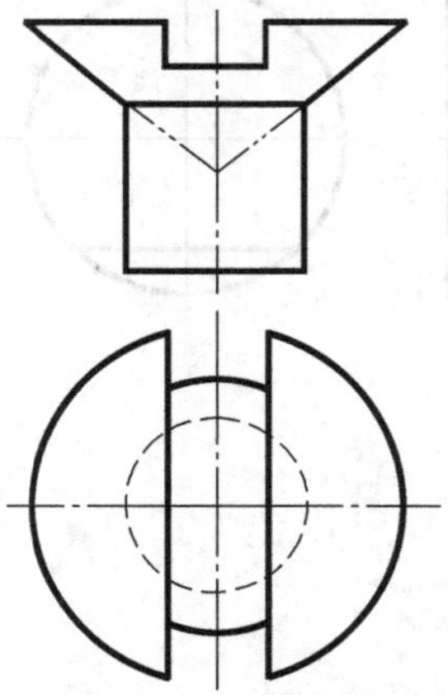

7. 作出半个圆球与平面 P 的截交线的水平投影和侧面投影。

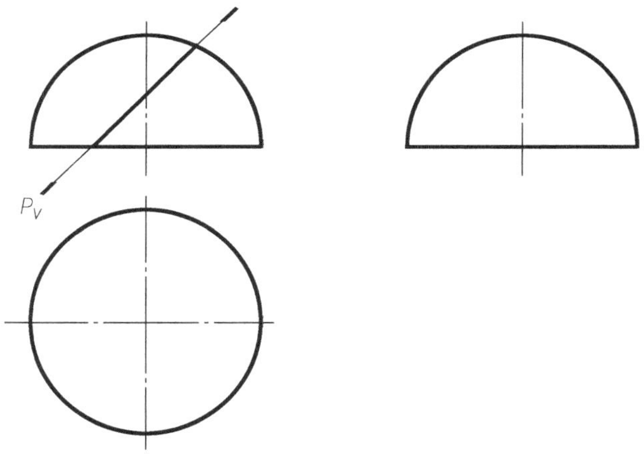

8. 作出半个圆球被截切后的正面投影和侧面投影。

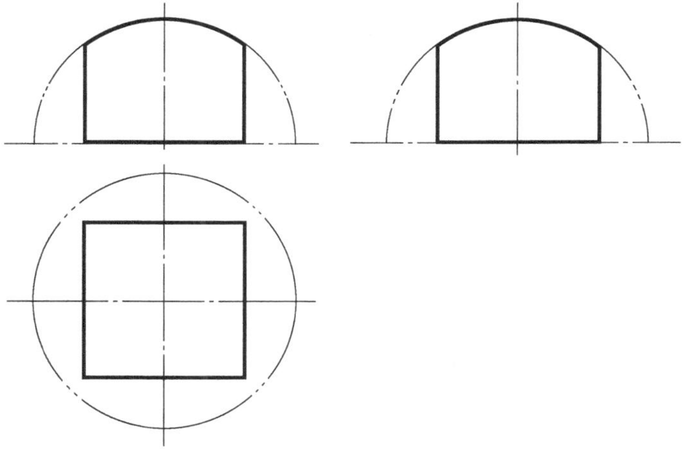

9. 作出半个圆球被穿槽后的水平投影和侧面投影。

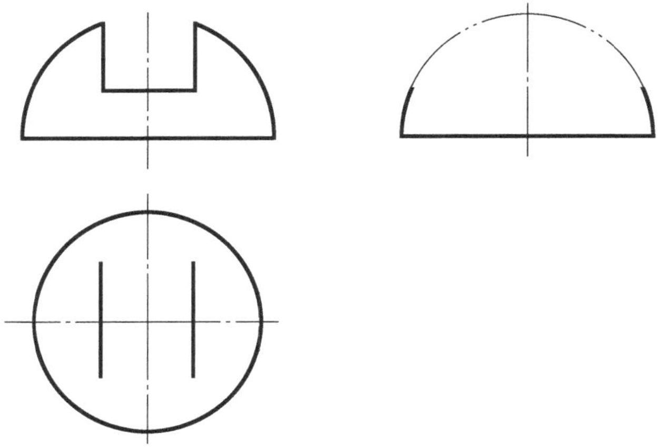

10. 完成形体的侧面投影。

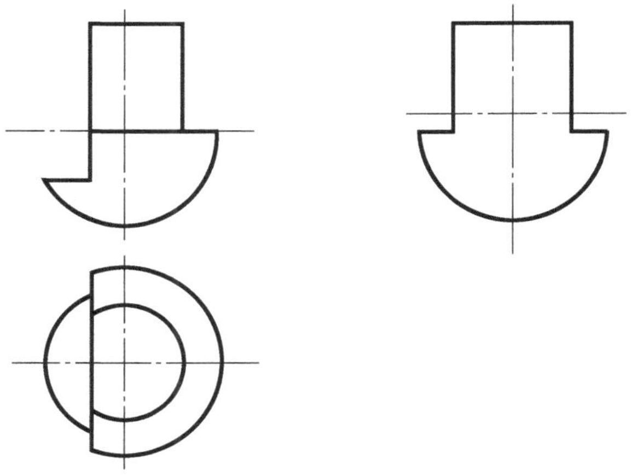

11. 完成形体的正面投影。

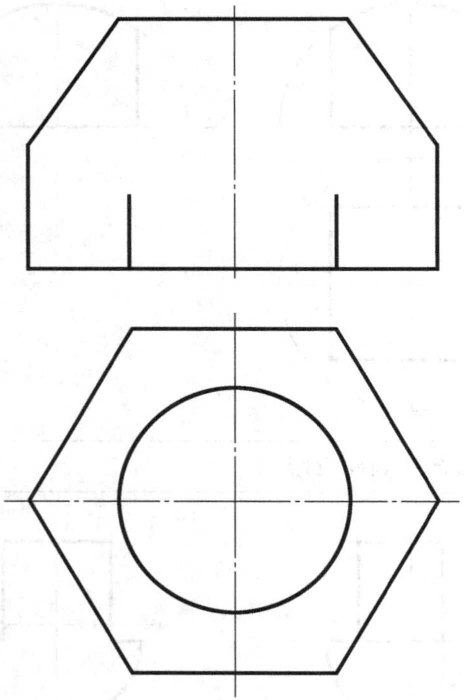

12. 完成组合回转体被截切后的正面投影。

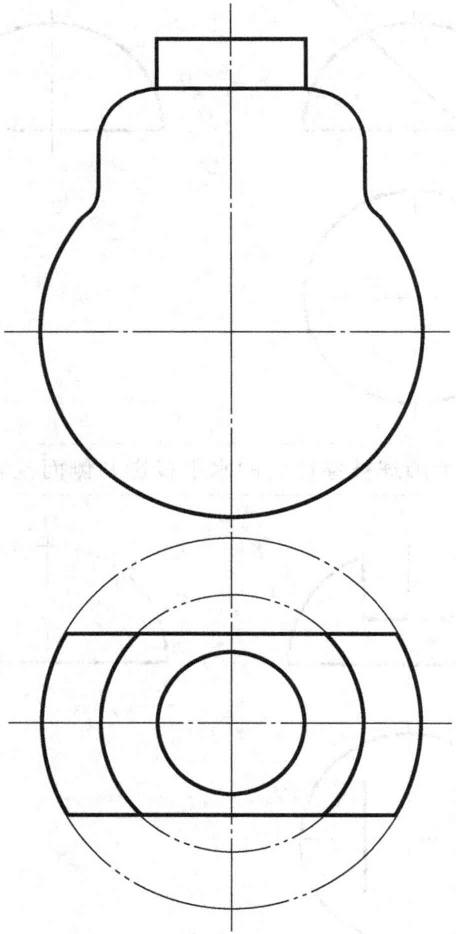

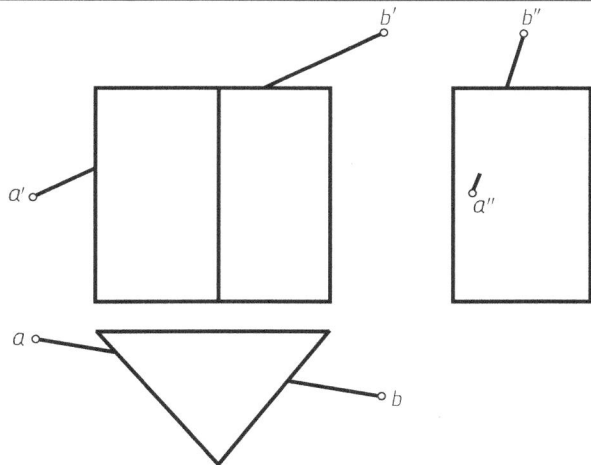

4-6 直线与立体相交

班级__________ 姓名__________ 学号__________

1. 求直线 *AB* 与三棱柱的贯穿点。

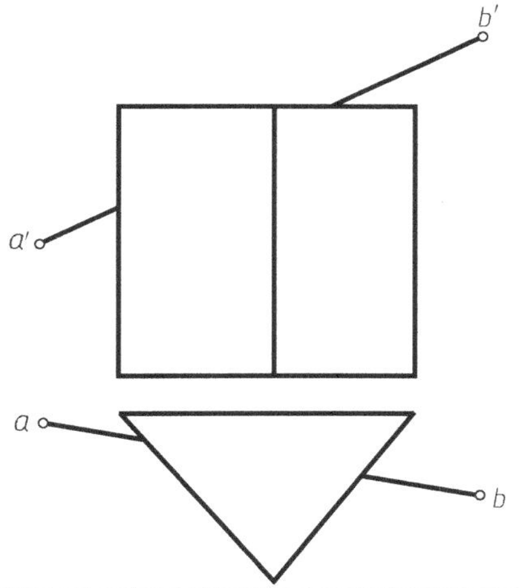

2. 求直线 *AB* 与三棱锥的贯穿点。

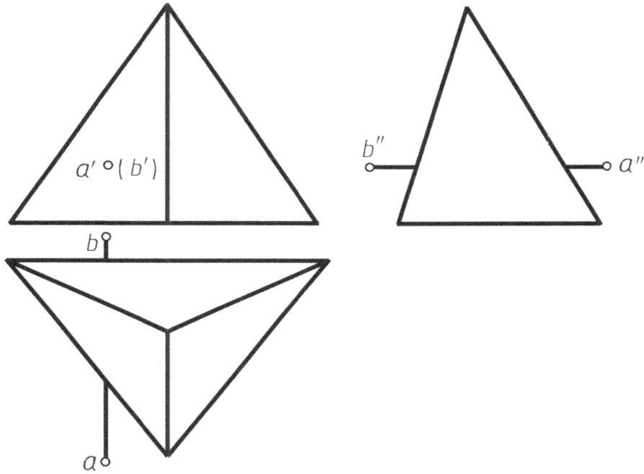

3. 求直线 *AB* 与圆柱的贯穿点。

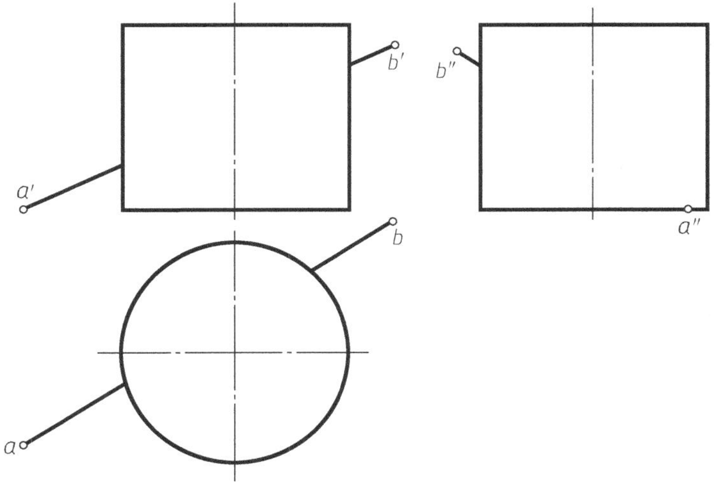

4. 用投影变换法求直线 *AB* 与圆球的交点。

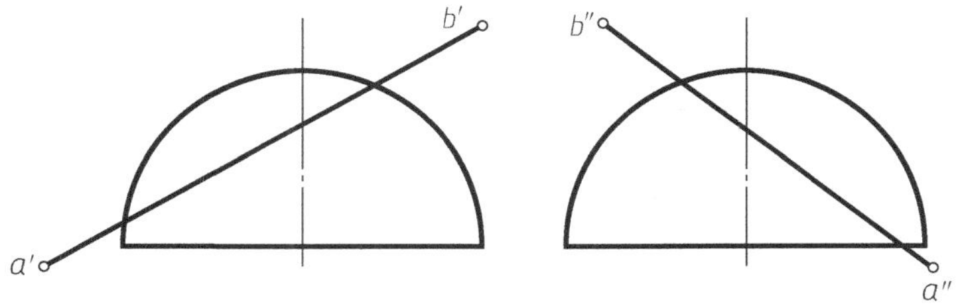

1. 作出两圆柱正交后的正面投影。

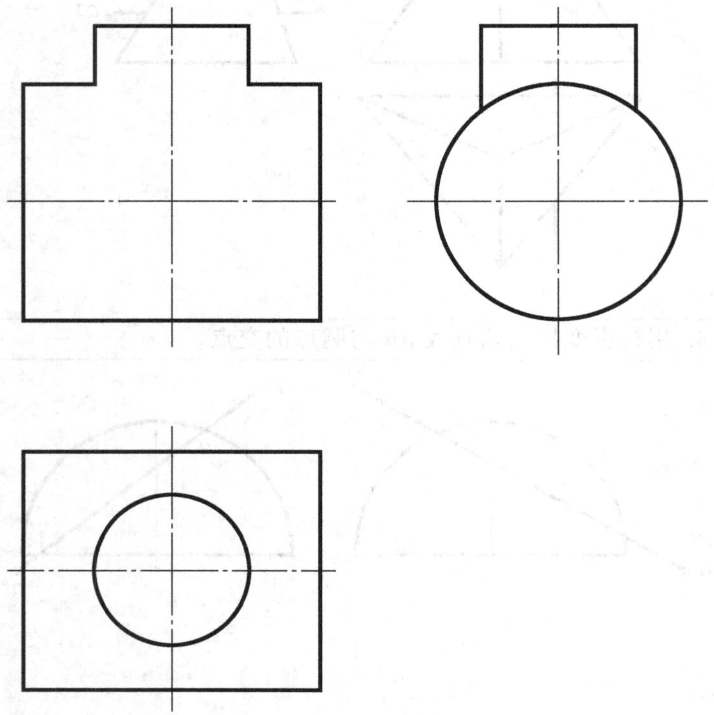

2. 作出两圆柱偏交后的侧面投影。

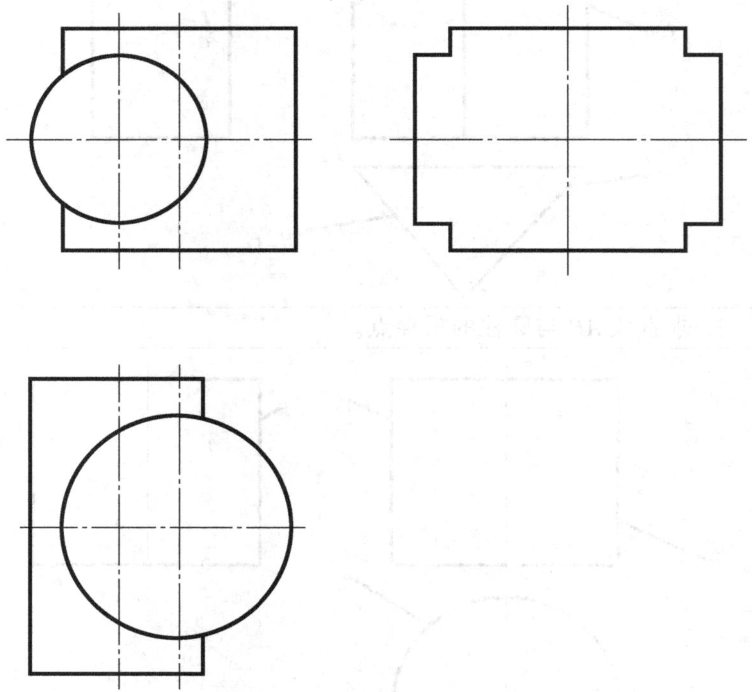

3. 作出圆柱与圆锥正交后的正面投影和侧面投影。

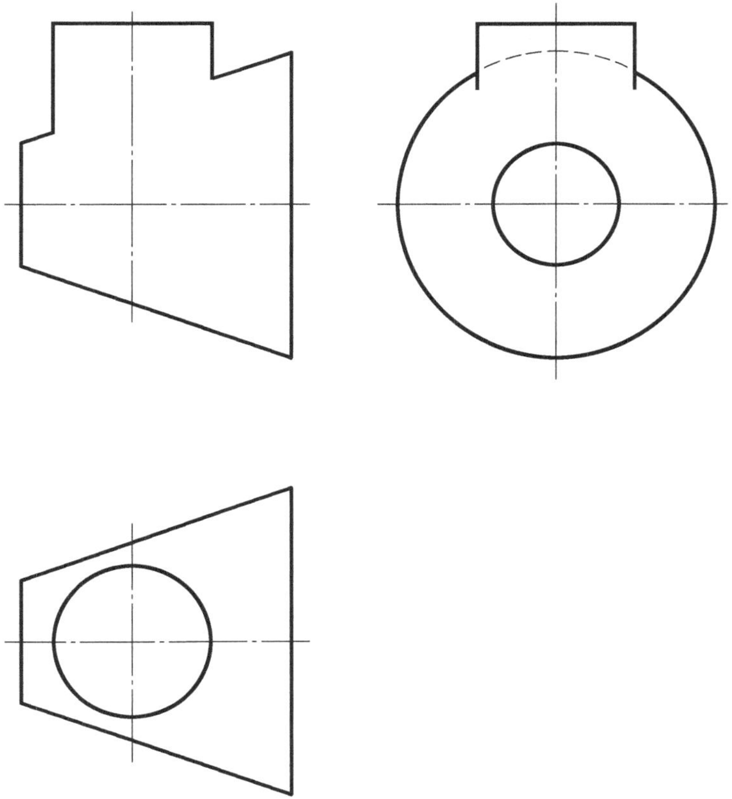

4. 圆柱与圆锥偏交后的三面投影。

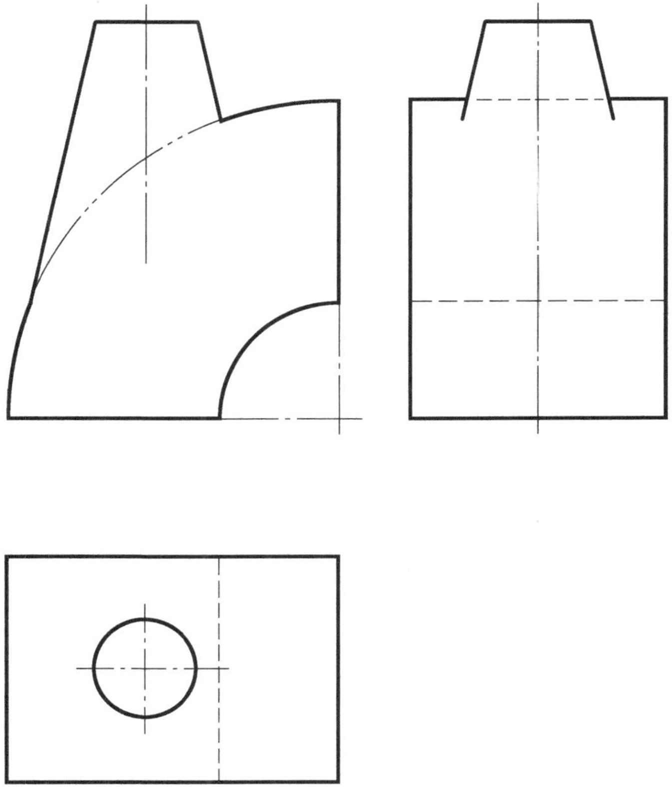

5. 补全圆柱与半圆球相交后的三面投影。	6. 完成球冠部分被圆柱面截切后的正面投影。
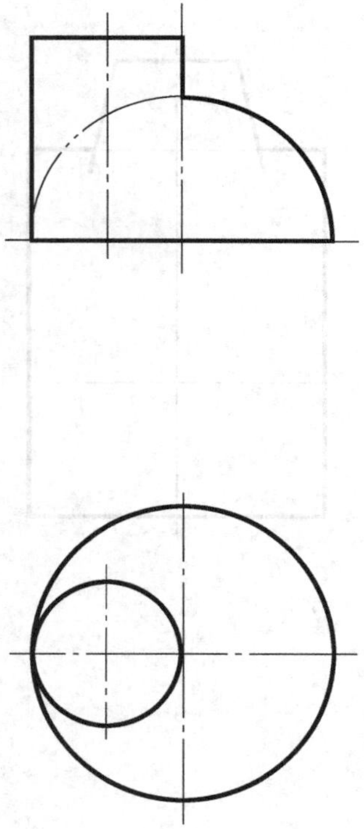	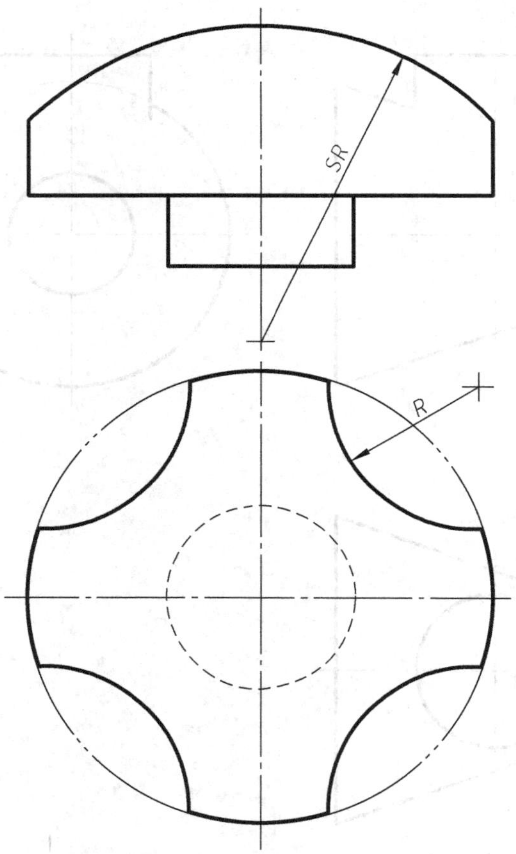

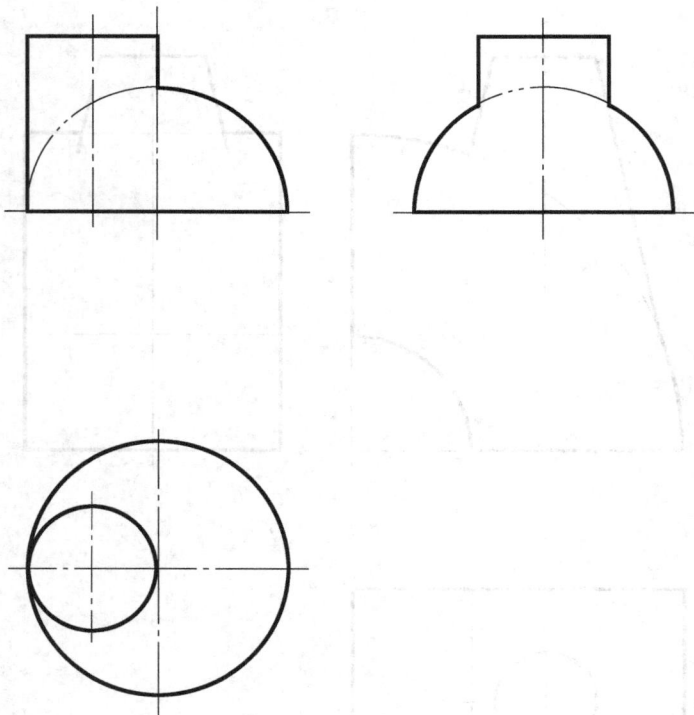

7. 补全回转体上穿圆柱孔后的正面投影。

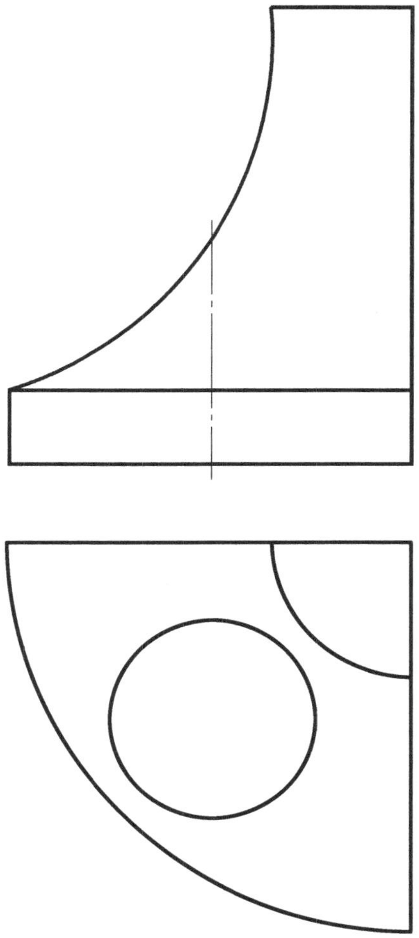

8. 补全圆柱与圆环相交后的两面投影。

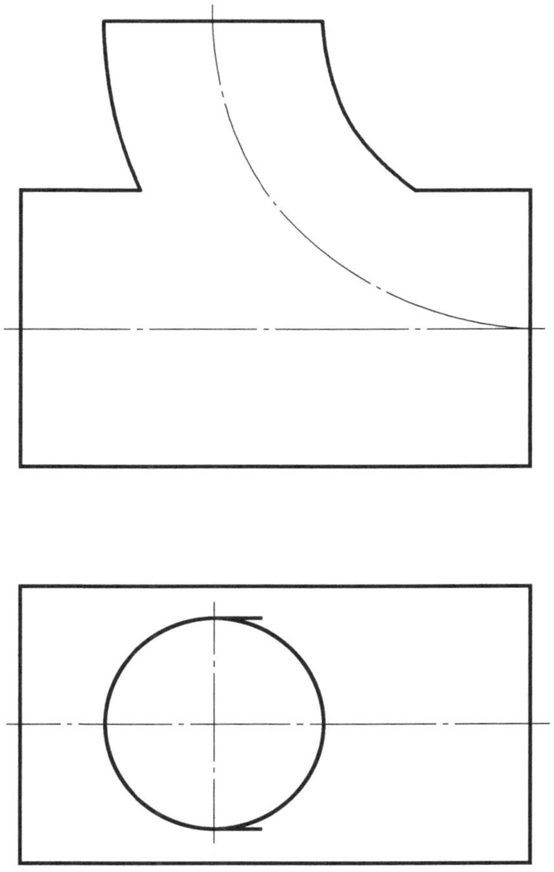

9. 补全轴线互相平行的两圆锥相交后的两面投影。	10. 补全圆锥与圆球相交后的两面投影。
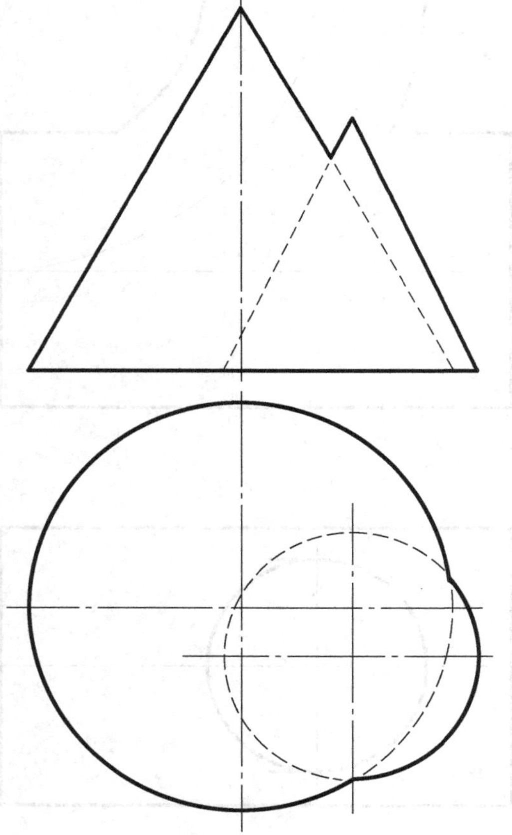	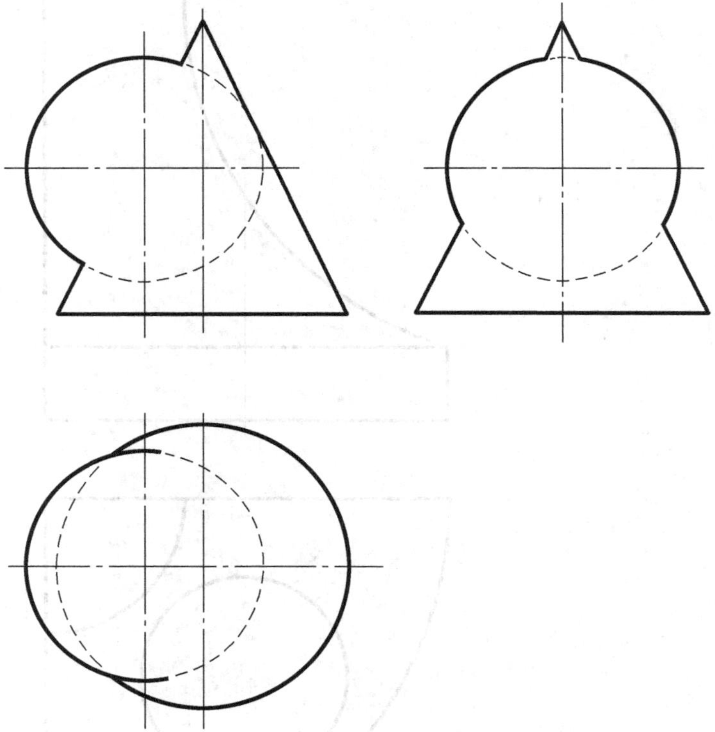

11. 用辅助球面法求下列两立体的相贯线。

（1）

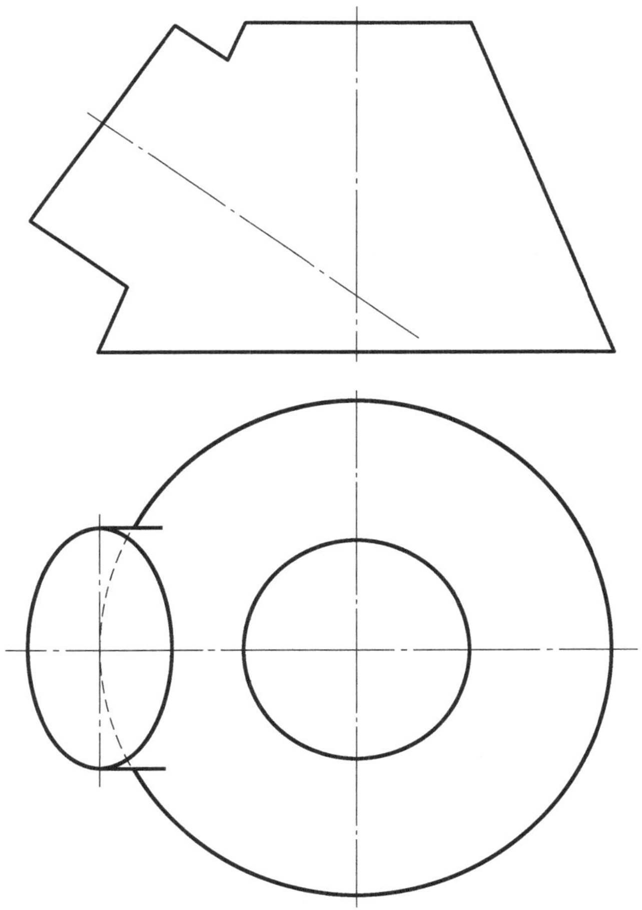

（2）

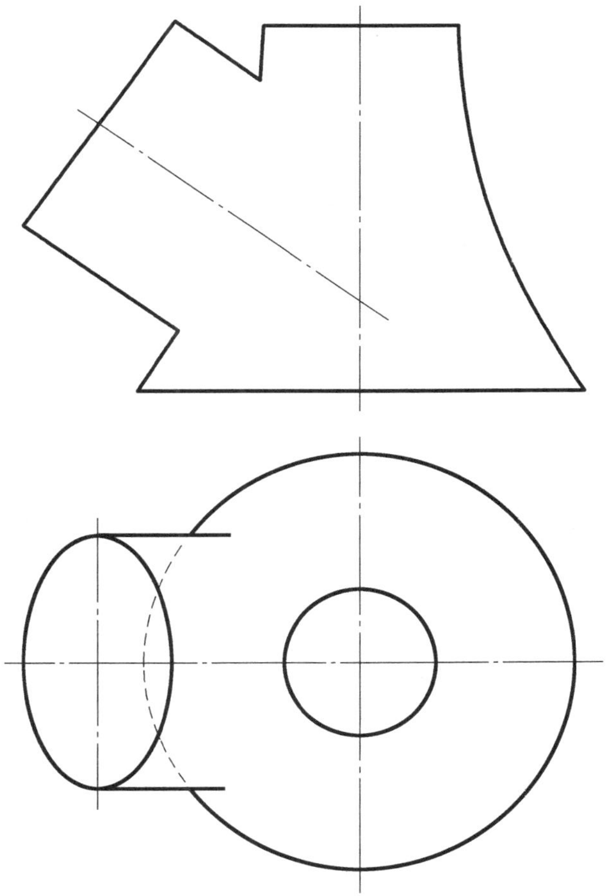

12. 作出下列各立体的特殊相贯线。

（1）

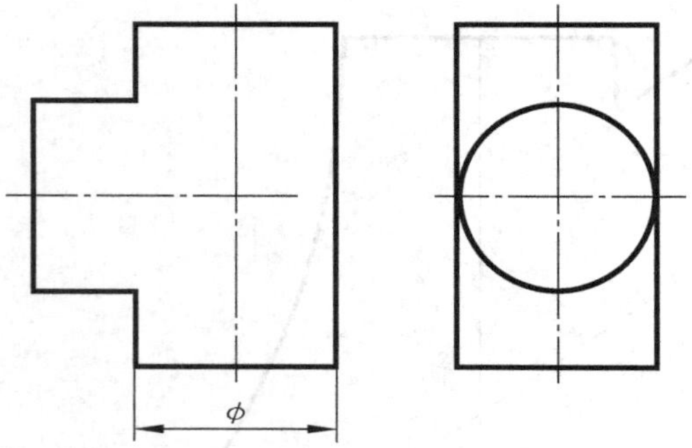

（2）

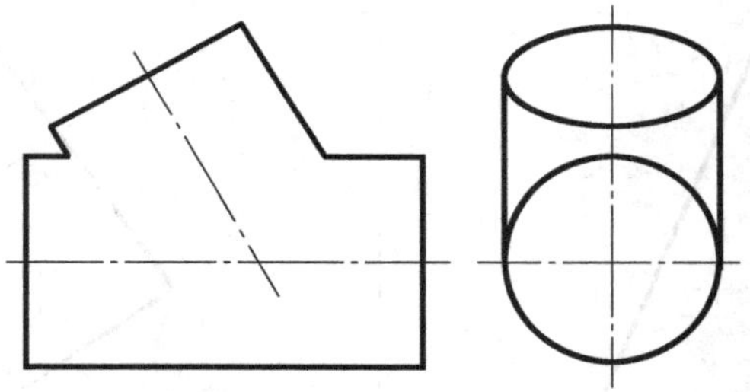

（3）

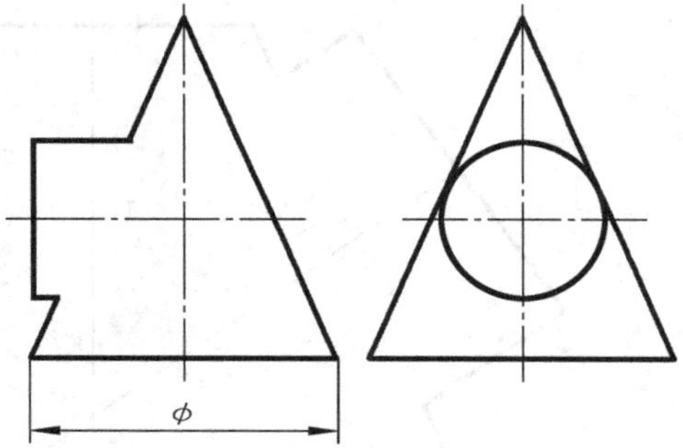

（4）

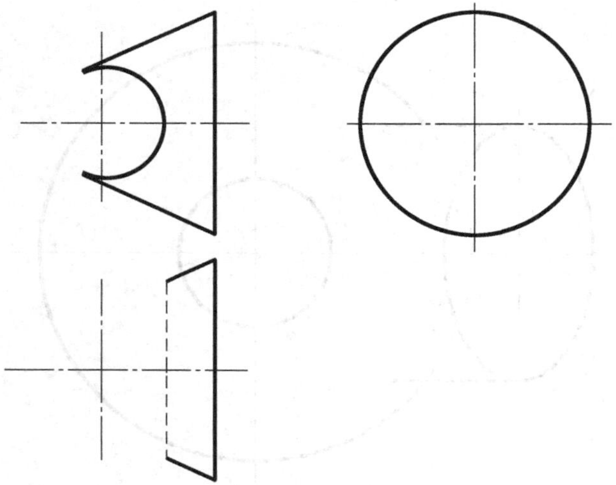

（5）

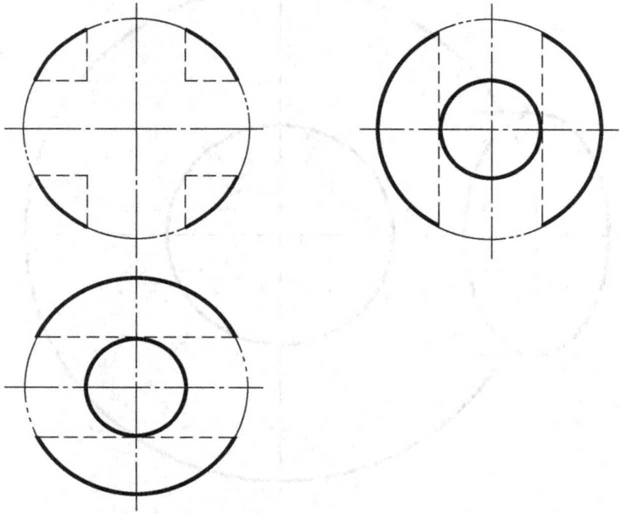

班级__________ 姓名__________ 学号__________

1. 作出圆柱、圆台、圆球相交后的两面投影。	2. 作出三柱体相交后复合相贯线的正面投影。
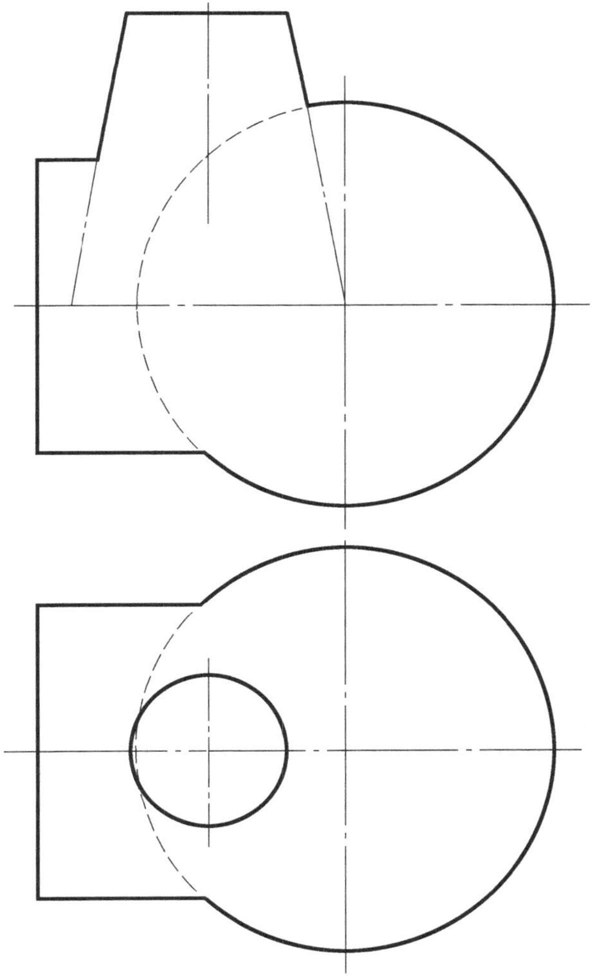	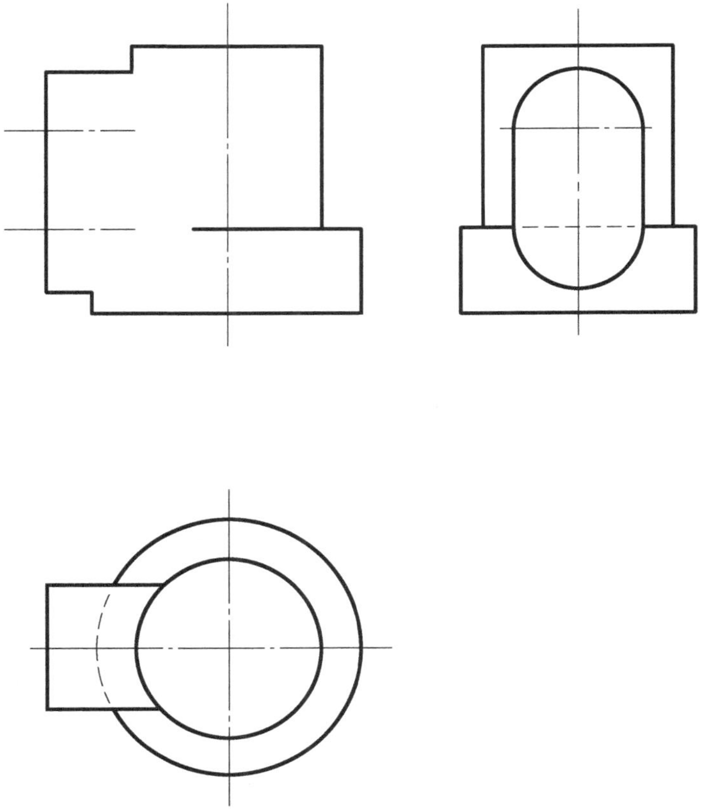

补全立体被穿孔、截切后的正面投影和侧面投影。

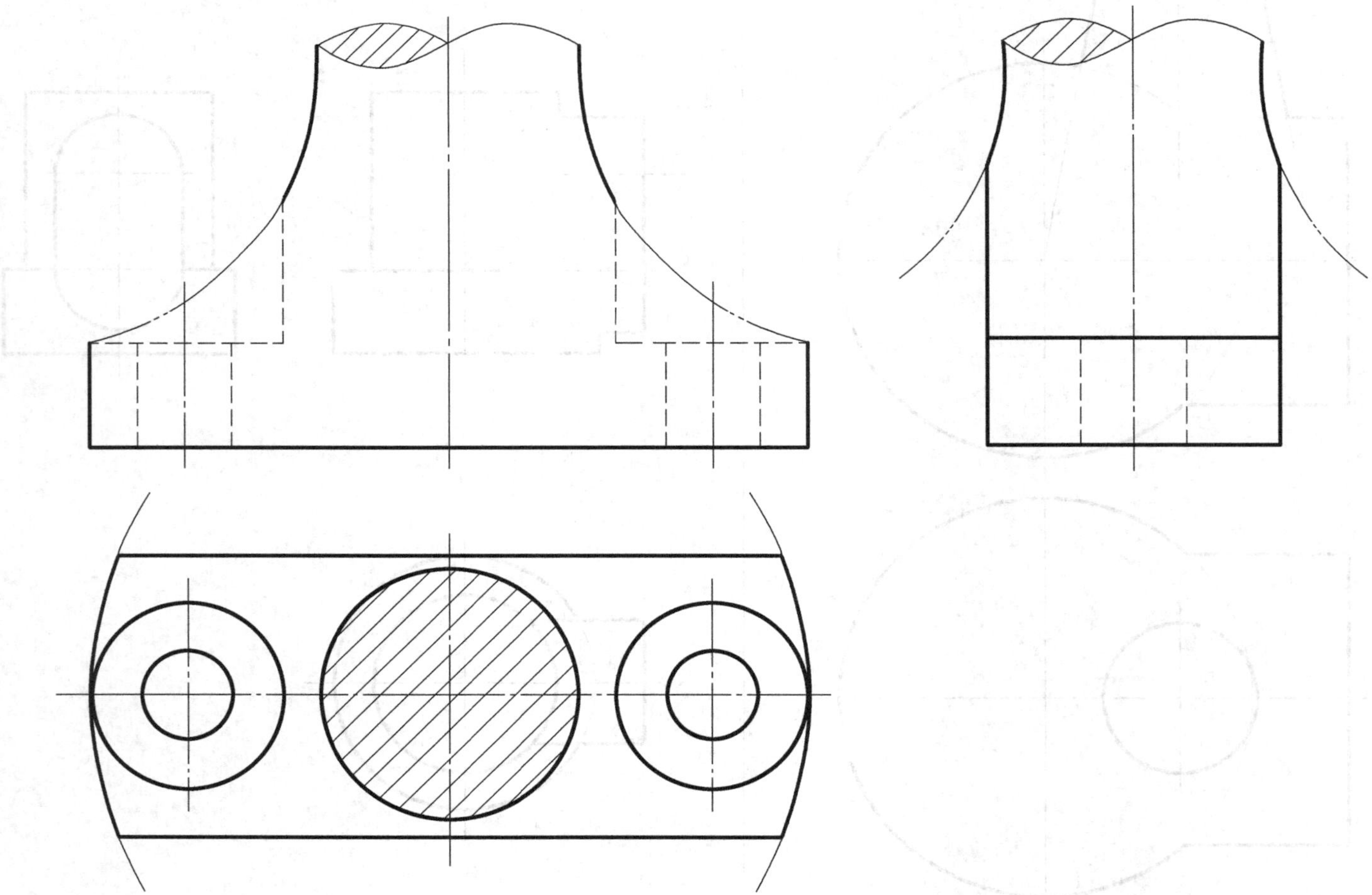

第5章　组　合　体

5-1　用形体分析法读、画组合体的三视图

班级__________　姓名__________　学号__________

1. 参照立体图，补全三视图中所缺的线条。

（1）

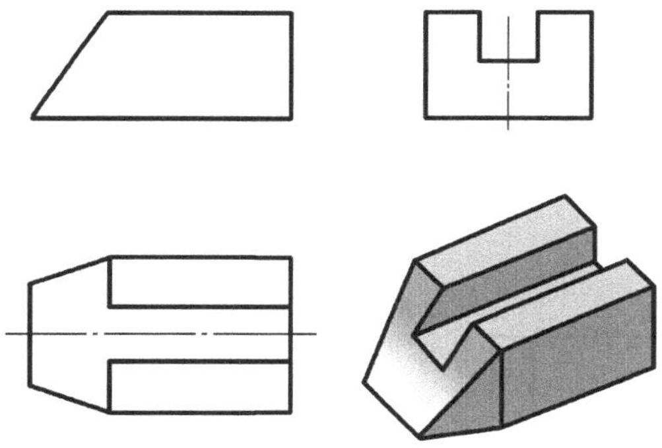

（2）

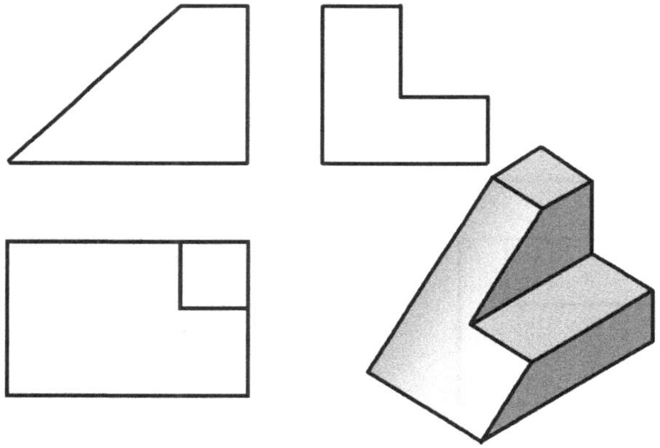

（3）

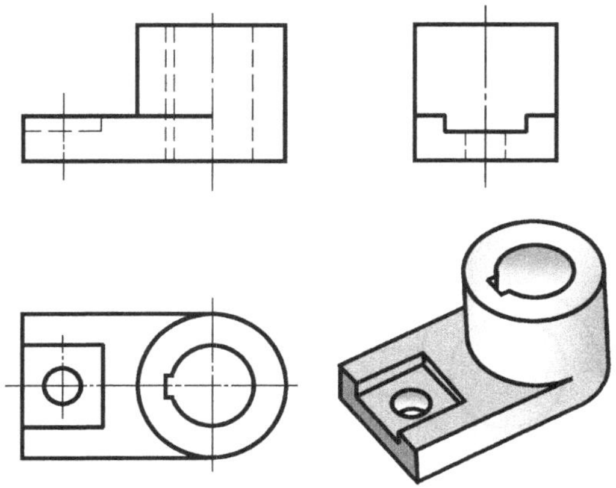

（4）

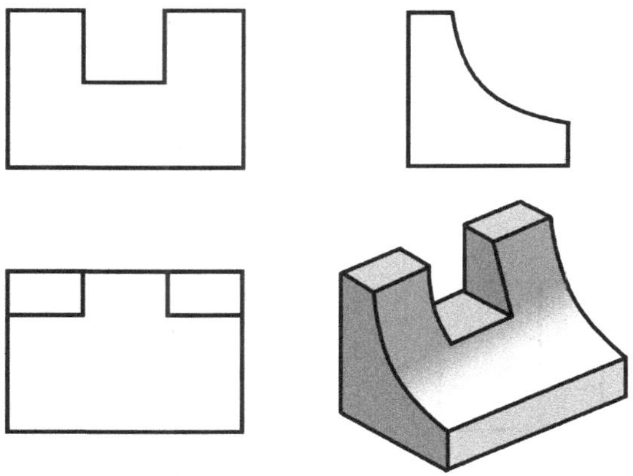

5-1 用形体分析法读、画组合体的三视图（续）

班级________ 姓名________ 学号________

1. 参照立体图，补全三视图中所缺的线条。（续）

（5）

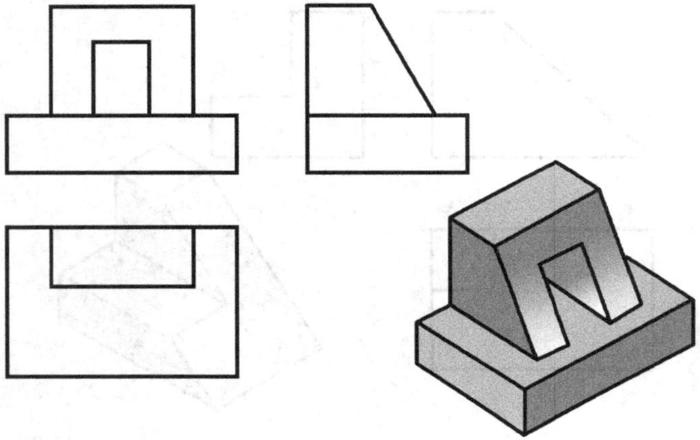

（6）

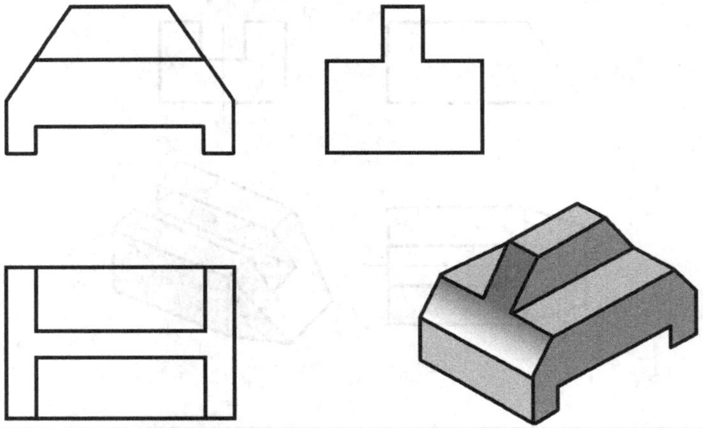

（7）

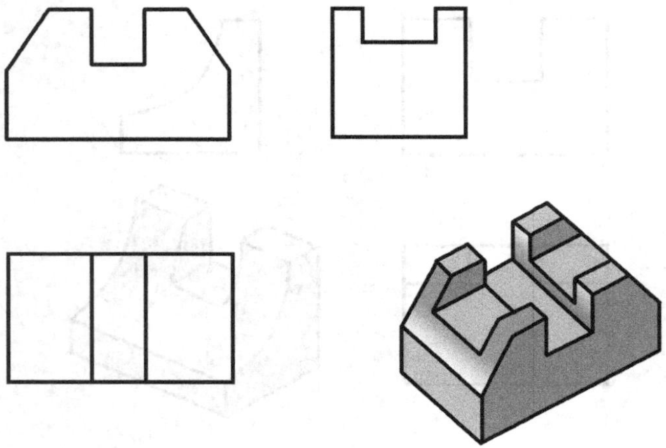

（8）

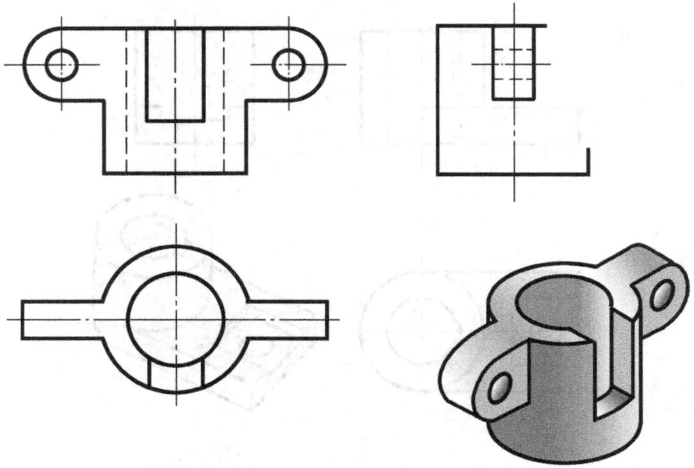

1. 参照立体图，补全三视图中所缺的线条。（续）

（9）

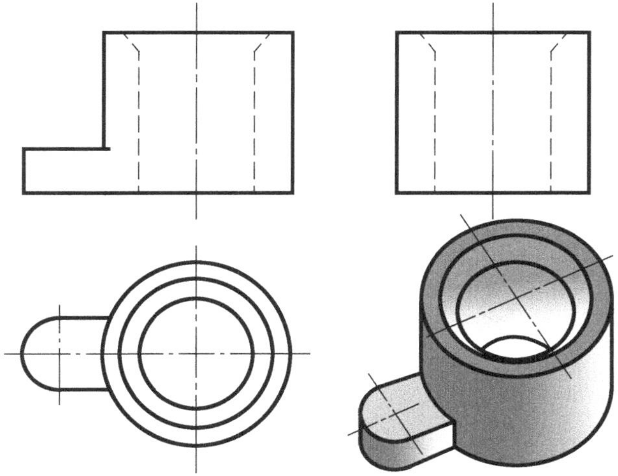

（10）

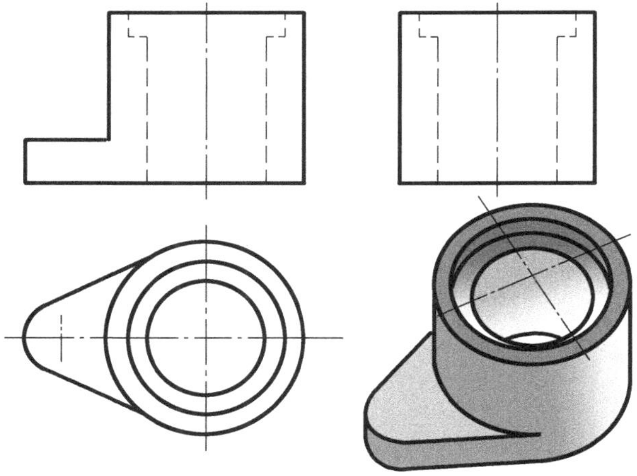

（11）

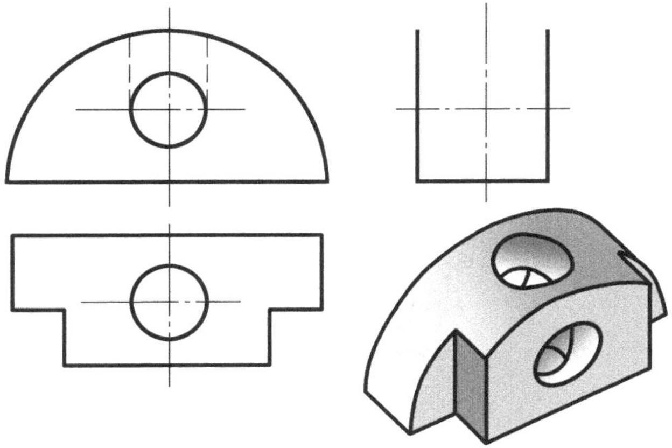

（12）

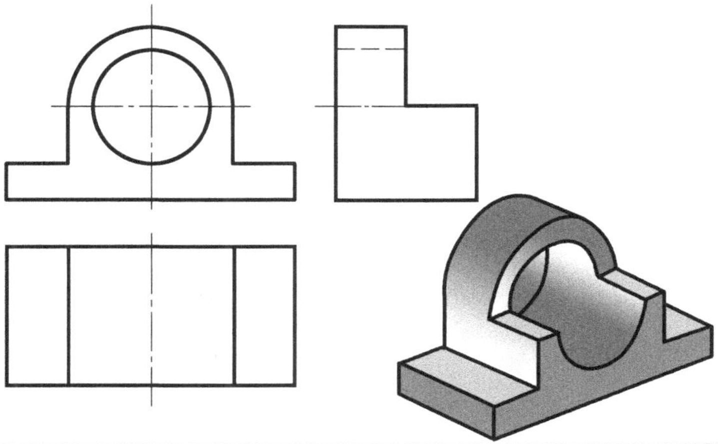

2. 根据物体的立体图采用合适的比例绘制三视图。

（1）

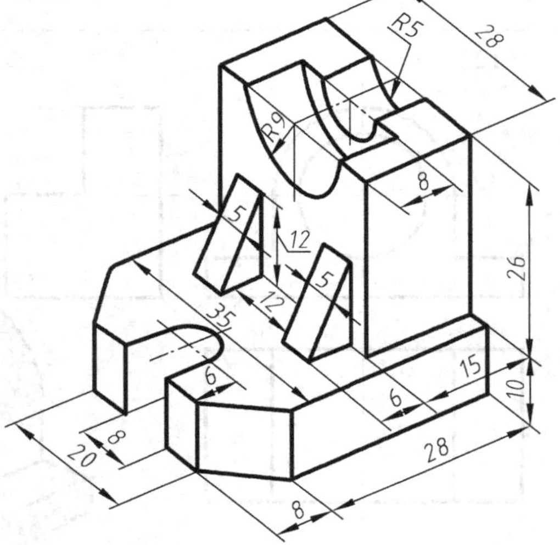

（2）

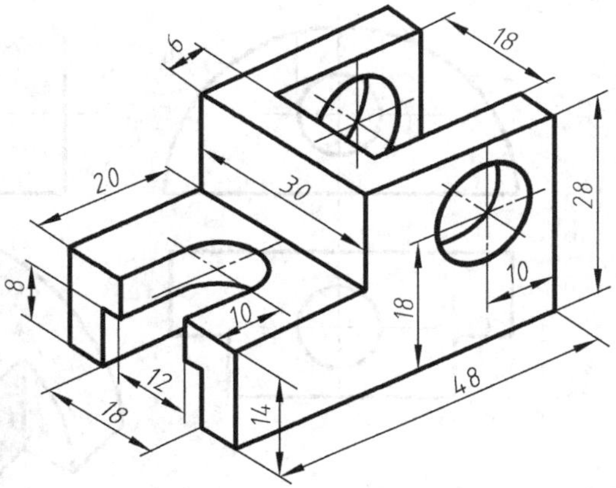

2. 根据物体的立体图采用合适的比例绘制三视图。（续）

（3）

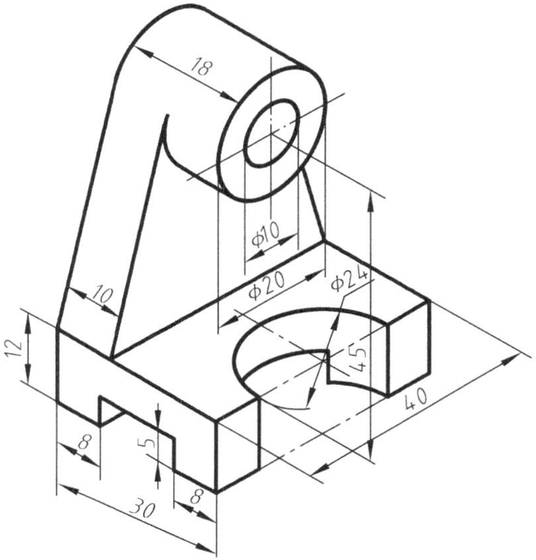

（4）

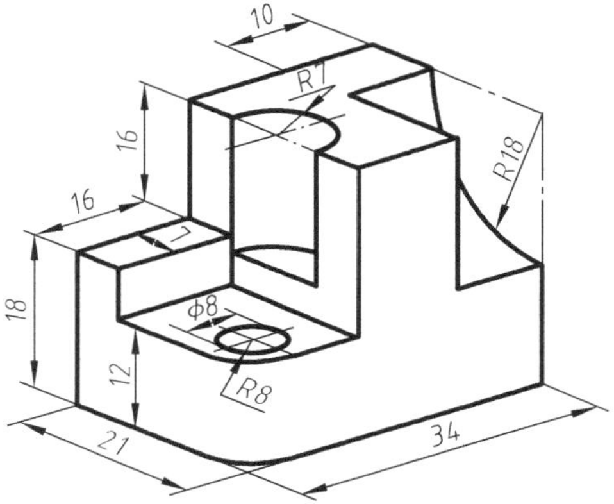

2. 根据物体的立体图采用合适的比例绘制三视图。（续）

（5）

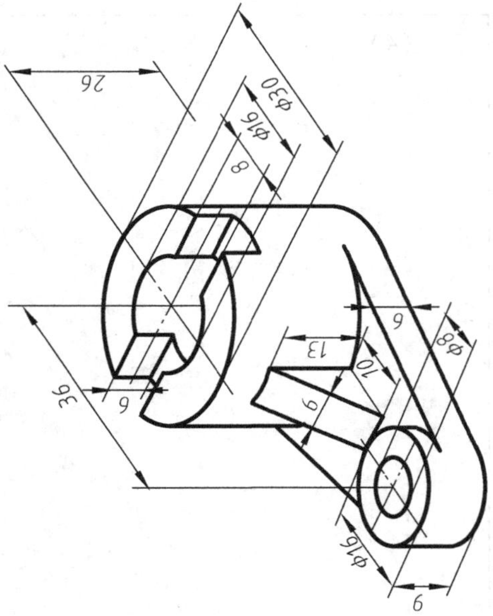

（6）

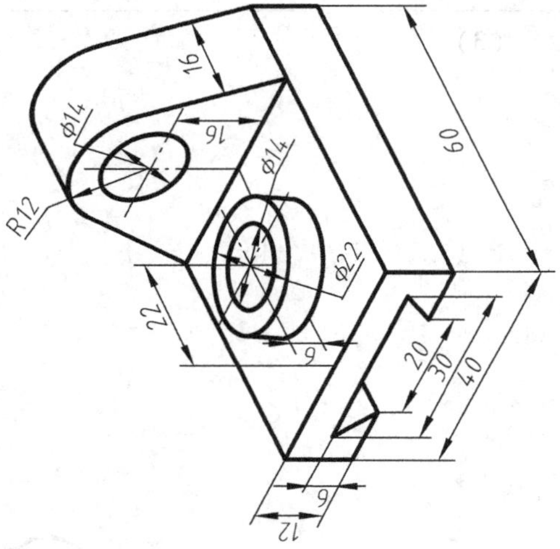

3. 由物体的两视图，构思其形状，补画出其第三视图。

（1）

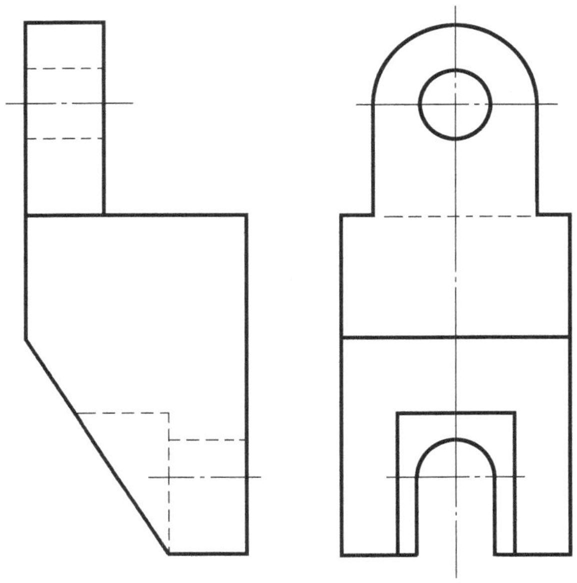

（2）

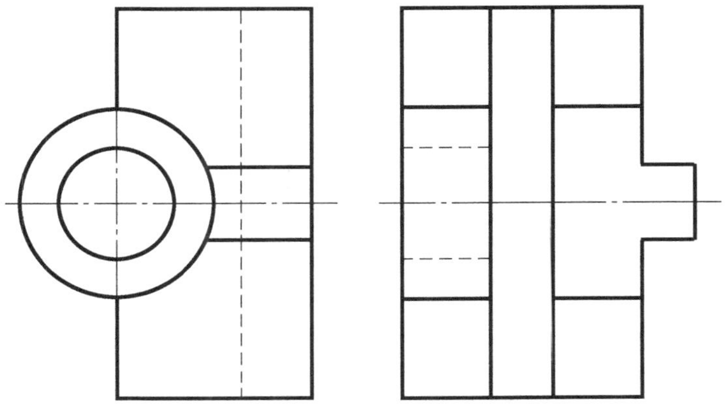

3. 由物体的两视图，构思其形状，补画出其第三视图。（续）

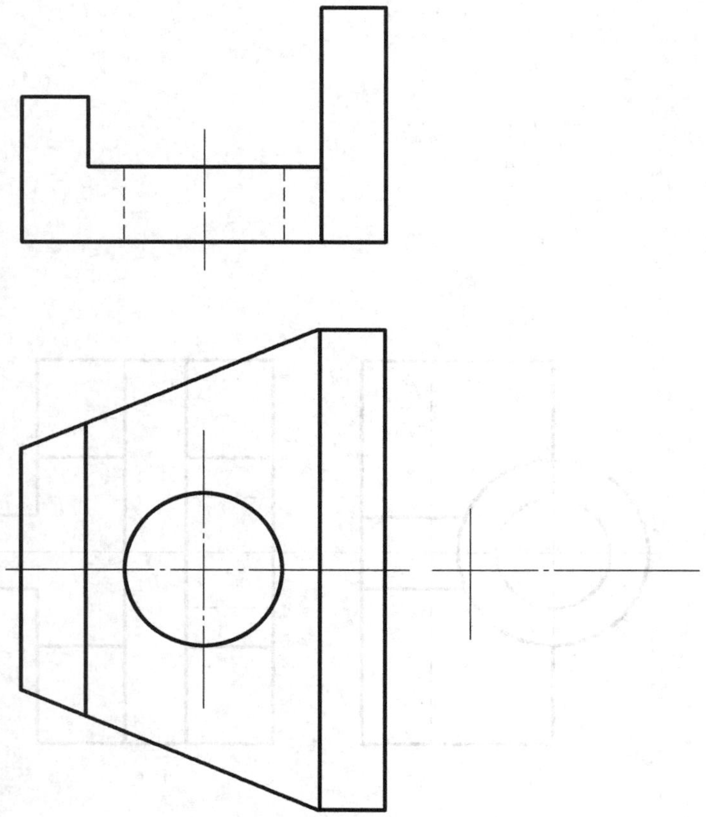

（3）

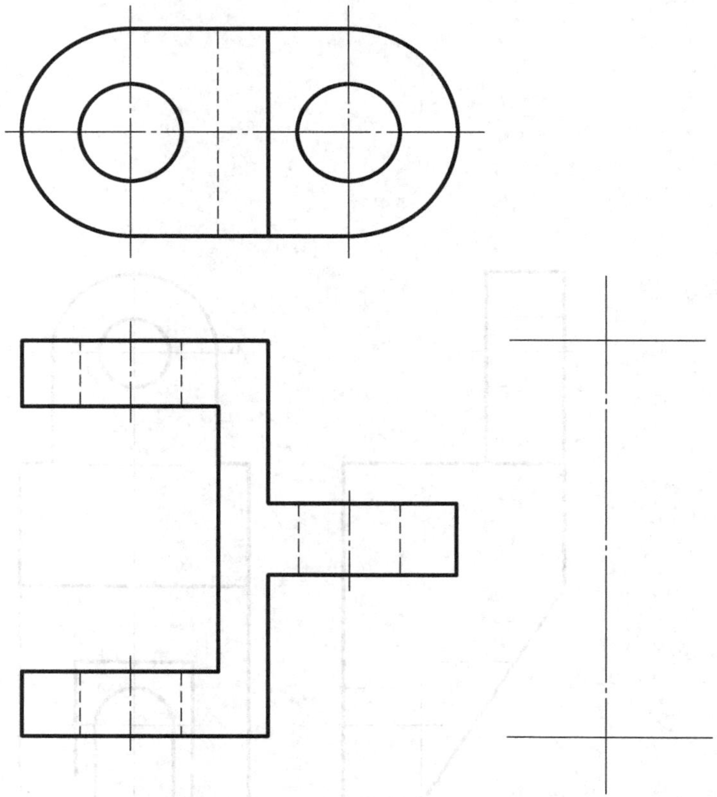

（4）

1. 参照各物体的立体图，标注其三视图上的尺寸。

（1）

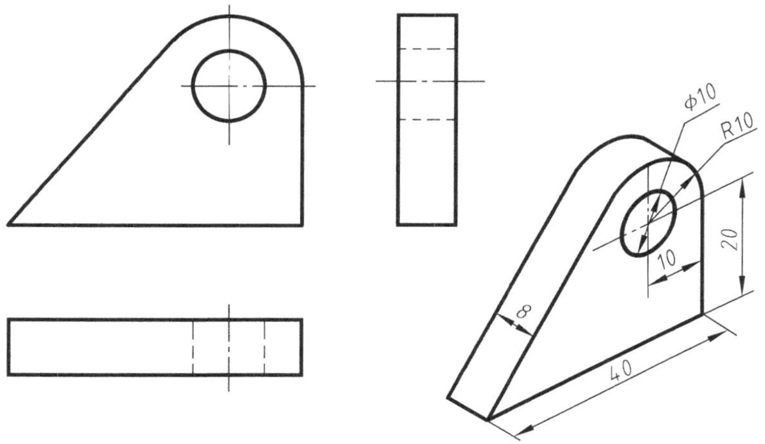

（2）

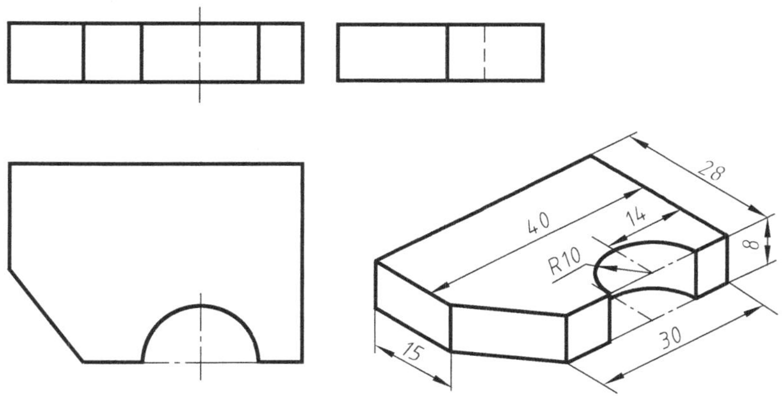

（3）

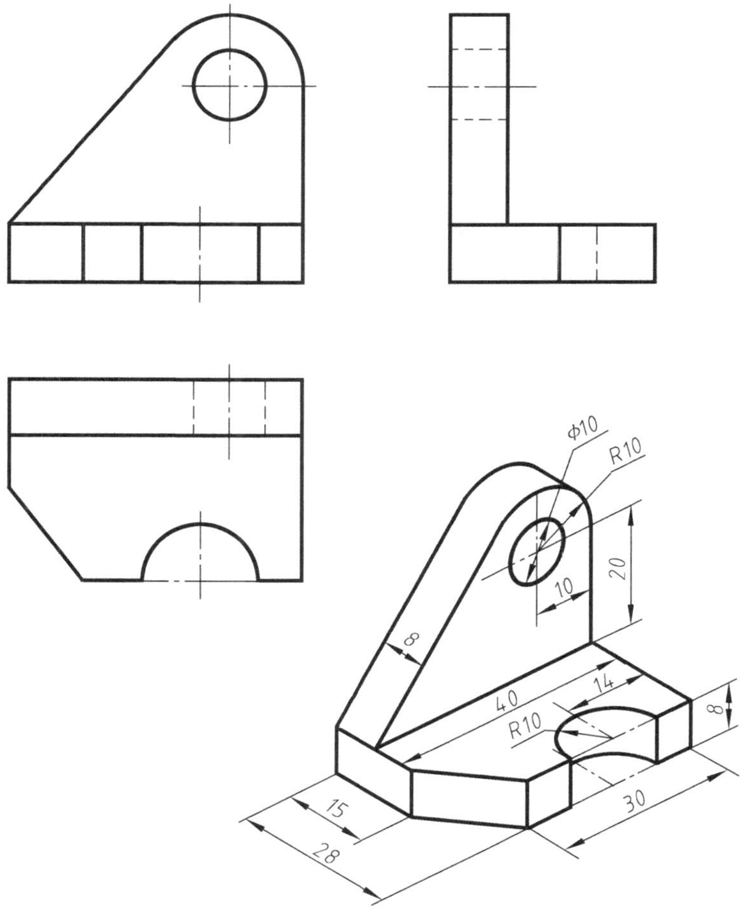

2. 看懂视图后标注尺寸，尺寸数值直接从图中量取，以毫米为单位圆整到整数。

（1）

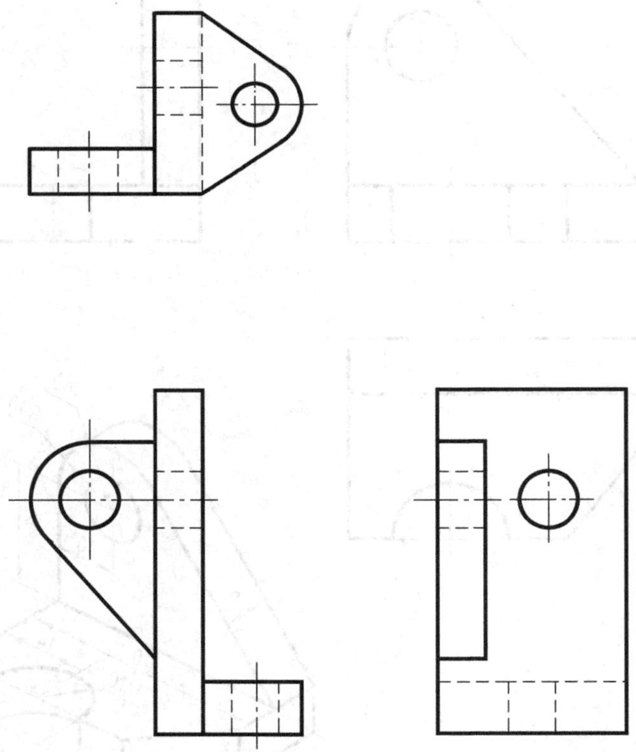

（2）

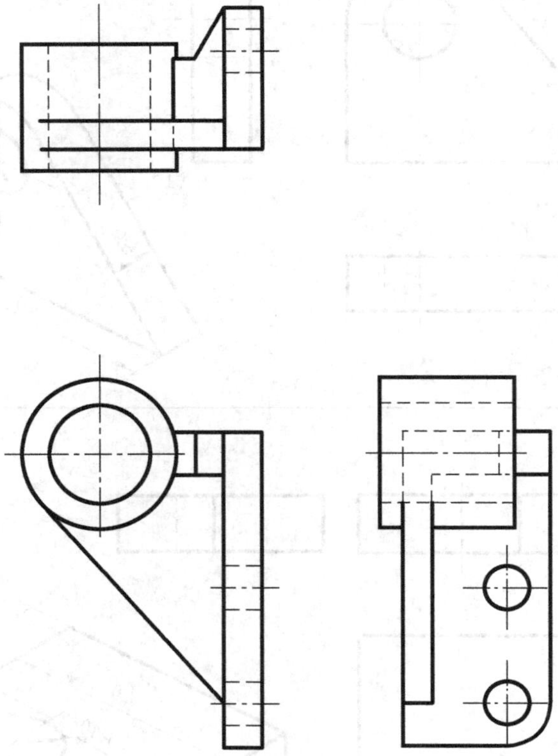

2. 看懂视图后标注尺寸，尺寸数值直接从图中量取，以毫米为单位圆整到整数。(续)

(3)

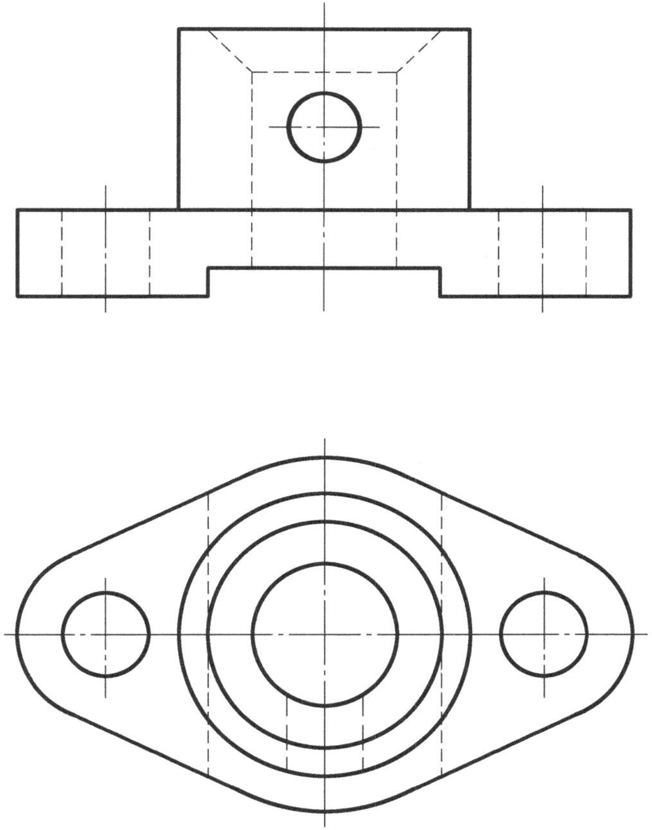

(4)

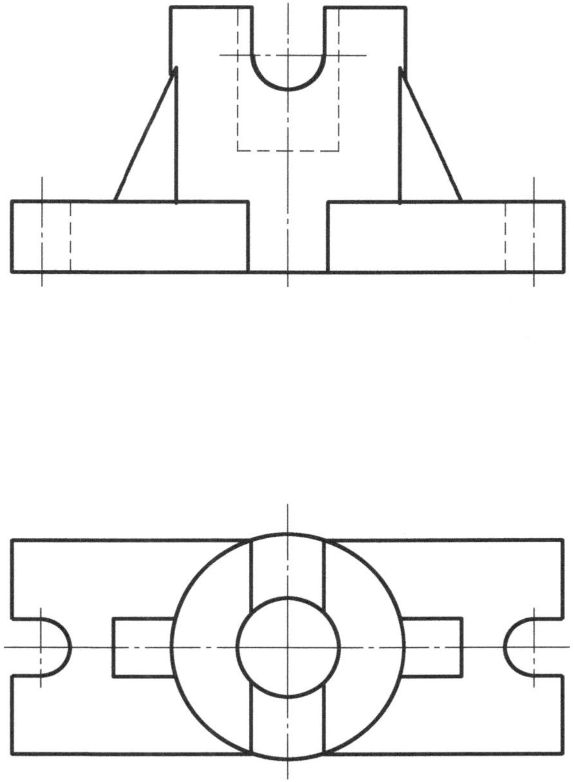

作业指导书

一、目的、内容与要求

1. 目的、内容：进一步理解与巩固“物”与“图”之间的对应关系，运用形体分析法，根据立体图（或模型）绘制组合体的三视图，并标注尺寸。本作业共3个分题，不同专业按需要完成其中1~2个分题。

2. 要求：完整表达组合体的内、外形状，标注尺寸要完整、清晰，并符合国标规定。

二、图名、图幅与比例

1. 图名：由物体的立体图画三视图。

2. 图幅：A3。

3. 比例：1∶1。

三、绘图步骤与注意事项

1. 对所绘组合体进行形体分析，选择主视图，按立体图所注尺寸（或模型实际大小）布置三个视图的位置（注意视图之间预留标注尺寸的位置），画出各视图的中心轴线和底面（顶面）位置线。

2. 逐步画出组合体各部分的三视图（注意两表面相交或相切时的画法）。

3. 标注尺寸应注意不要照搬轴测图上的尺寸注法，尺寸的配置以尺寸完整、注法标准、配置适当为原则。

4. 完成底稿，经仔细校核后用铅笔加深。

5. 图面质量的要求同前。

1. 支架。

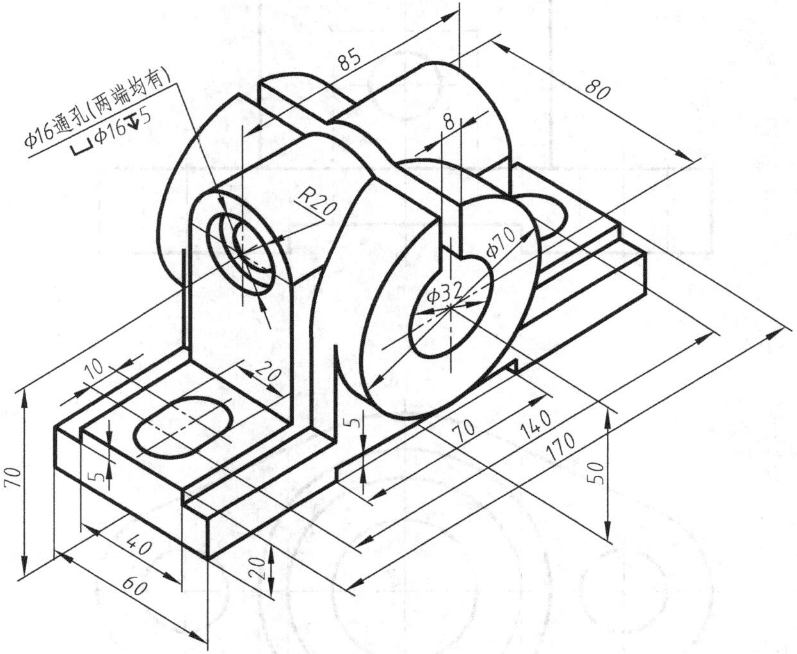

2. 坐盖。

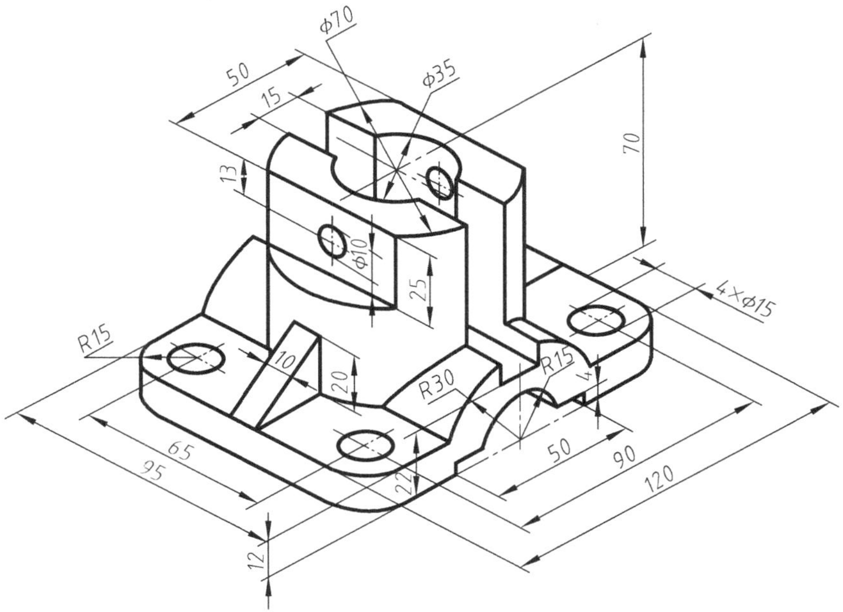
φ70
φ35
50
15
70
13
φ10
25
4×φ15
R15
10
20
R30
R15
4
65
95
22
12
50
90
120

3. 支架。

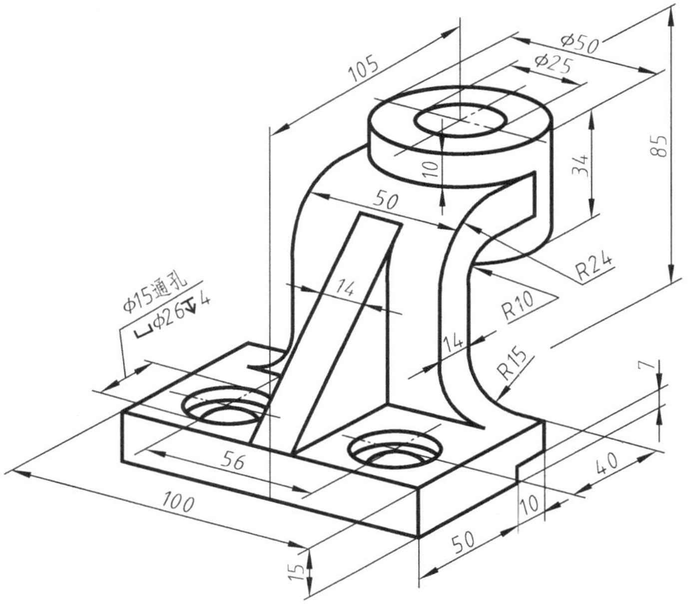
105
φ50
φ25
85
34
10
50
R24
14
R10
φ15通孔
⌴φ26↧4
14
R15
7
56
40
100
10
50
15

1. 补画视图中的缺线，标出指定线、面在其他视图中的投影，并判别它们与投影面或相互之间的相对位置（填在横线上）。

（1）

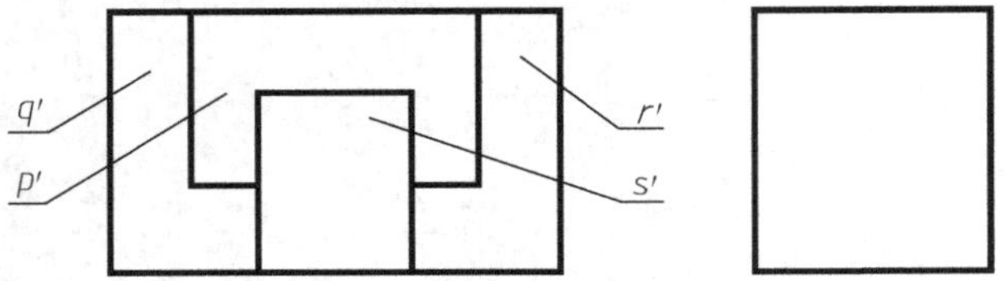

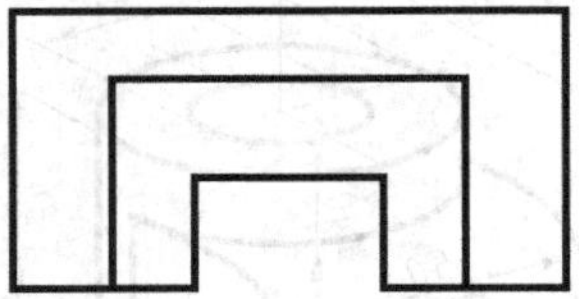

平面 *P* 是______面

平面 *Q* 是______面

平面 *Q* 在平面 *S* 之______

（2）

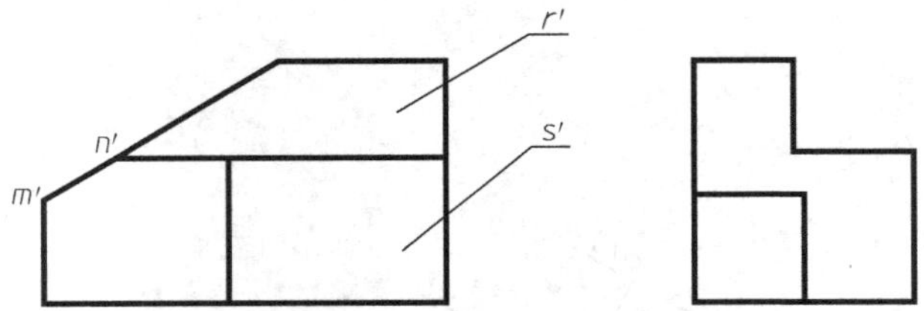

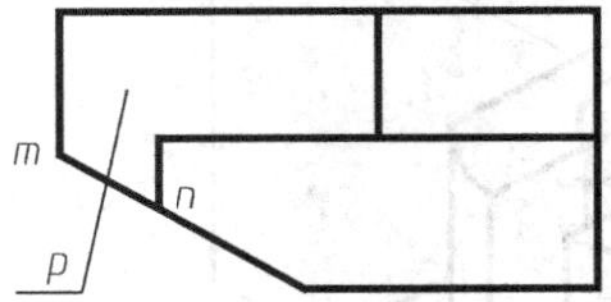

平面 *P* 是______面

直线 *MN* 是______线

平面 *S* 在平面 *R* 之______

（3）

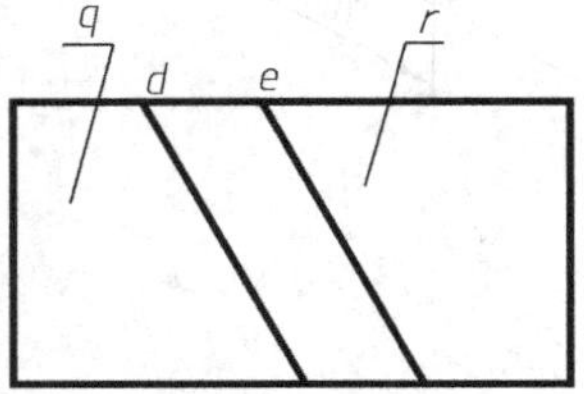

平面 *P* 是______面

平面 *Q* 在平面 *R* 之______

直线 *DE* 是______线

（4）

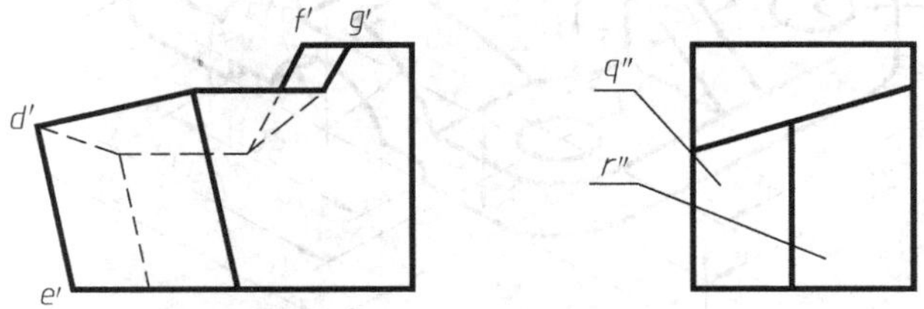

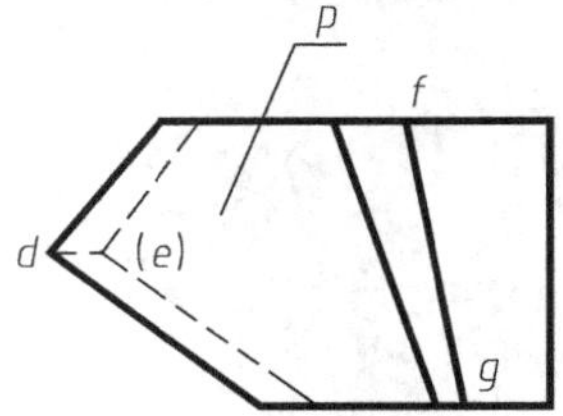

平面 *P* 是______面

平面 *Q* 是______面

平面 *R* 是______面

直线 *DE* 是______线

直线 *FG* 是______线

2. 补画出立体的第三视图，完成指定线、面的三面投影。

(1)

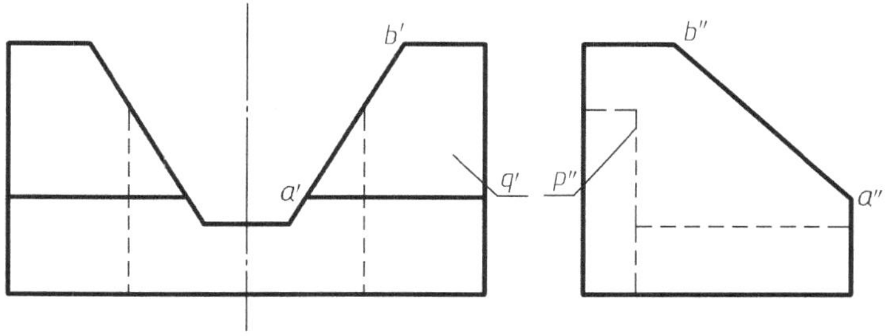

平面 *P* 是______面

平面 *Q* 是______面

直线 *AB* 是______线

(2)

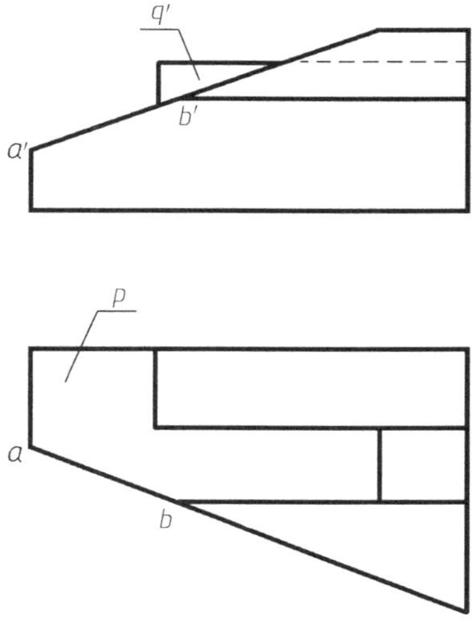

平面 *P* 是______面

平面 *Q* 是______面

直线 *AB* 是______线

3. 补画物体视图中的缺线，注意类似形体的联系。

（1）

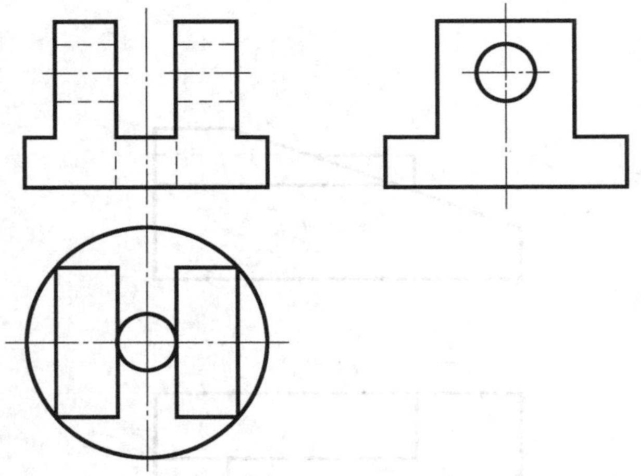

（2）

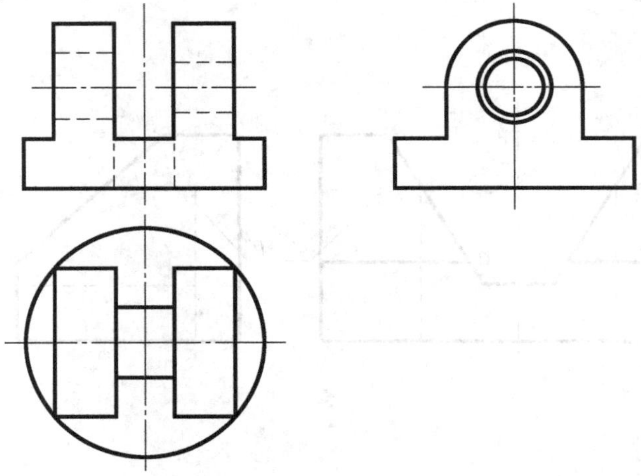

（3）

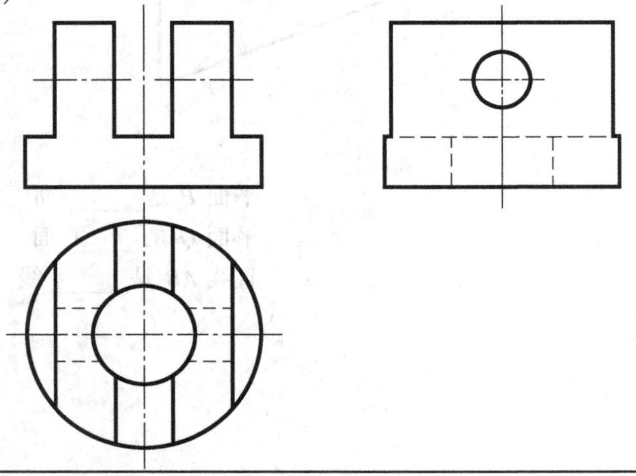

（4）

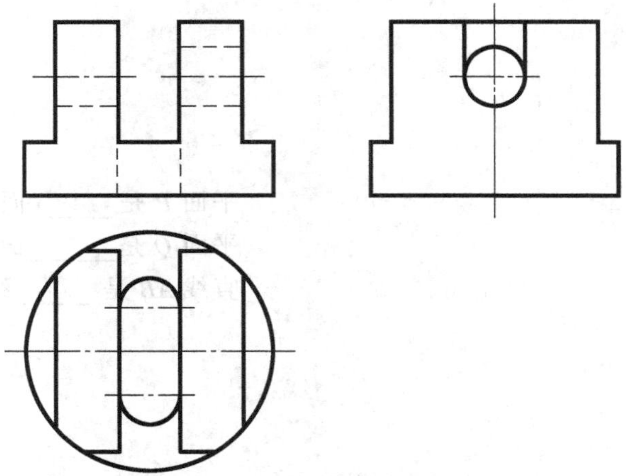

3. 补画物体视图中的缺线，注意类似形体的联系。（续）

（5）

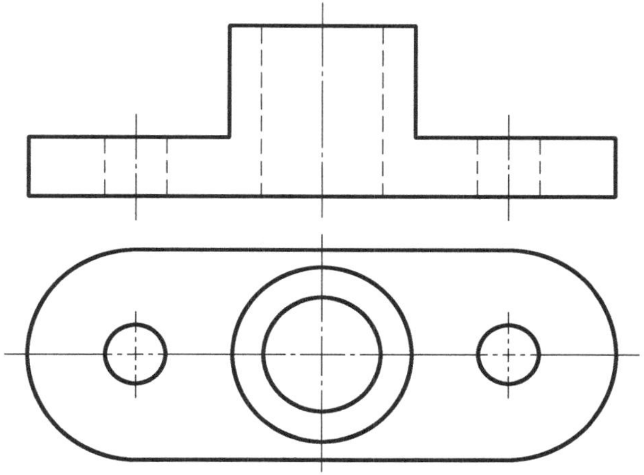

（6）

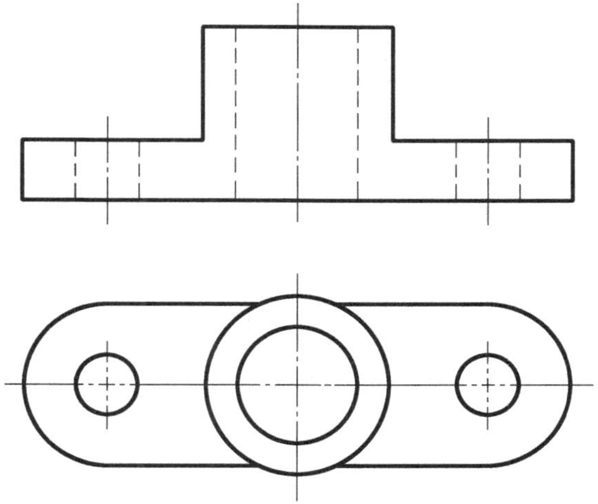

（7）

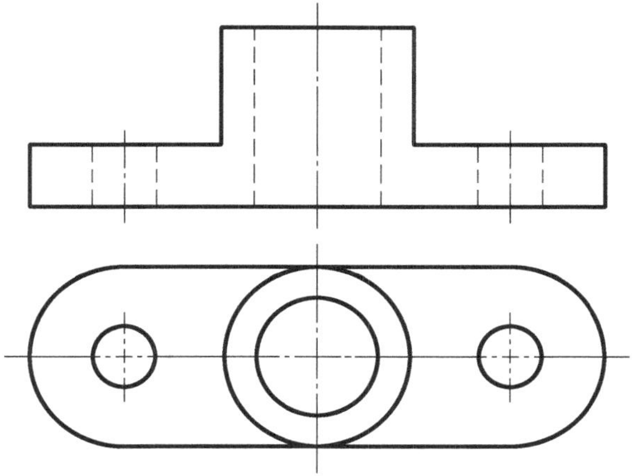

（8）

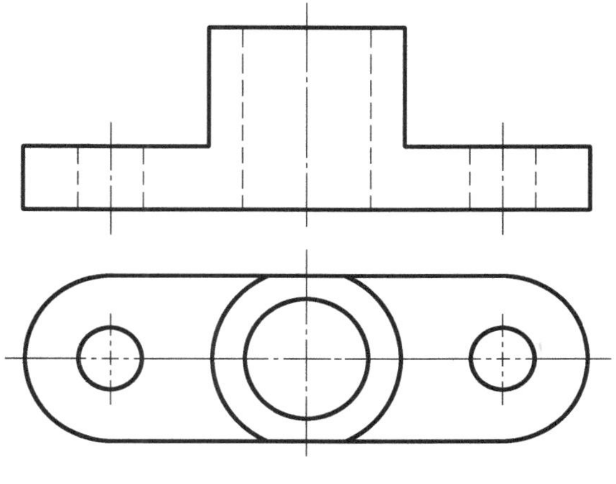

5-5 按图形构造物体

班级__________ 姓名__________ 学号__________

看懂（1）的两个视图，如果俯视图变成（2）、（3）、（4）、（5）、（6），主视图相应部分高度不变，试画出它们的主视图。

（1）

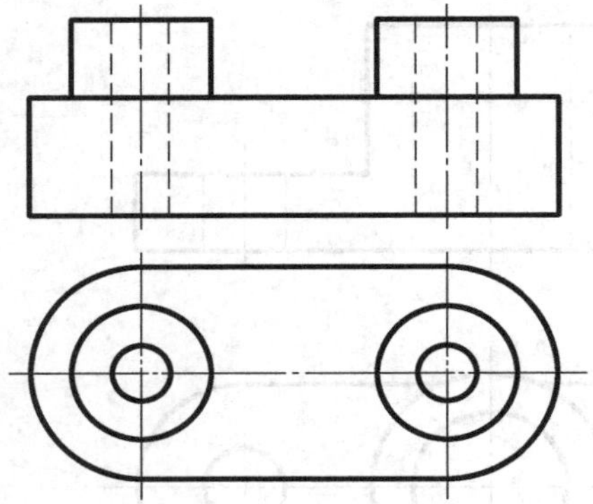

（2）

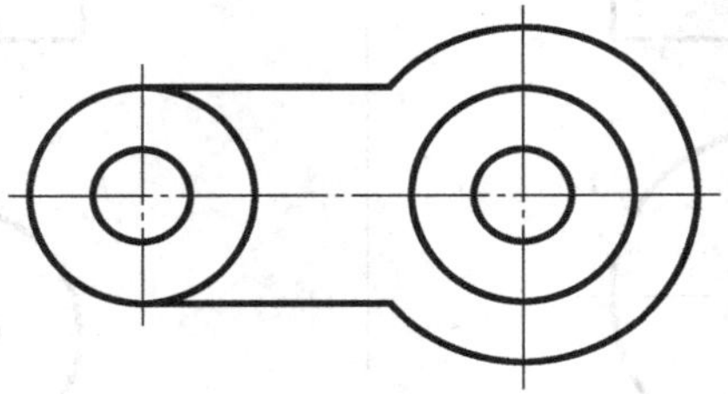

（3）

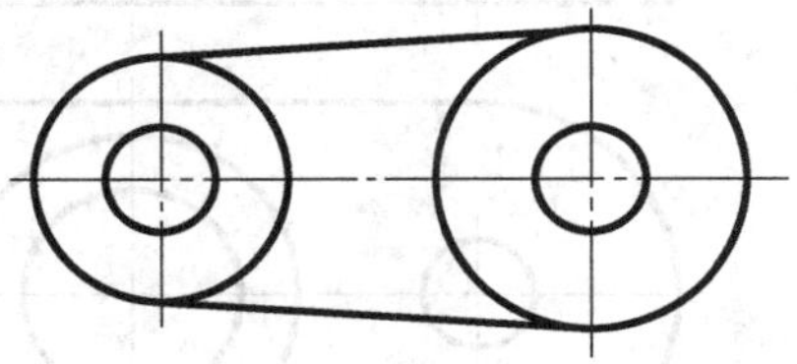

（4）

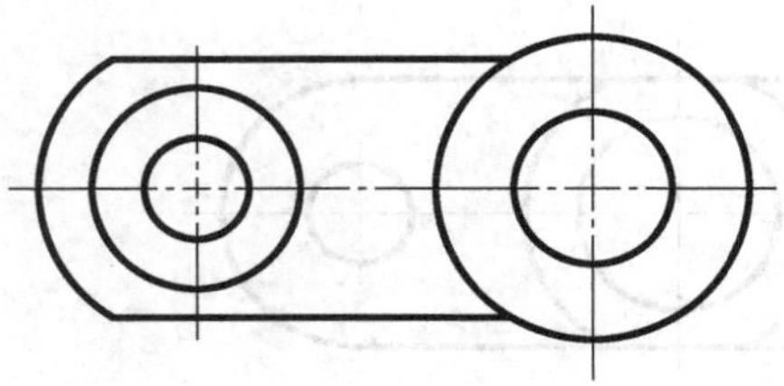

（5）

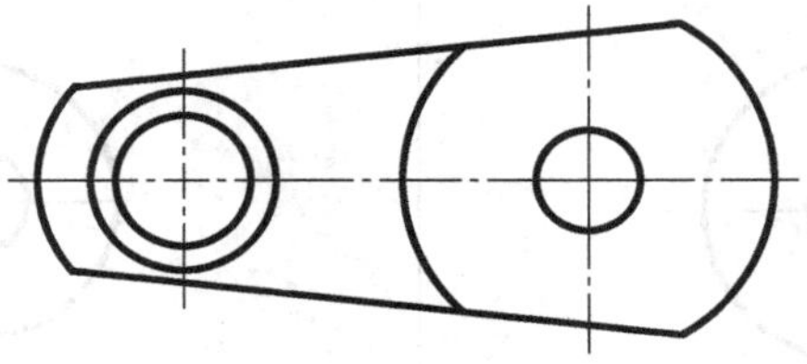

（6）

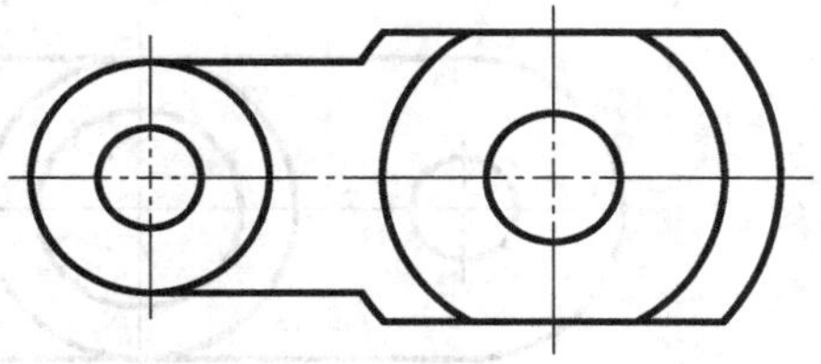

1. 根据物体的两视图，补画其第三视图。

(1)

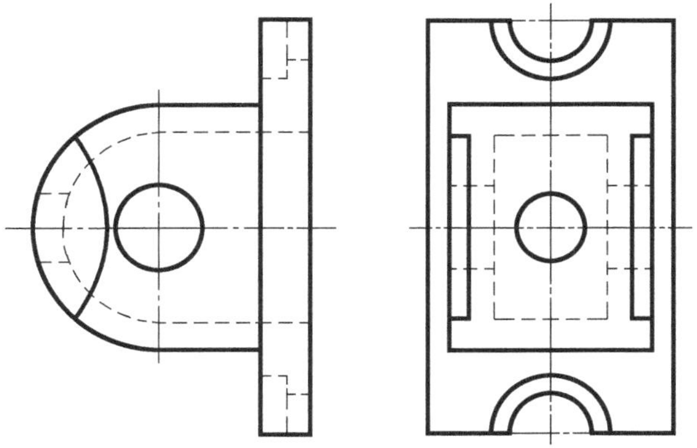

(2)

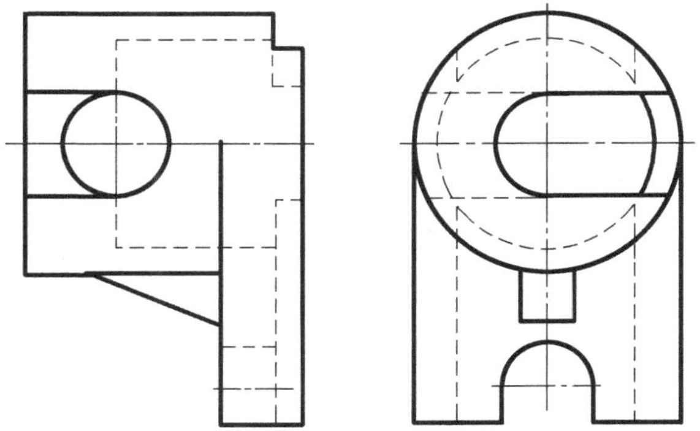

1. 根据物体的两视图，补画其第三视图。（续）

（3）

（4）

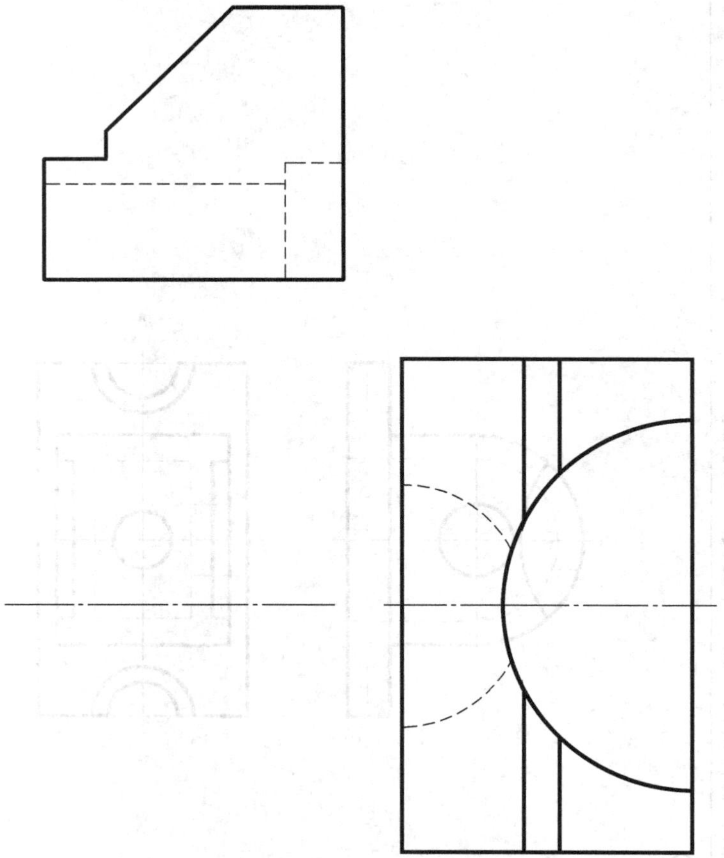

2. 补画物体视图中的缺线。

（1）

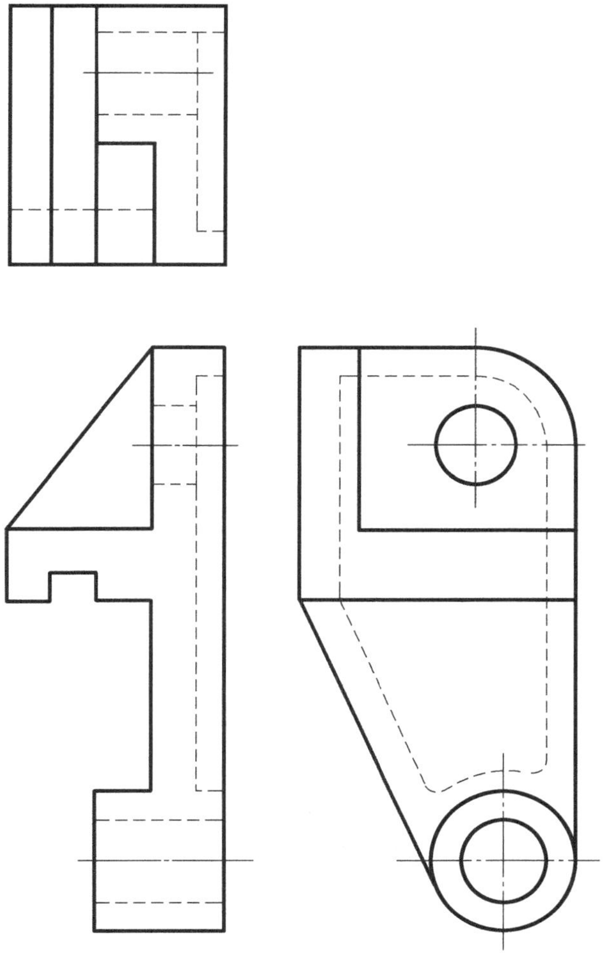

（2）

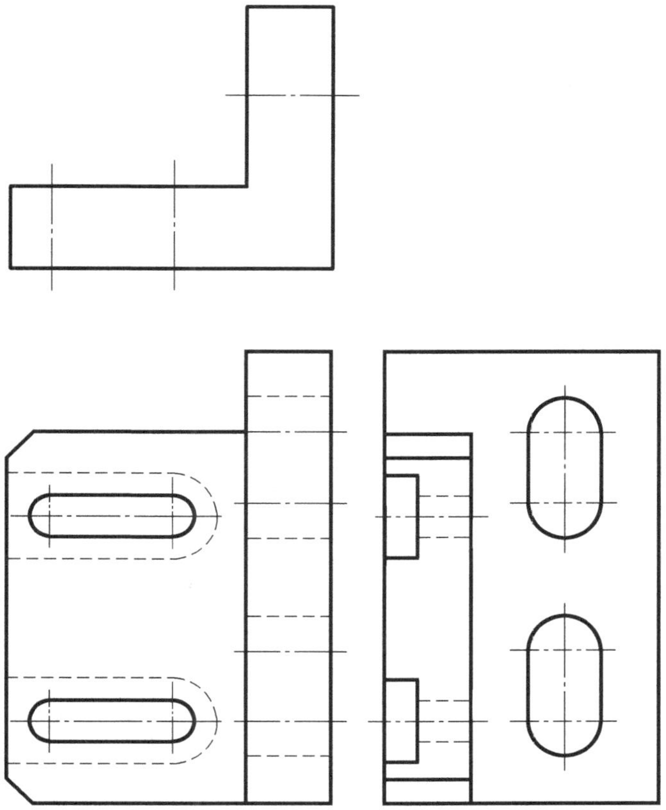

2. 补画物体视图中的缺线。（续）

（3）

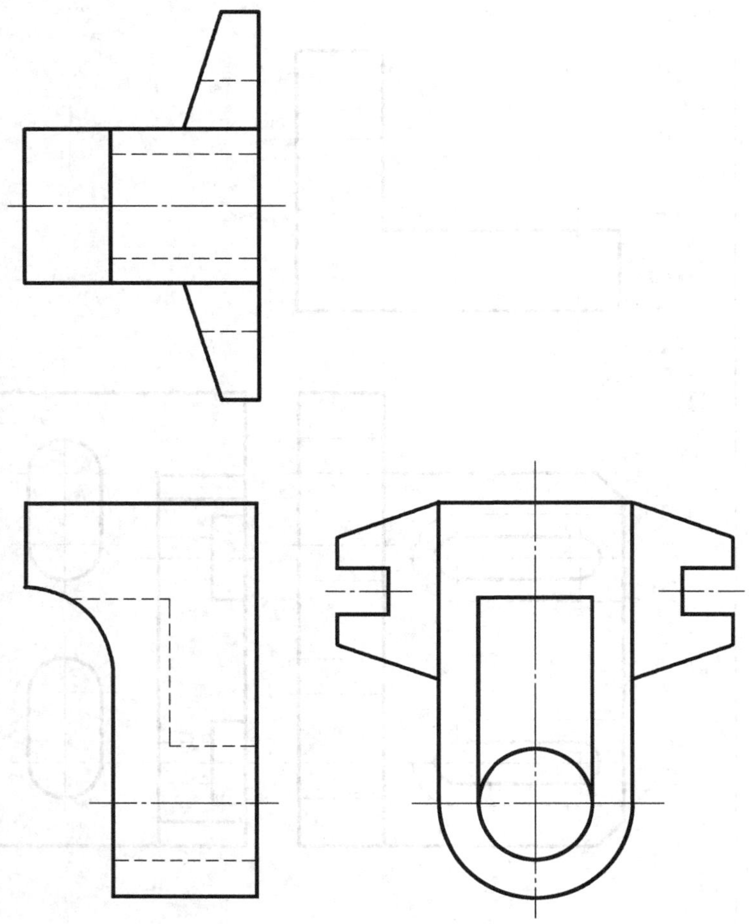

（4）

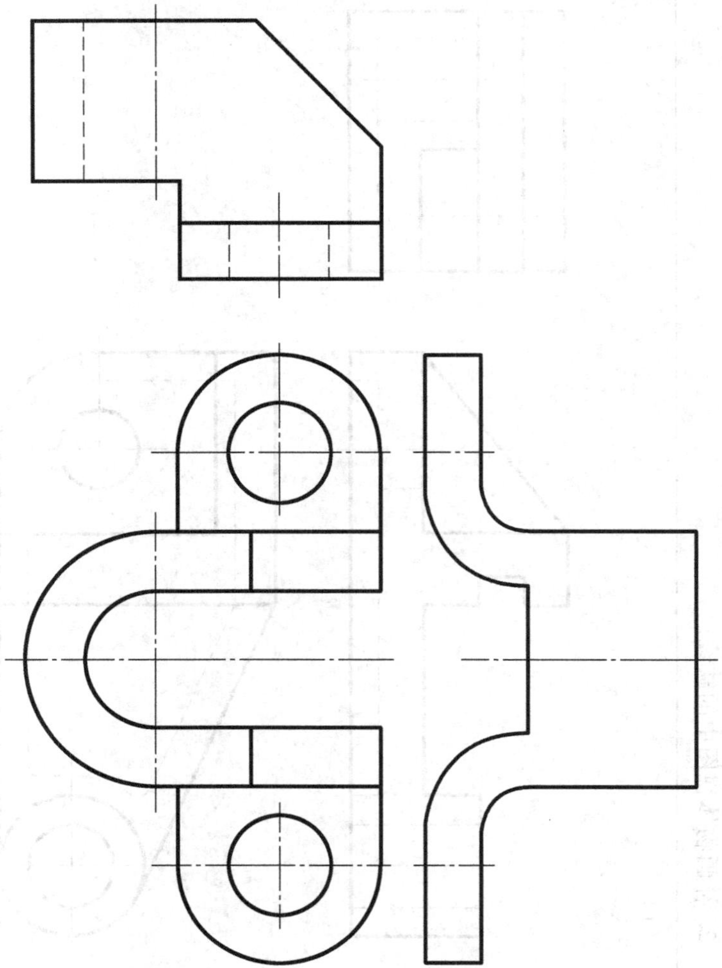

1. 根据已给两视图及尺寸，补画俯视图，再在 A3 图纸上，用 1∶1 的比例画出三视图，并标注尺寸（图名为“画物体的三视图”，作业要求同前）。

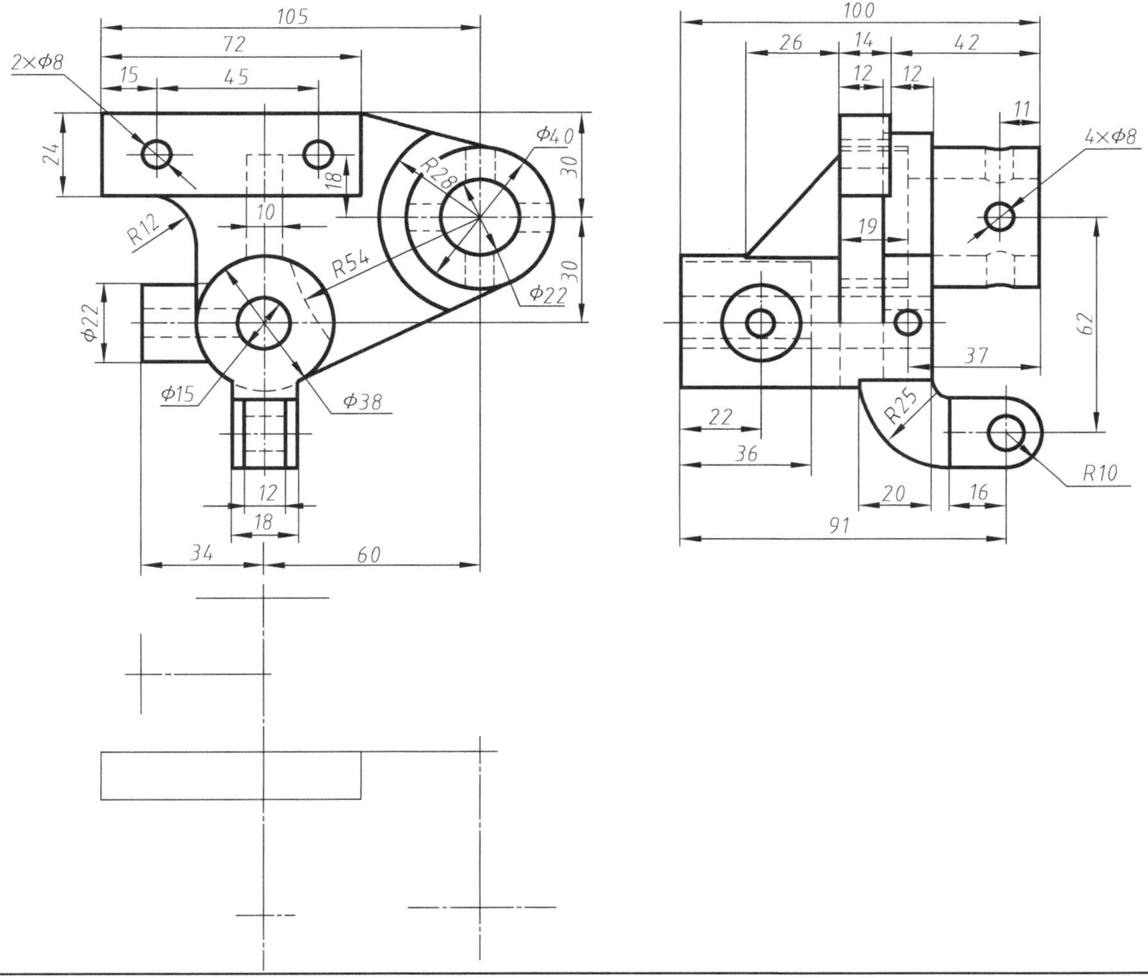

2. 根据已给两视图及尺寸，补画左视图，再在A3图纸上，用1∶1的比例画出三视图，并标注尺寸（图名为“画物体的三视图”，作业要求同前）。

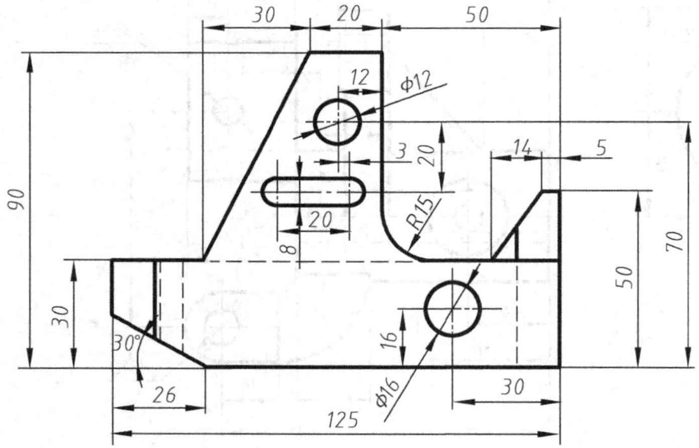

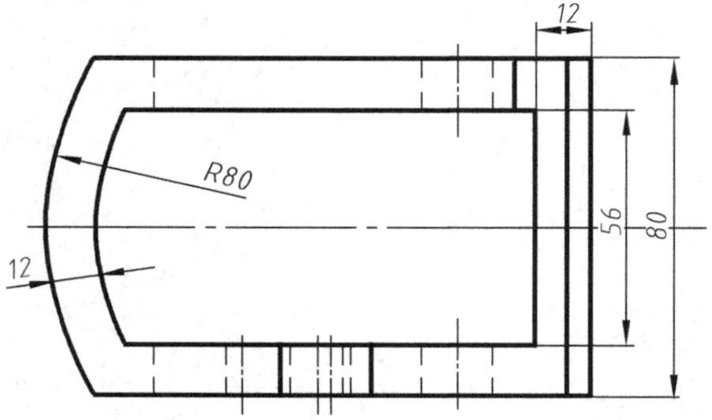

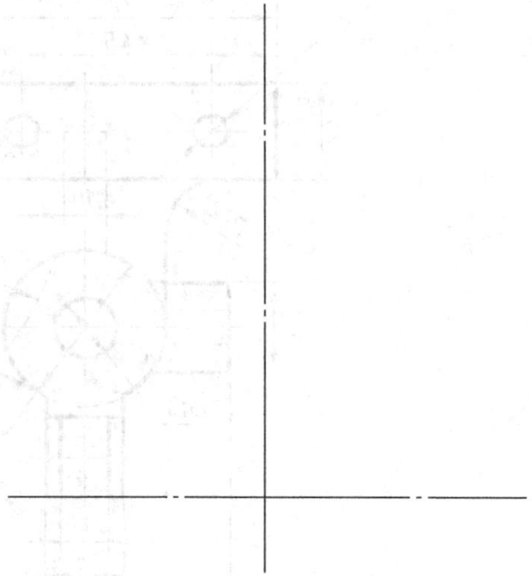

6-1　视图　　　　班级________　姓名________　学号________

1. 根据支架的三视图，将支架形状看懂并补画其后视图。

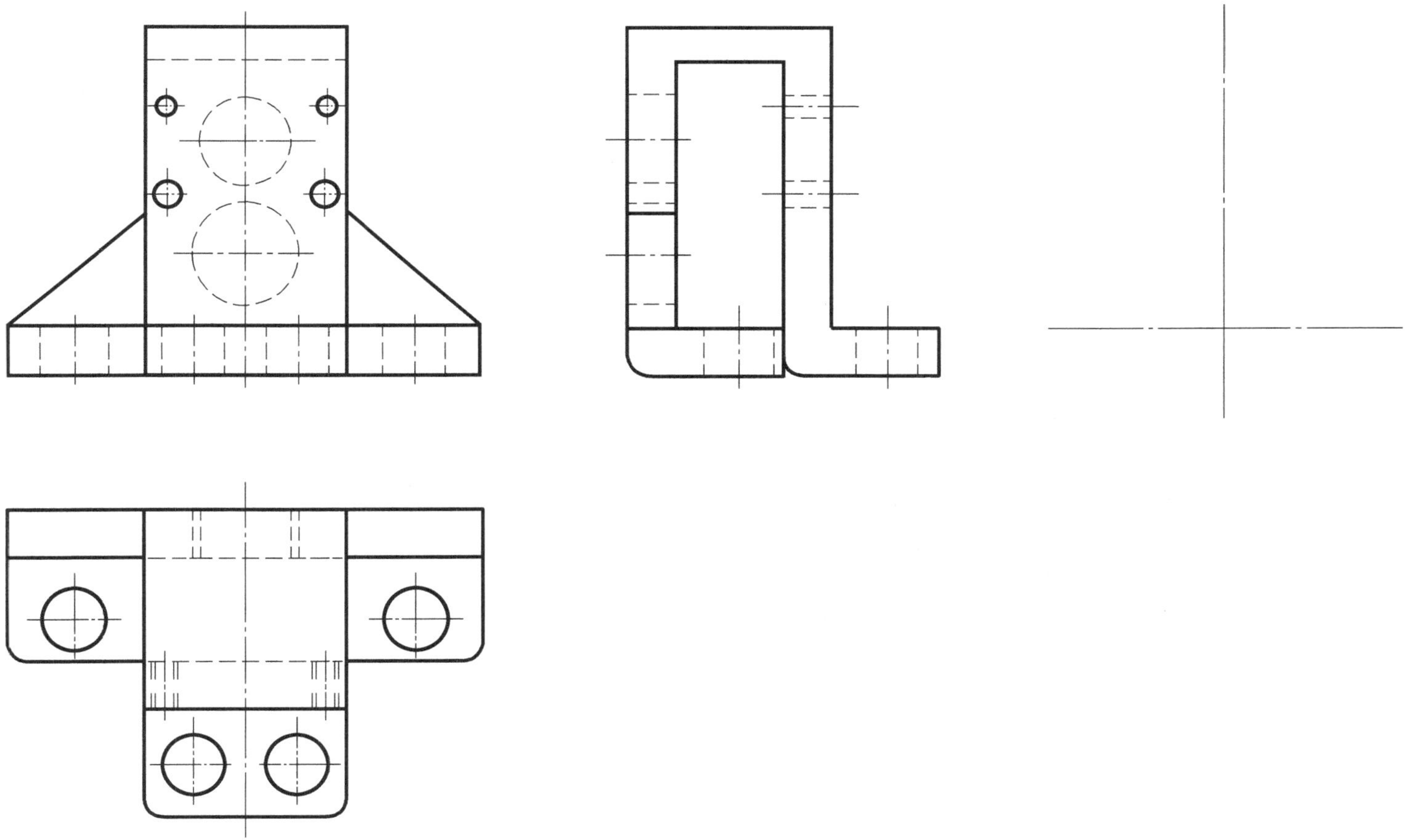

2. 根据零件的视图及立体图，画出各斜视图及局部视图。

（1）

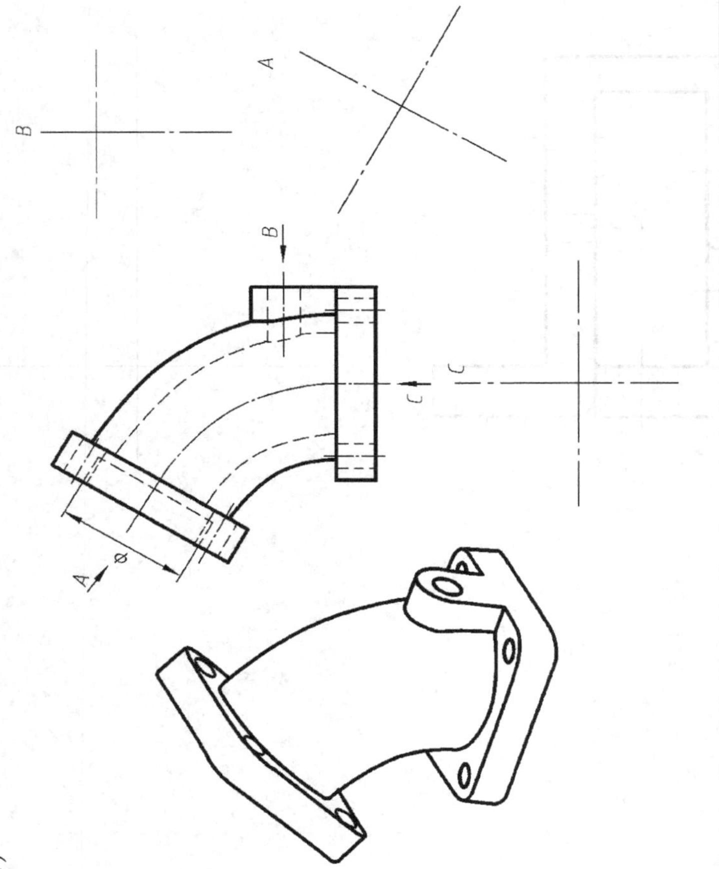

（2）

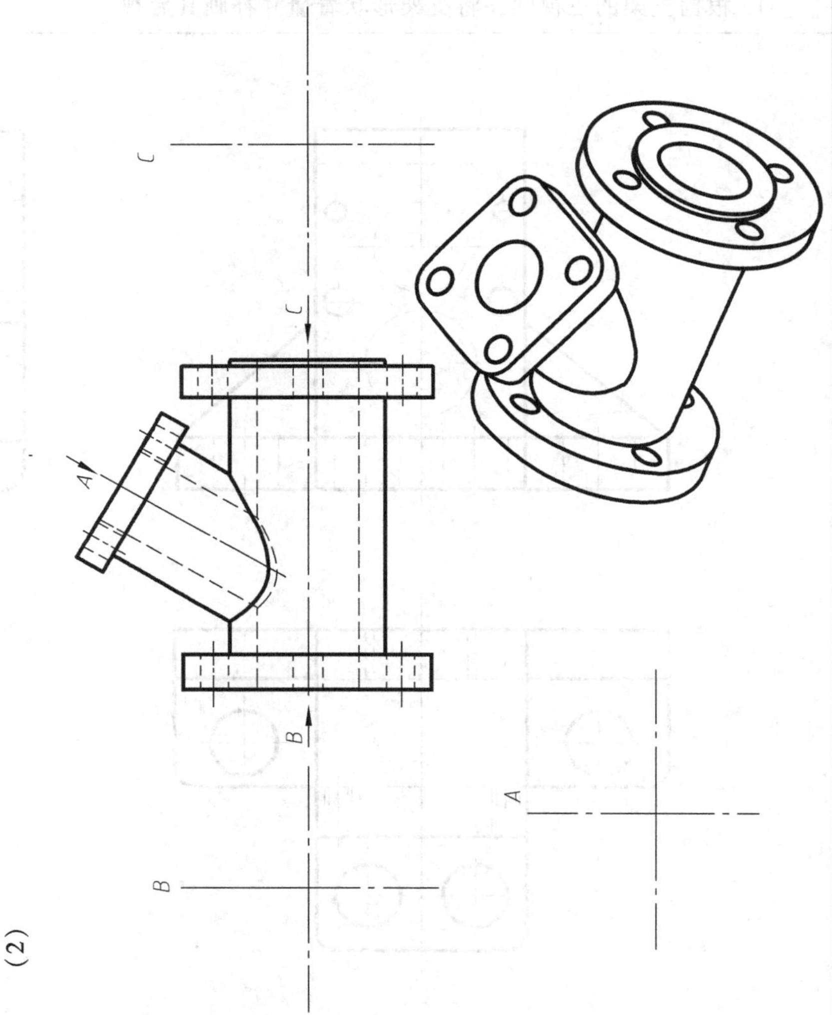

6-2 剖视图

班级__________ 姓名__________ 学号__________

1. 补画剖视图中缺漏的图线。

(1)

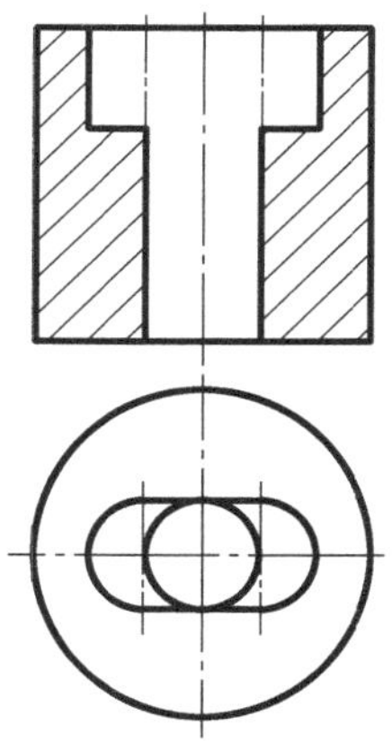

(2)

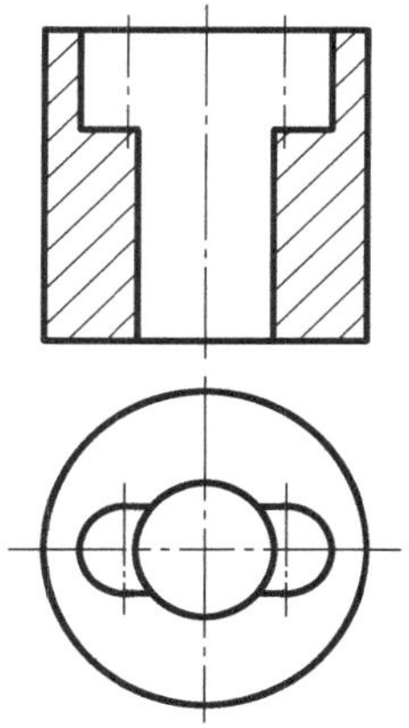

(3)

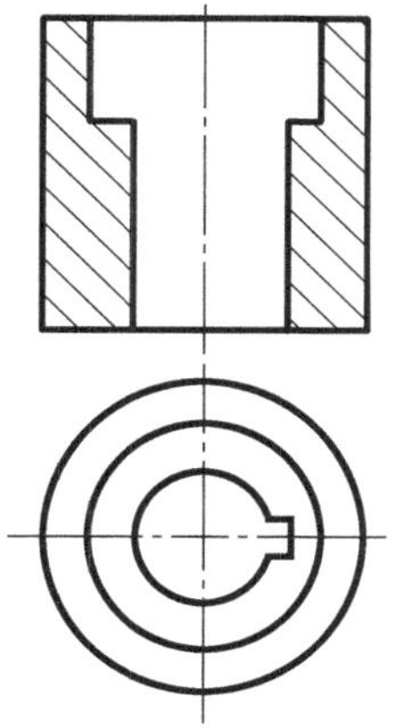

(4)

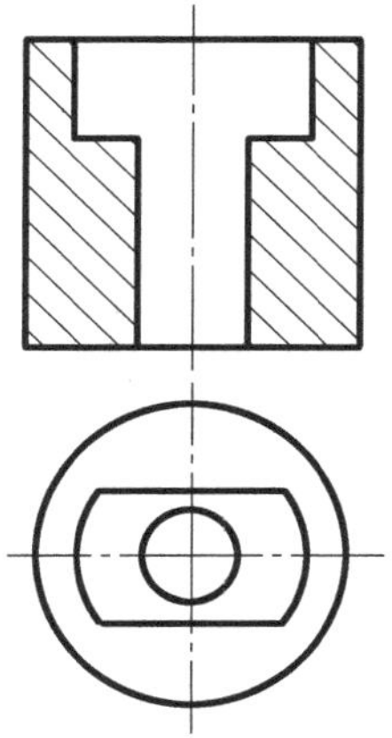

(5)

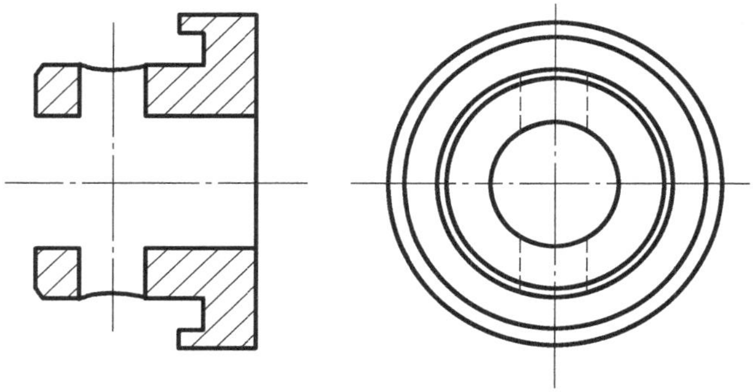

(6)

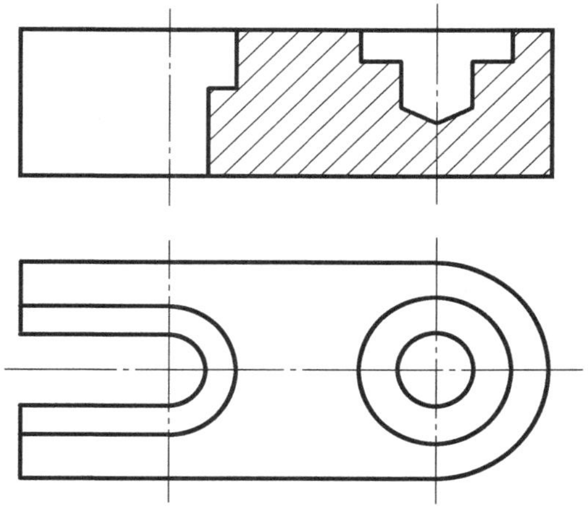

2. 作 *A*–*A* 剖视。

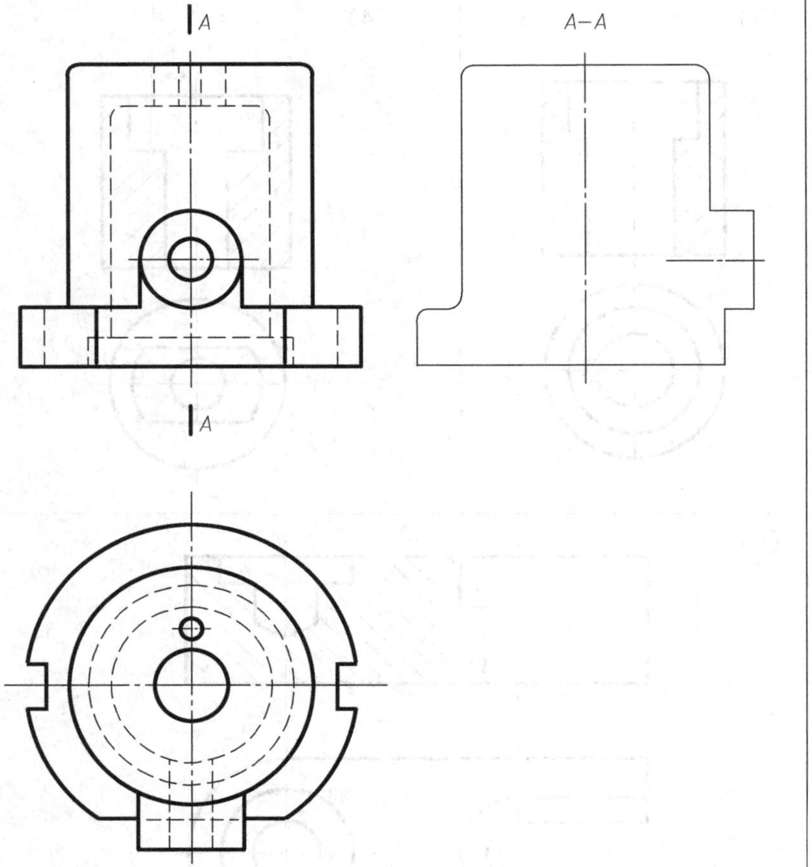

3. 将主视图画成全剖视图。

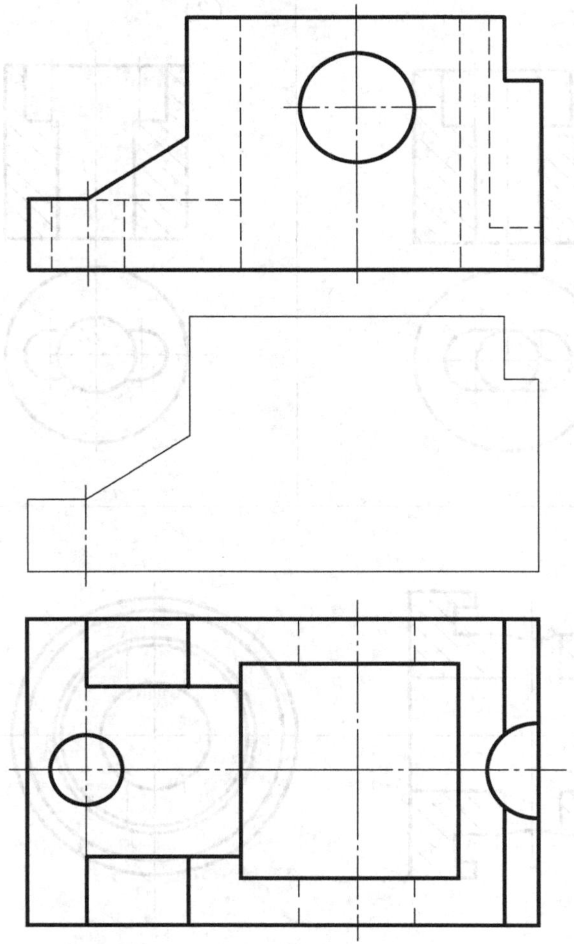

4. 将主视图画成半剖视图。

（1）

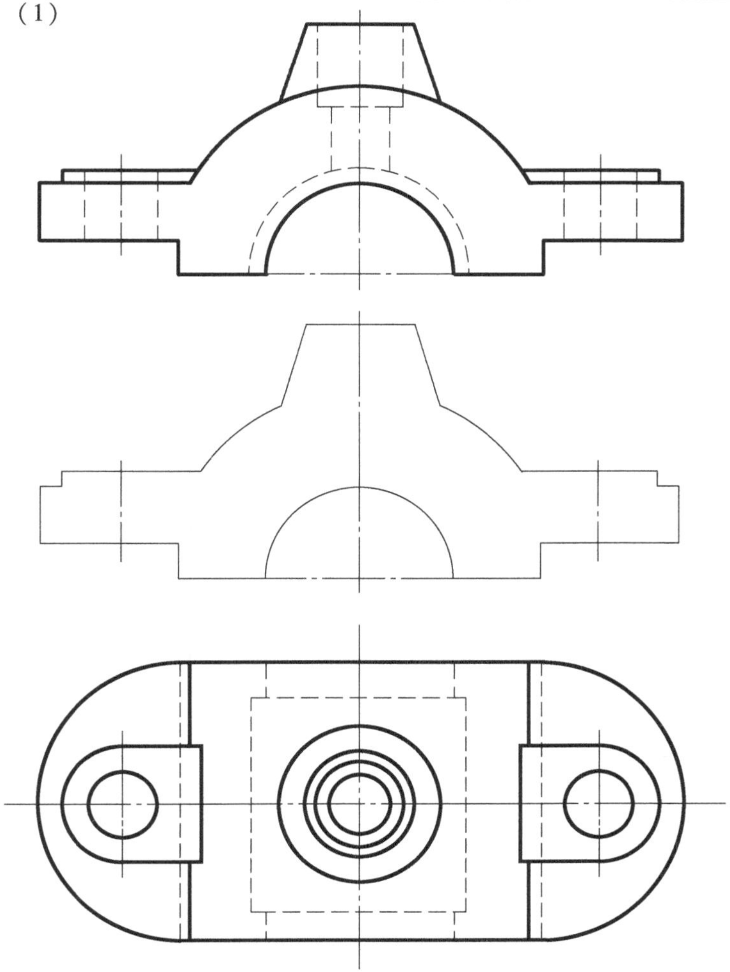

（2）

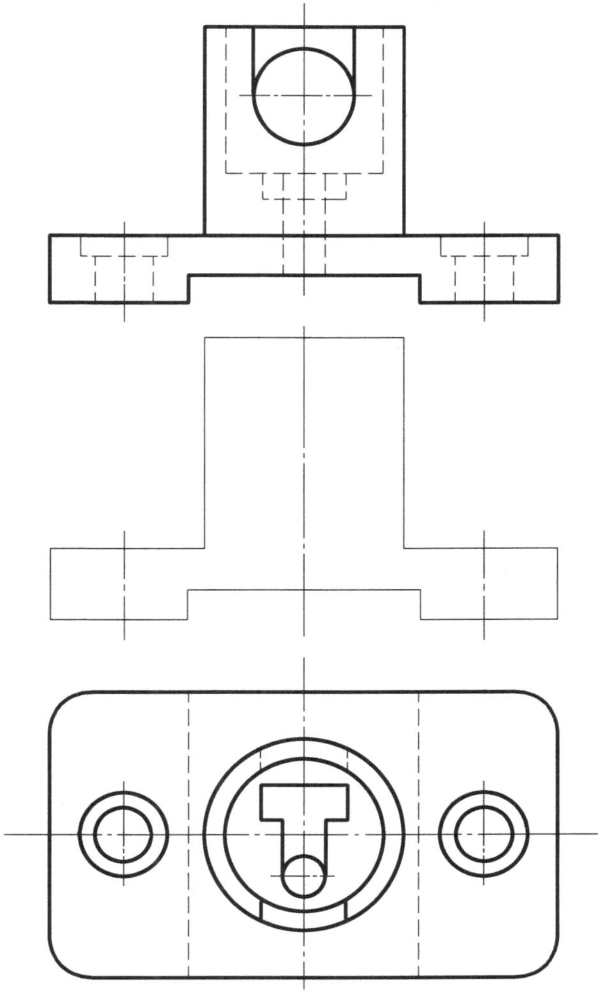

5. 将主视图画成全剖视图，俯、左视图画成半剖视图。

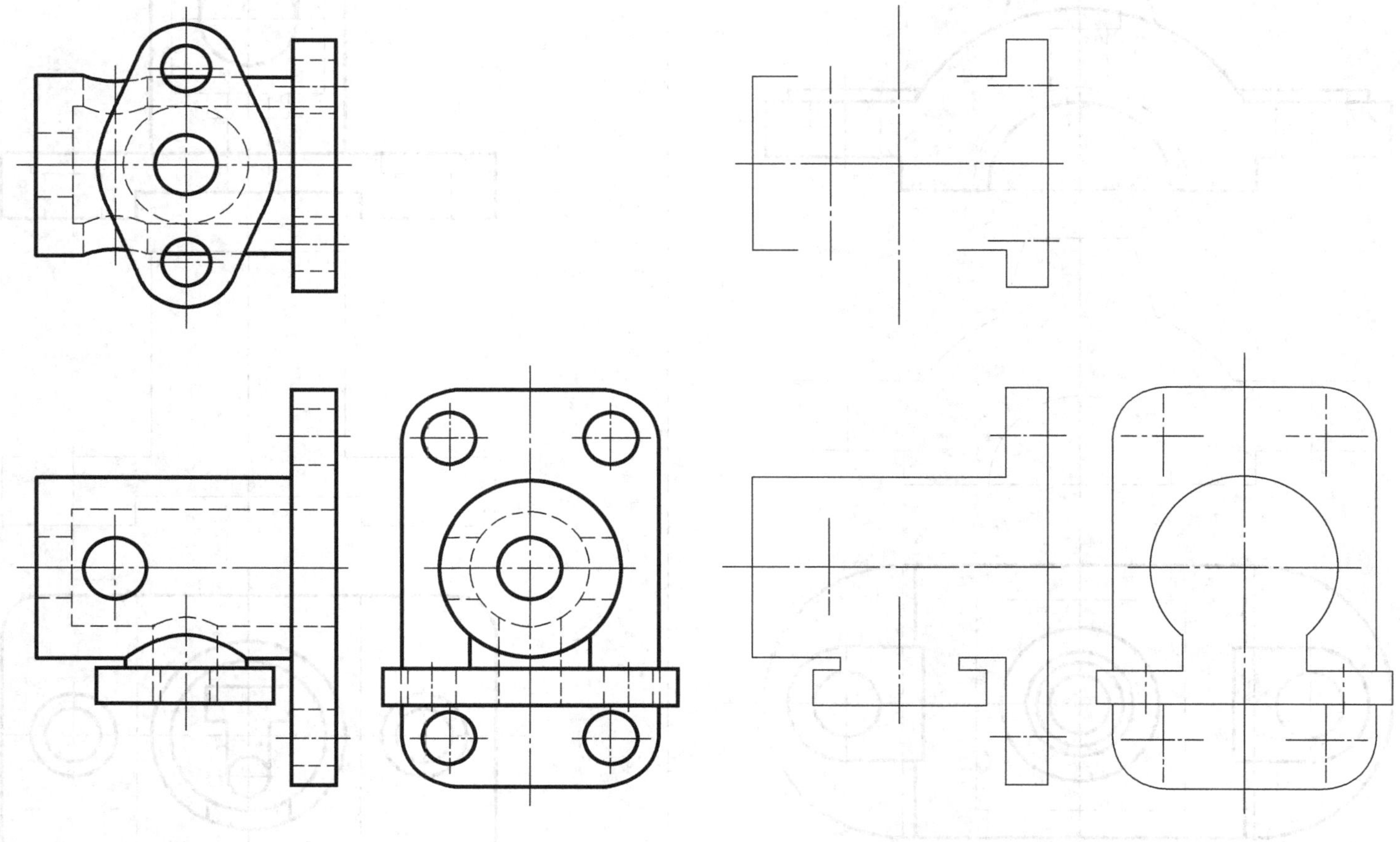

6. 将 *A* 向视图画成全剖的主视图，并作出半剖的左视图（剖切面通过 *B—B* 位置）。

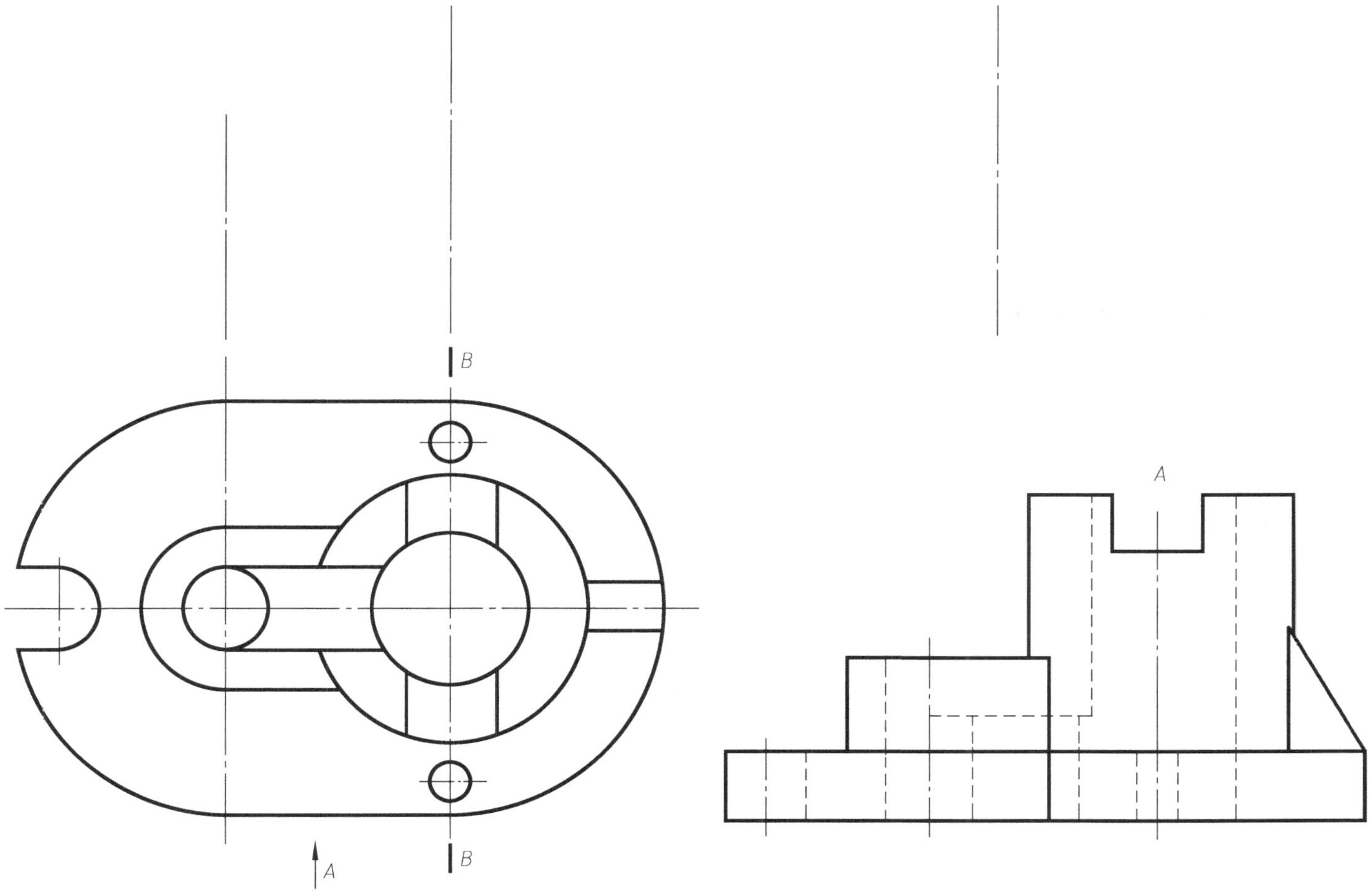

7. 采用适当的局部剖视图，将零件内部结构表达清楚。

（1）

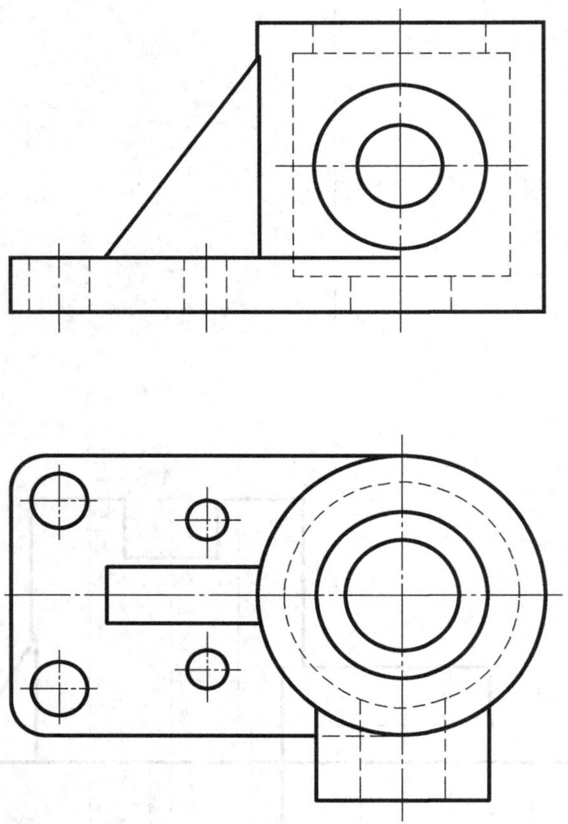

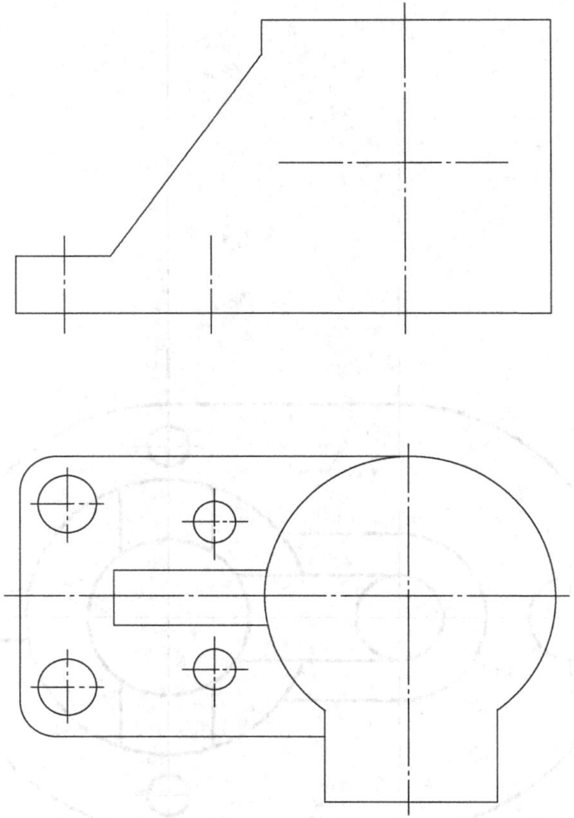

7. 采用适当的局部剖视图，将零件内部结构表达清楚。（续）

（2）

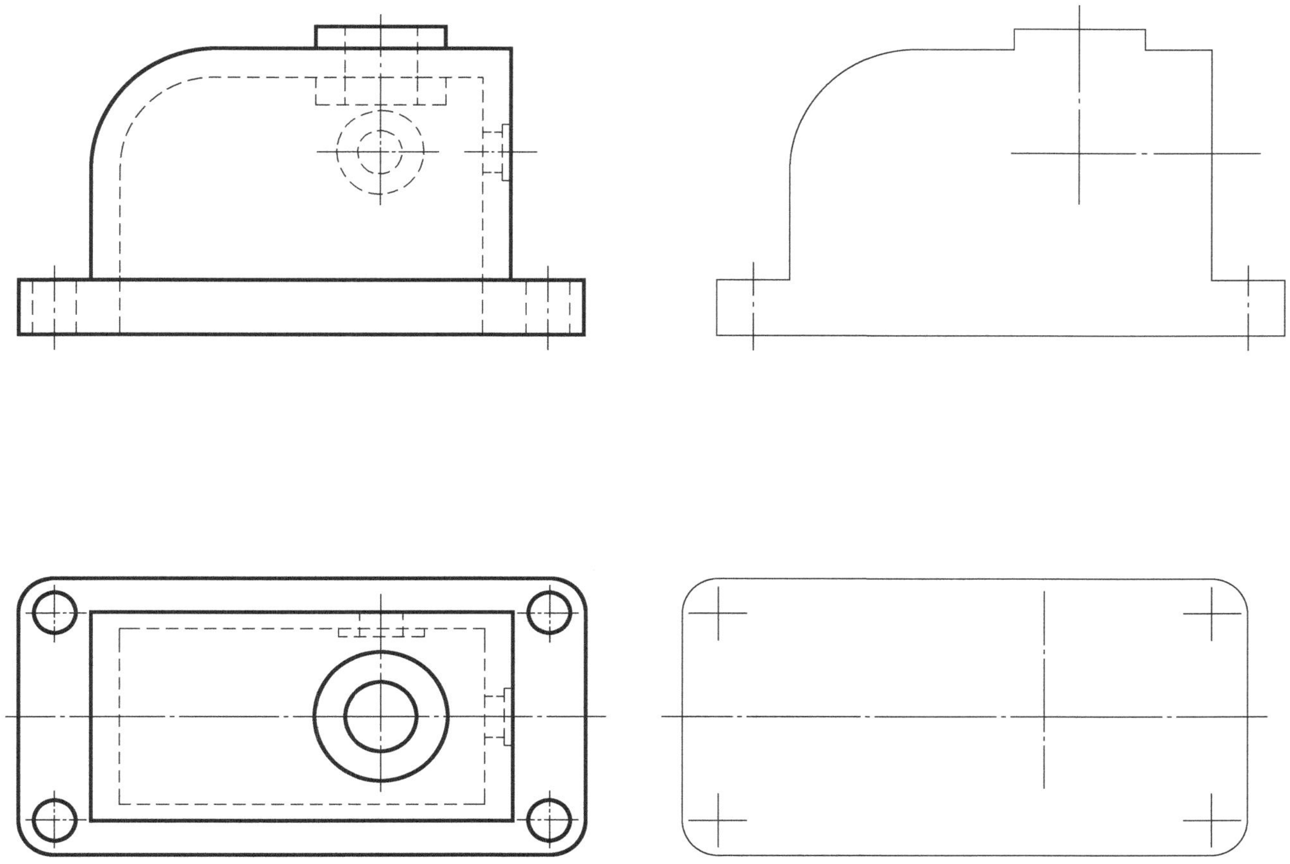

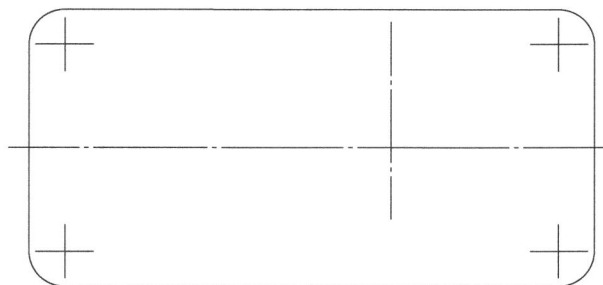

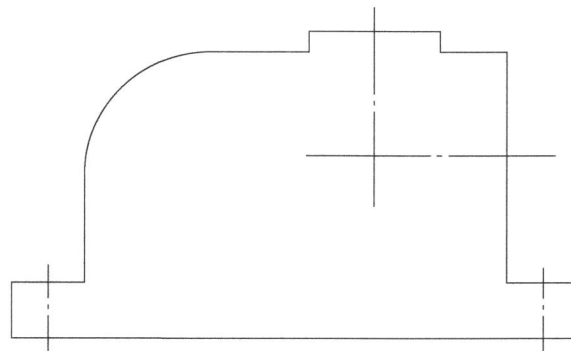

8. 用斜剖画法作出机件的全剖视图。

（1）作出 A–A 斜剖视图。

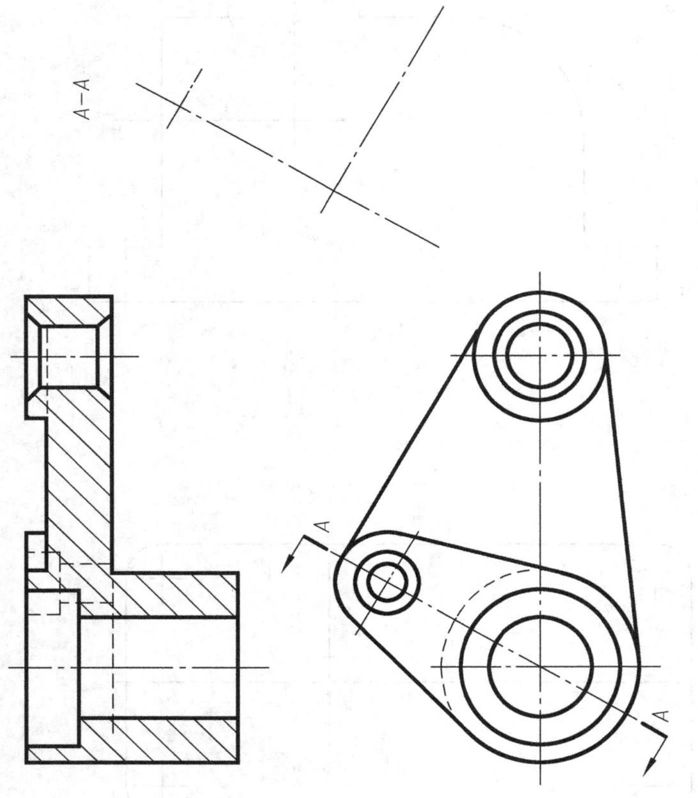

（2）作出 A–A、B–B 斜剖视图。

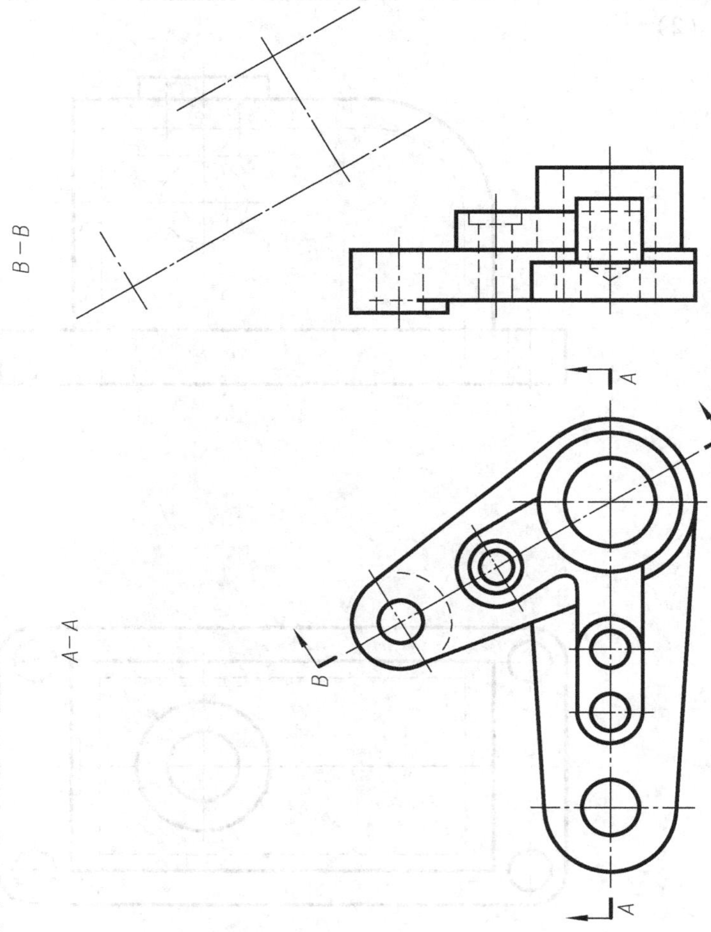

9. 用两个相交剖切面剖切的方式将主视图画成全剖视图。

（1）

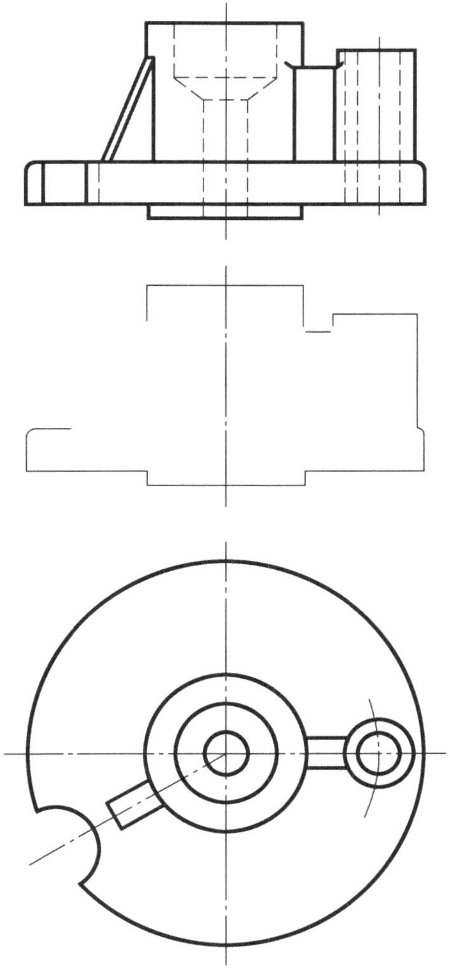

（2）

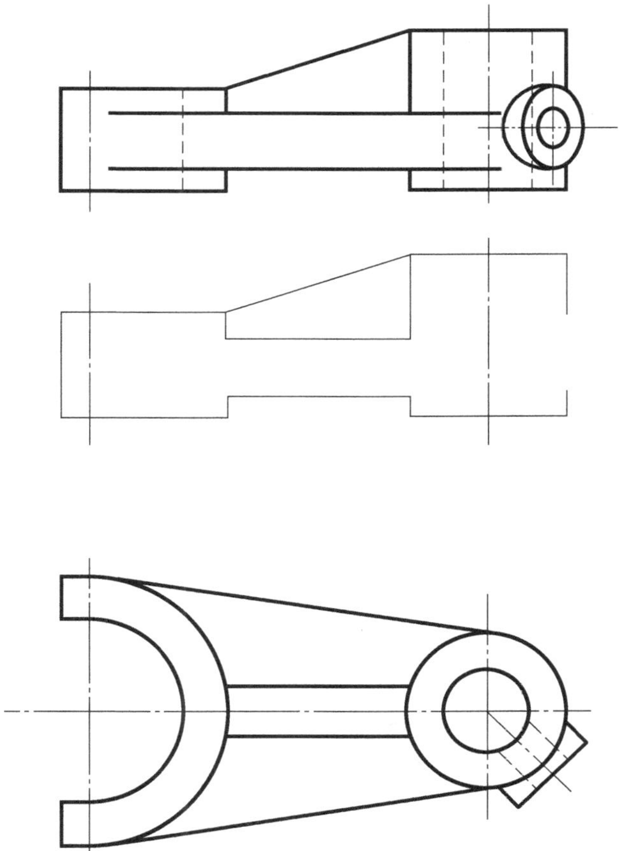

10. 用几个平行剖切面剖切的方式将主视图画成剖视图。

（1）

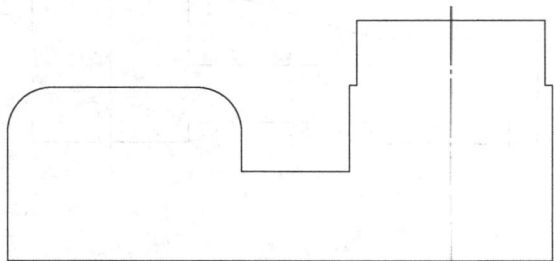

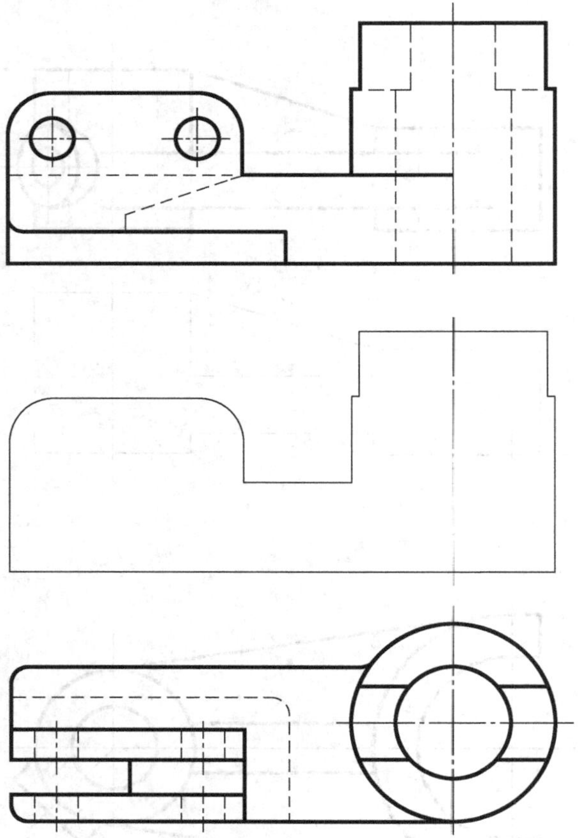

（2）

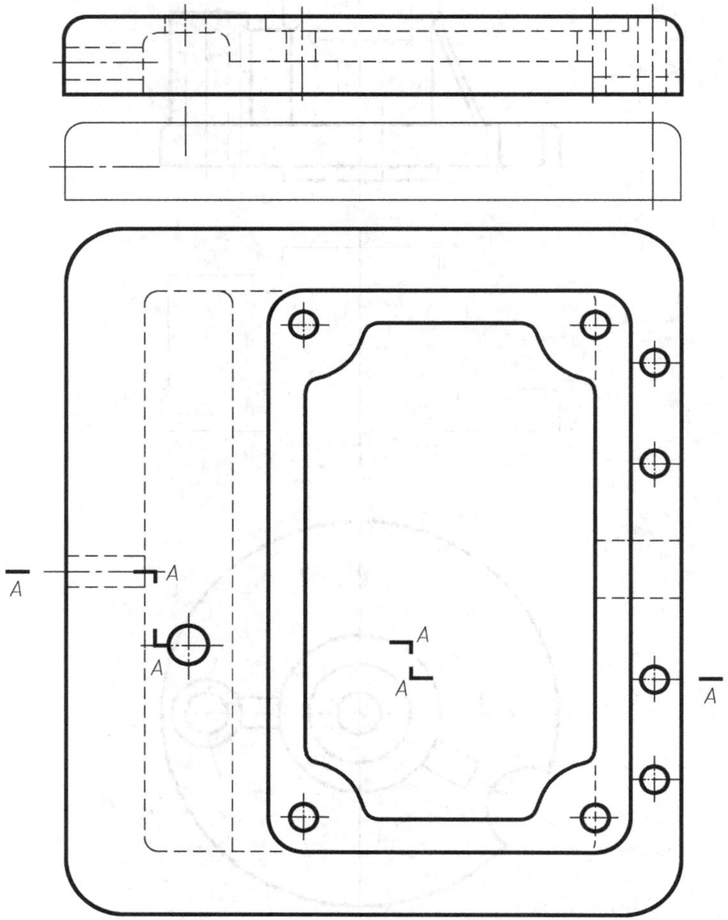

11. 作出下列机件的全剖视图。

（1）采用合适的剖切面将零件的主视图画成恰当的全剖视图。

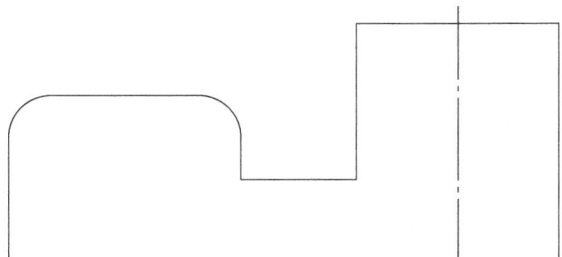

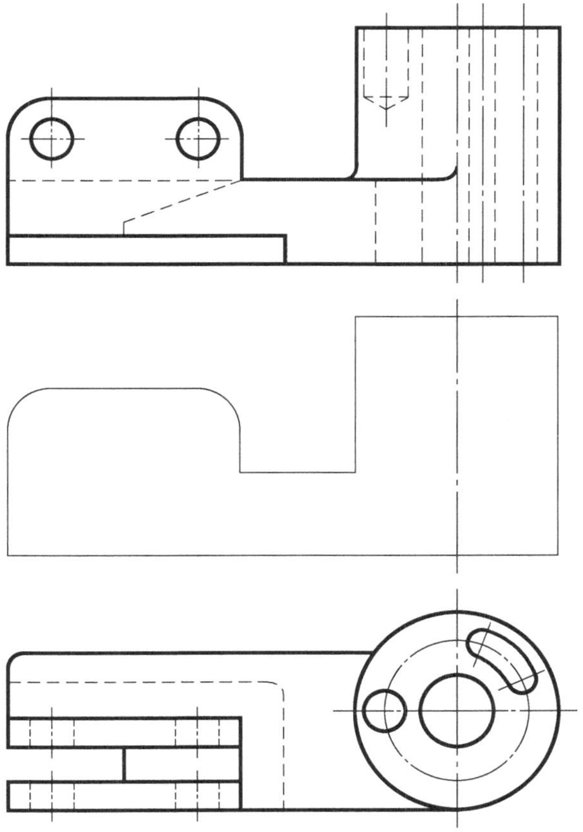

（2）作出 *A–A* 全剖视图。

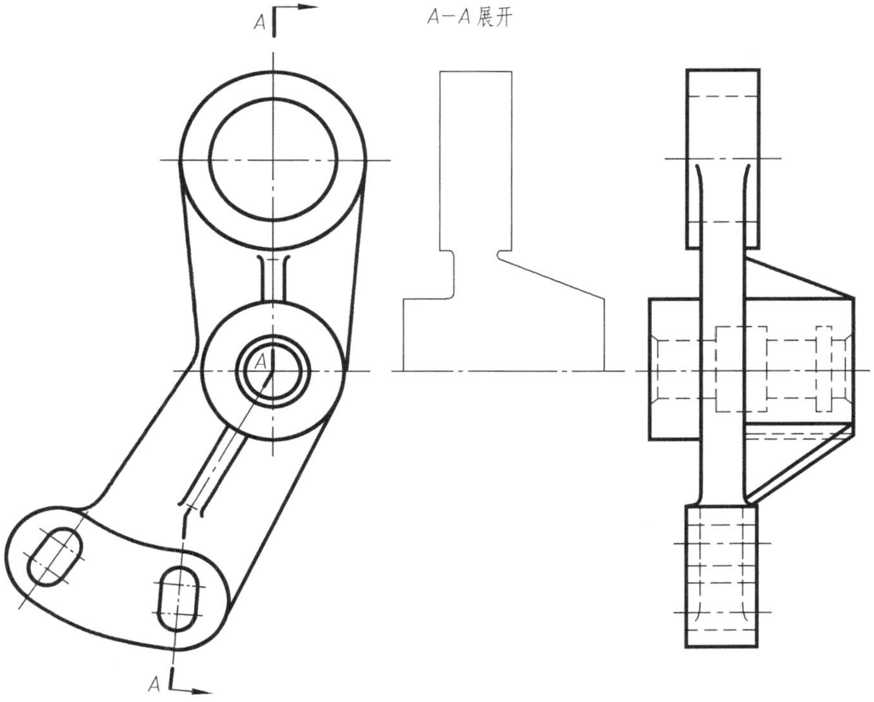

1. 按指定的剖切位置作出机件的移出断面图。

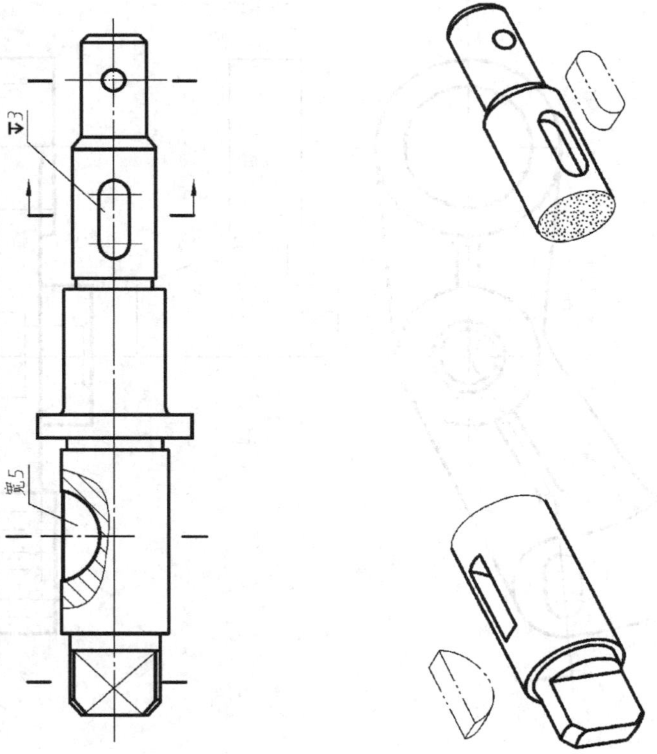

2. 在两个相交剖切平面的延长线上作出移出断面图。

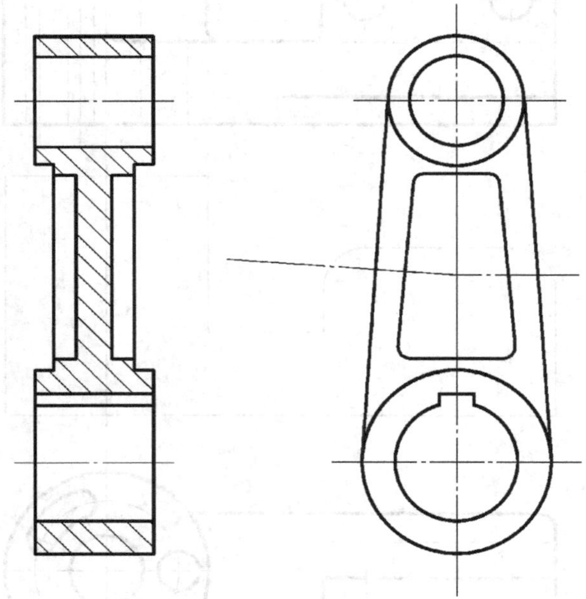

改正图中的各种错误（包括投影、各种规定及标注），并将正确的主、俯视图在右侧重新画出。

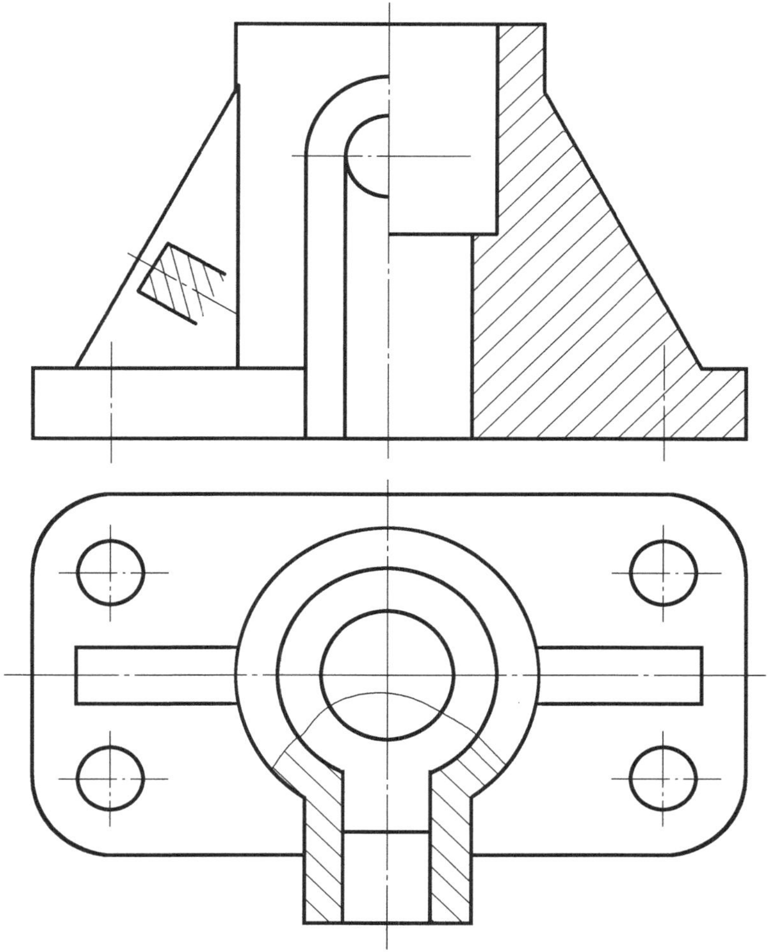

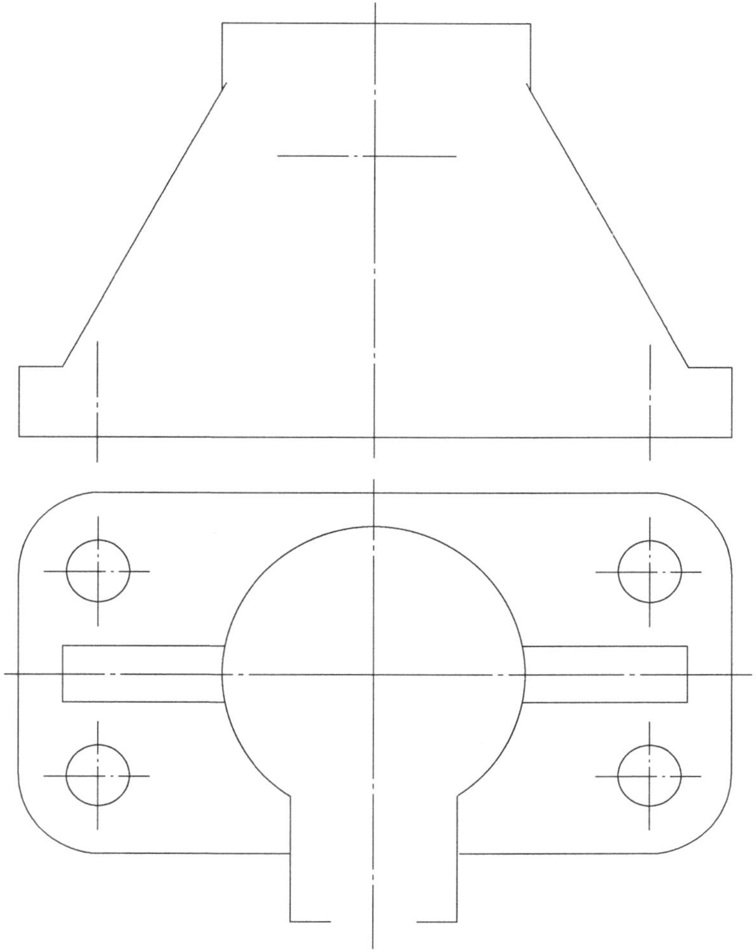

作业指导书

一、目的、内容与要求

1. 目的、内容：进一步理解和巩固。“物”与“图”之间的对应关系，运用视图、剖视图、断面图等表达方法，根据后面两页给出的零件视图，选择一组恰当的表达方案图示出来，并标注尺寸。本作业共两个分题，不同专业按需任选一题。

2. 要求：对指定的机件选择恰当的表达方案，要求将机件的内、外结构形状表达清楚。

二、图名、图幅与比例

1. 图名：机件表达方法综合练习。

2. 图幅：A3。

3. 比例：1∶1。

三、绘图步骤与注意事项

1. 对所给视图进行形体分析，在此基础上选择表达方案。

2. 根据规定的图幅和比例，合理布置各视图的位置。

3. 逐步画出各视图。画图时要注意将视图改画成适当的剖视图、断面图和其他视图，并配置和调整各部分尺寸，完成底稿。

4. 经仔细校核后用铅笔加深。

5. 标题栏的填写同前面作业。

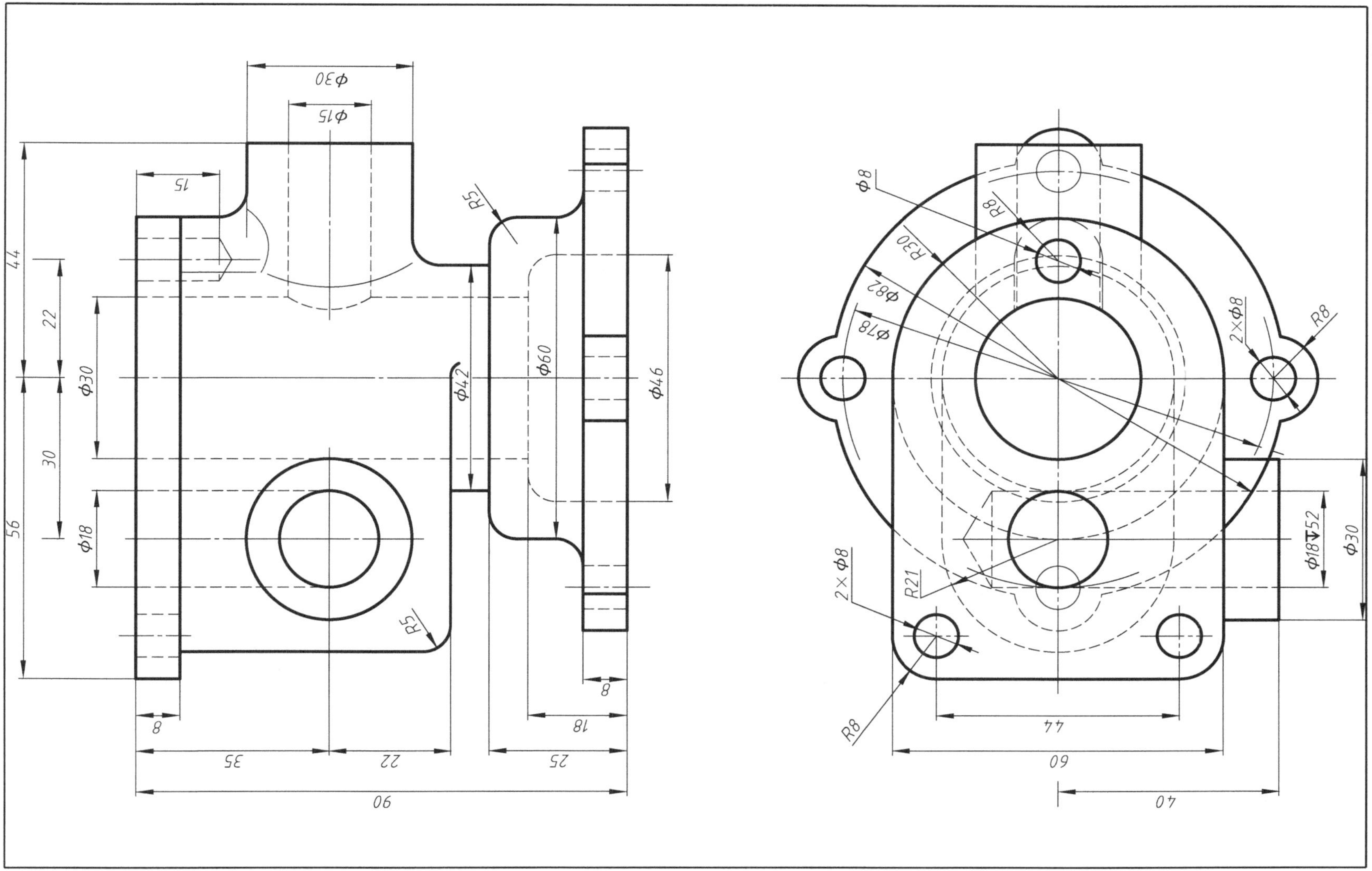
φ30
φ15
15
R5
44
22
30
56
φ30
φ18
φ42
φ60
φ46
R5
8
18
8
35
22
25
90
φ8
R8
R30
φ82
φ78
2×φ8
R8
2×φ8
R21
φ18↧52
φ30
R8
44
60
40

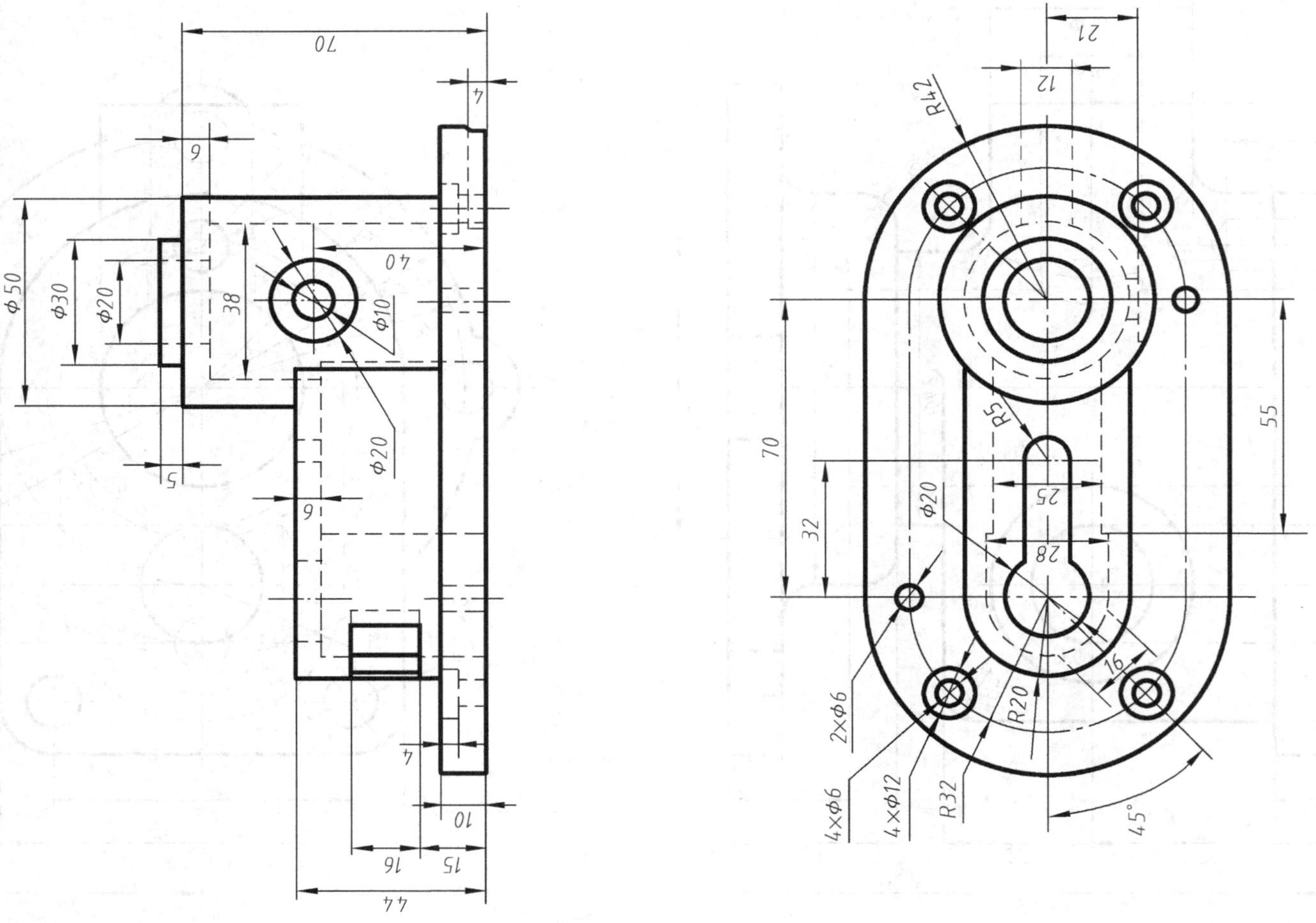
70
4
9
φ50
φ30
φ20
38
40
φ10
φ20
5
6
4
10
16
15
44
21
12
R42
R5
70
32
55
25
28
φ20
2×φ6
4×φ6
4×φ12
R32
R20
16
45°

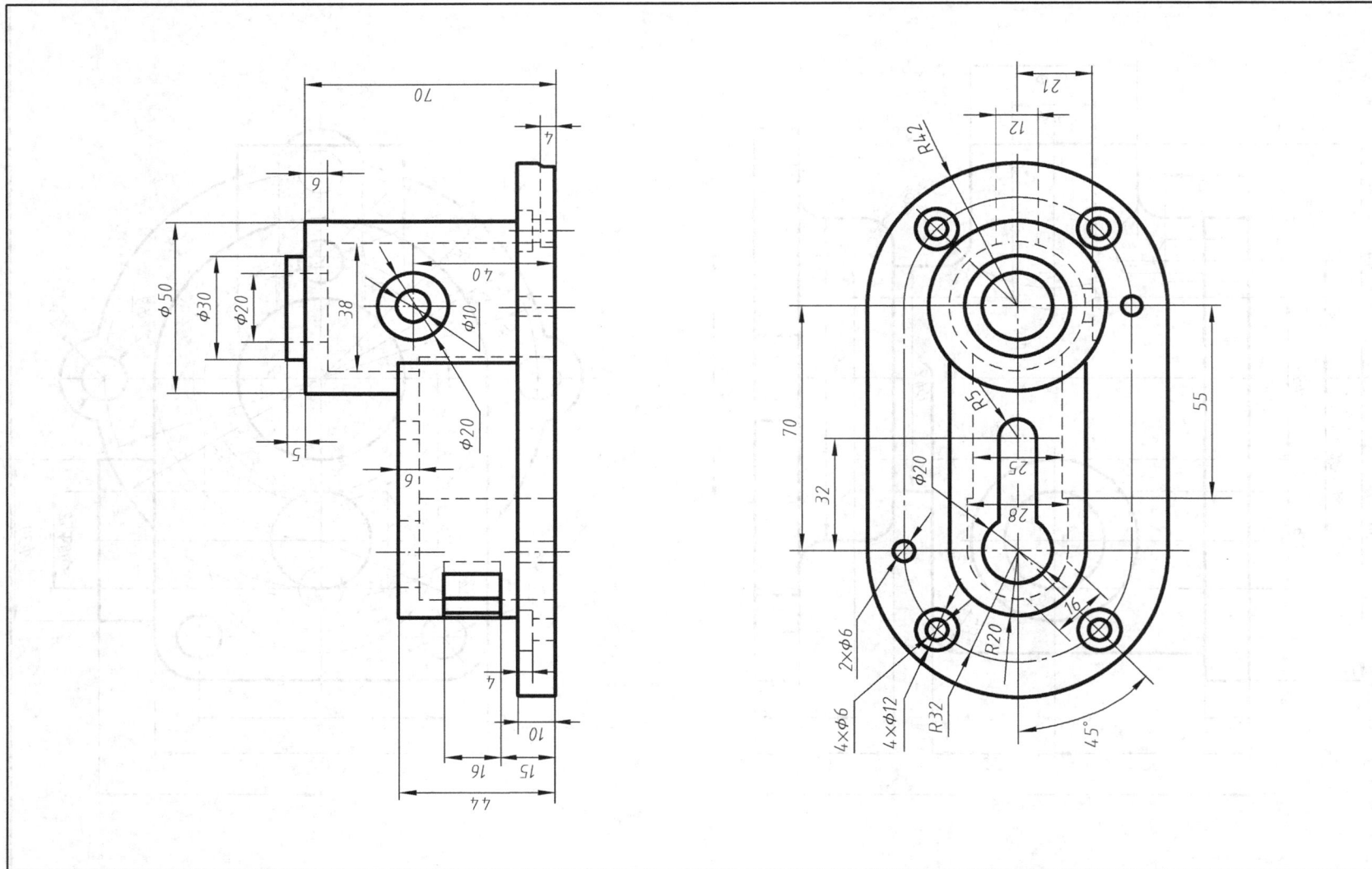

第7章 轴 测 图

7-1 正等轴测图

班级__________ 姓名__________ 学号__________

1. 根据视图画正等轴测图。

（1）

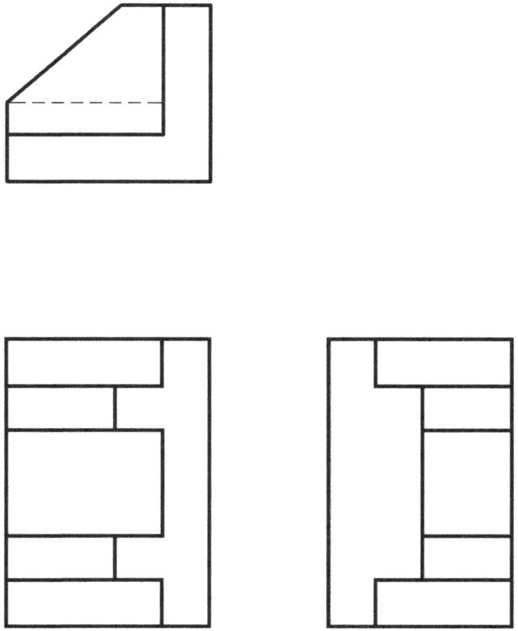

（2）

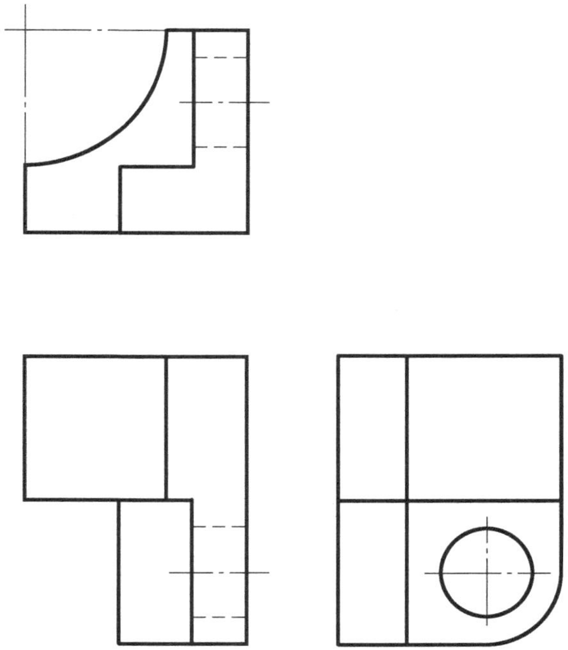

1. 根据视图画正等轴测图。（续）

（3）

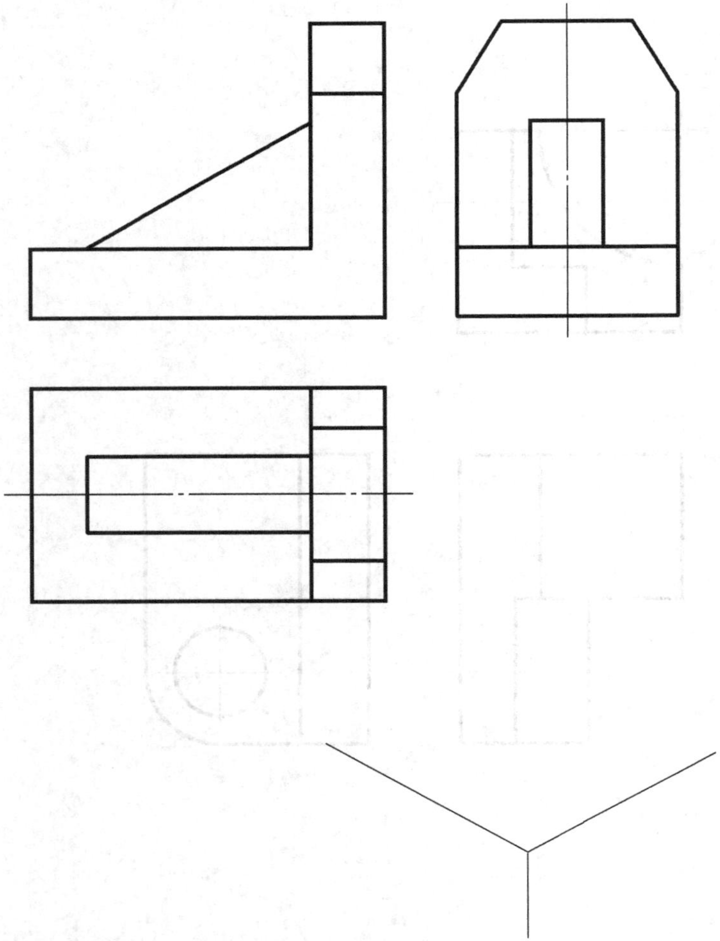

（4）

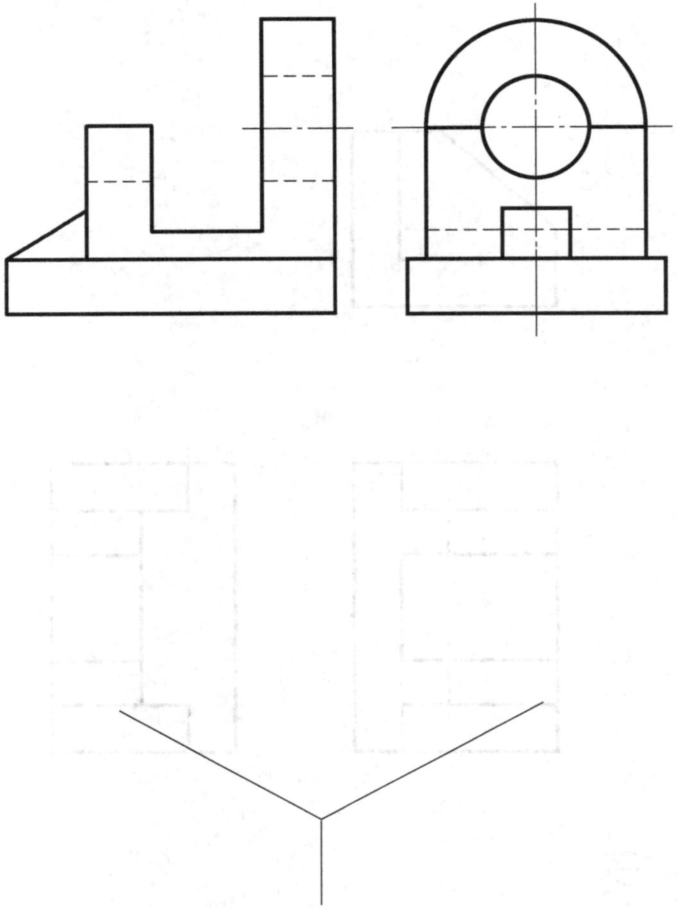

2. 根据视图绘制带有截交线或相贯线的正等测图。

（1）

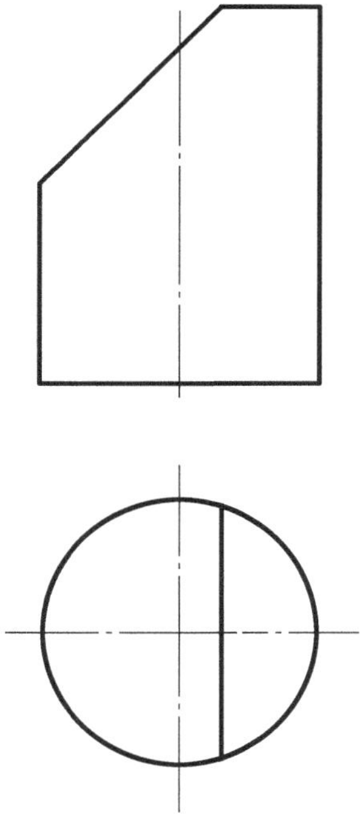

（2）

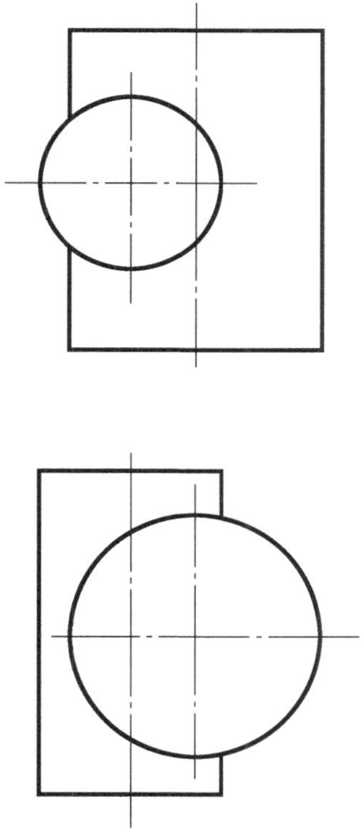

根据视图画斜二等轴测图。

(1)

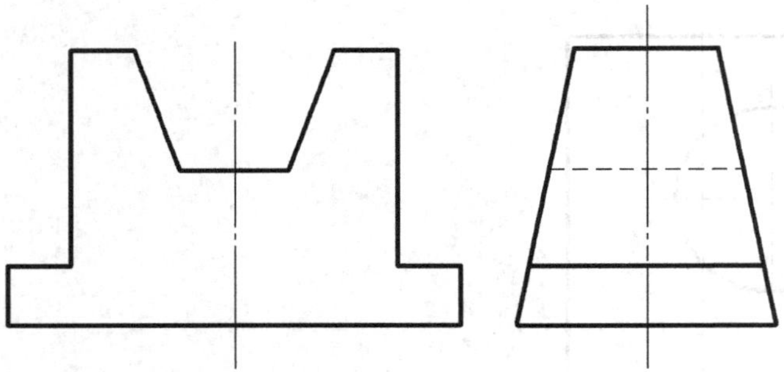

(2)

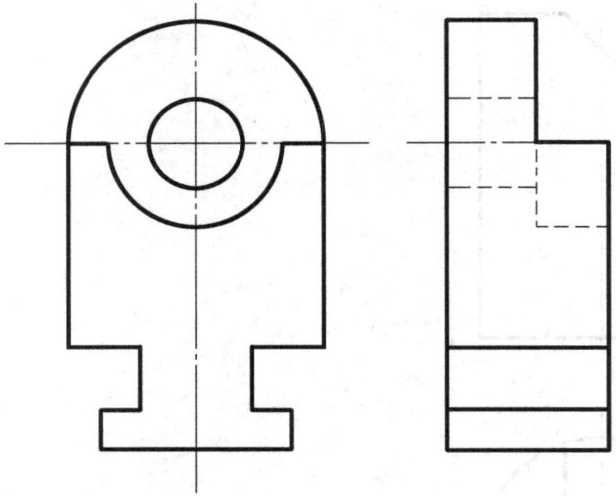

班级________ 姓名________ 学号________

1. 根据已给视图，在指定位置画出正等轴测剖视图。	2. 根据已给视图，在指定位置画出斜二等轴测剖视图。
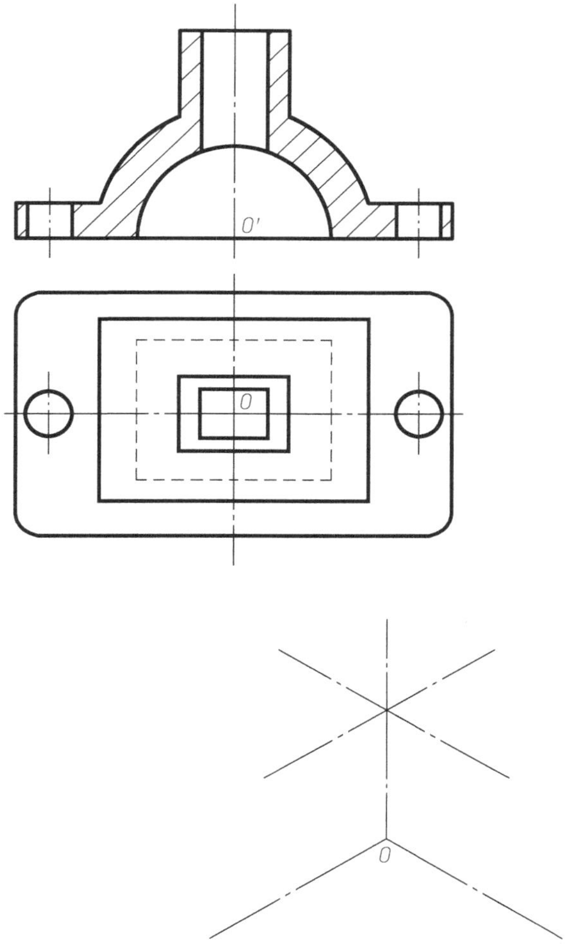 	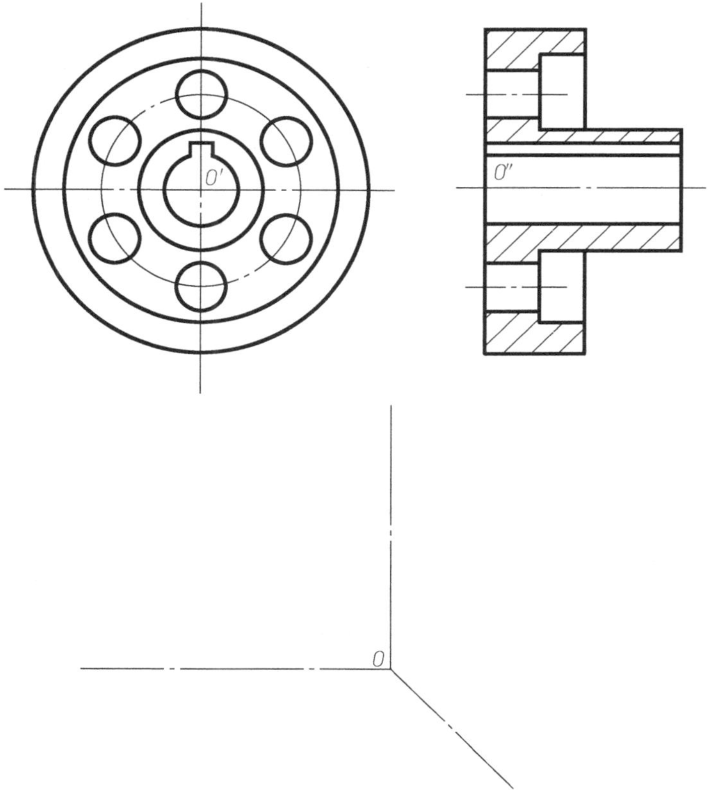

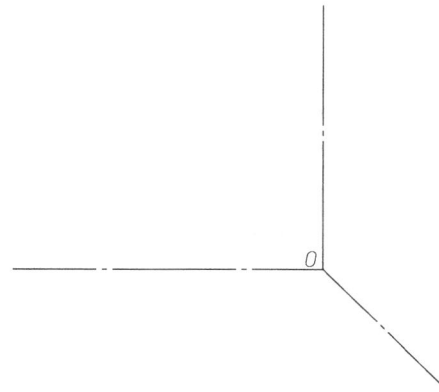

8-1　极限与配合

班级__________　姓名__________　学号__________

根据配合代号，查表注出下列零件配合面的公称尺寸和极限偏差值，并指出是何类配合。

（1）

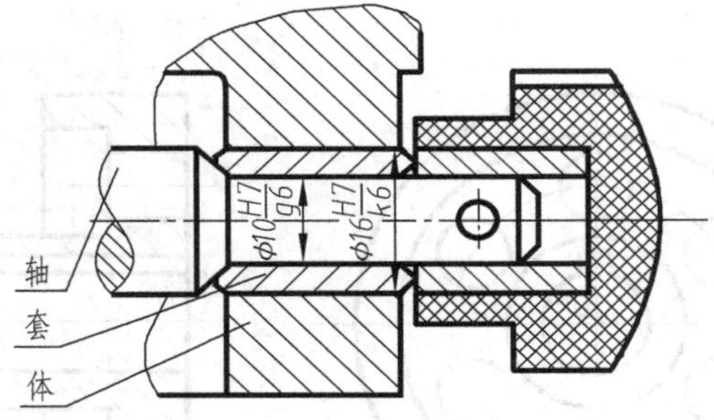

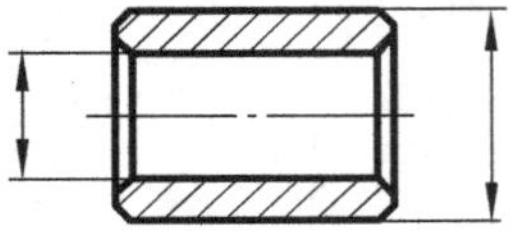

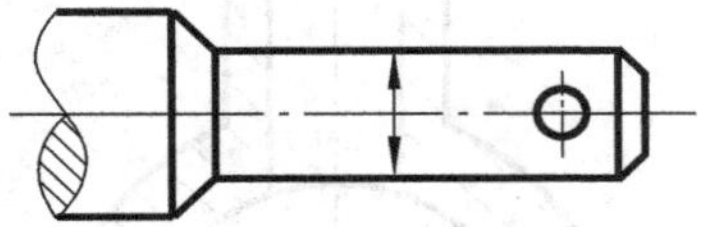

轴与套的配合采用______制______配合。

套与体的配合采用______制______配合，其中孔是______，其基本偏差代号是______，且______偏差为零，此孔的标准公差为______级。

（2）

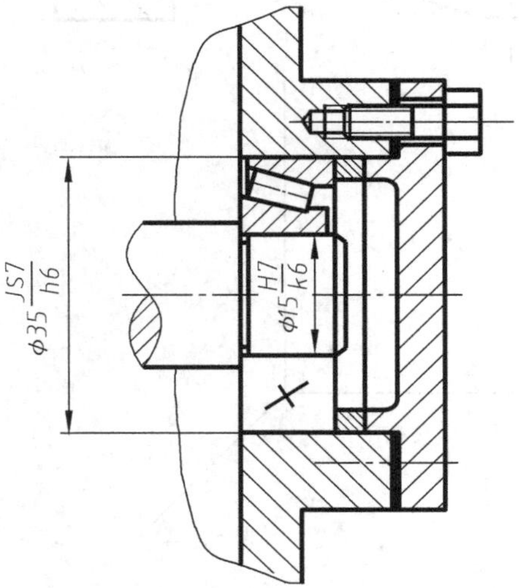

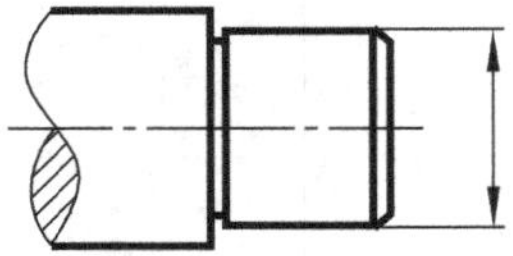

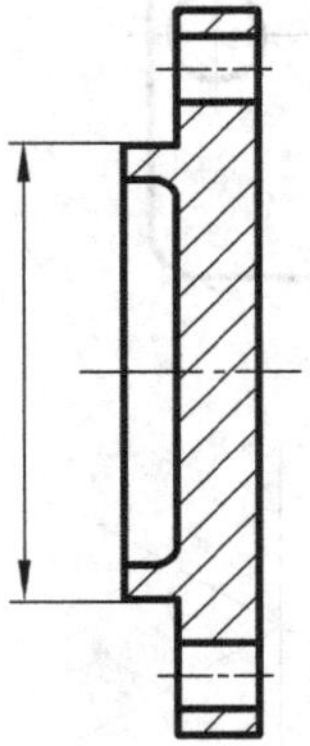

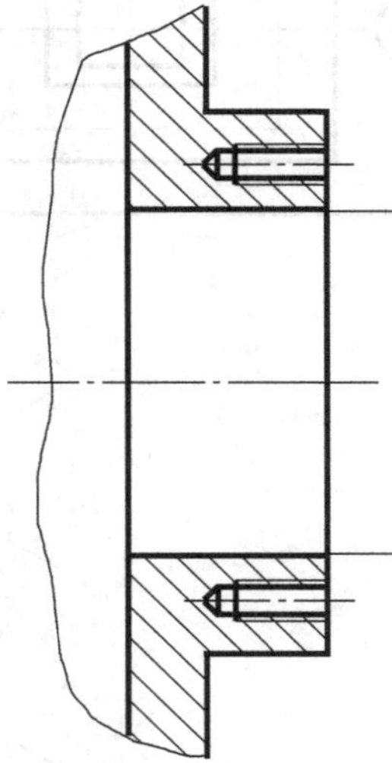

轴与轴承内孔的配合采用______制______配合；

轴承外圈与体的配合采用______制______配合。

根据轴的装配情况，在 P105 中的不完整的零件图上注写出有配合要求的径向尺寸公差带代号（同时注出极限偏差数值，参见本页“公差配合要求”）；在几何公差框格的项目符号框内画上符号并连出指引线（参见本页“几何公差要求”）。

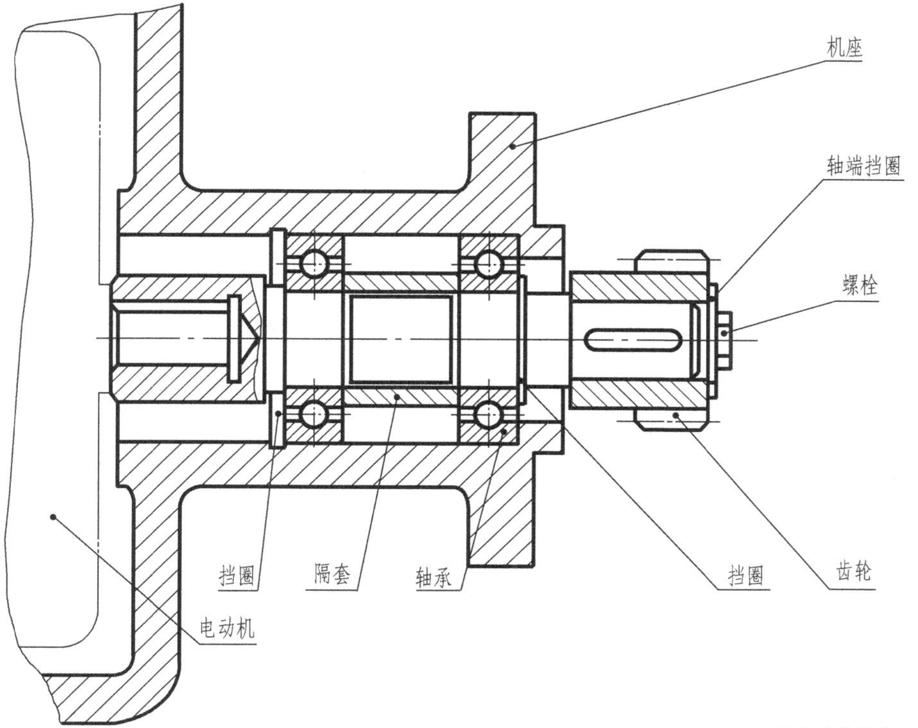

公差配合要求

1. 左端轴孔$\phi10$与电动机轴的配合是$\phi10\frac{H7}{h6}$。
2. 轴承与轴颈$\phi15$的配合注写K6代号（注意轴承配合的注写形式）。
3. 齿轮与轴的配合是$\phi12\frac{H7}{k6}$。

几何公差要求

1. 与轴承内表面配合的$2\times\phi15$圆柱面的轴线对其公共基准轴线A—B的同轴度公差为0.01。
2. 左端轴孔$\phi10$对公共基准轴线A—B的径向圆跳动公差为0.01。
3. 端面P对公共基准轴线A—B的圆跳动公差为0.02。
4. 右轴段$\phi12$的圆度公差为0.005。

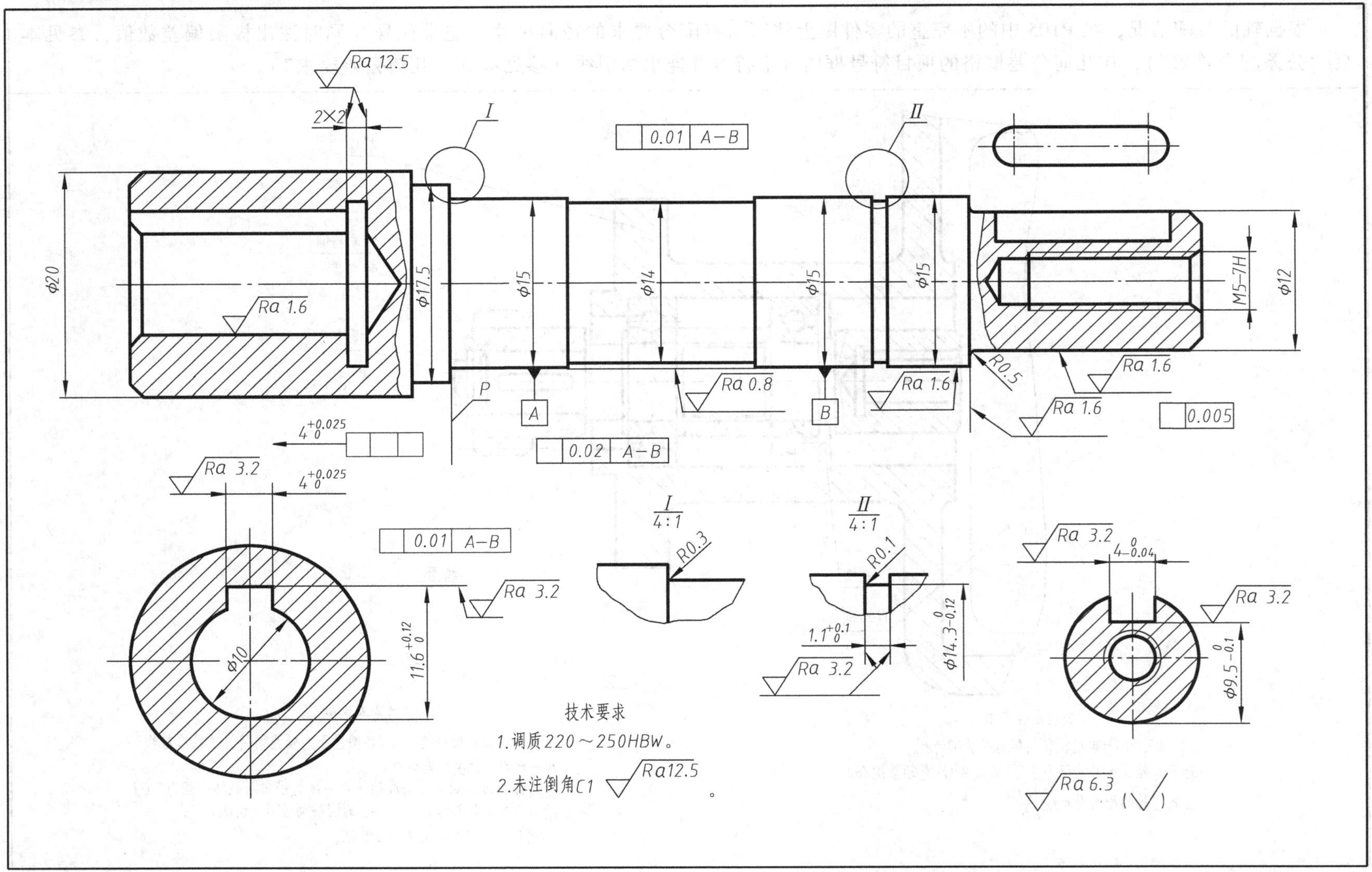
Ra 12.5
2×2
I
0.01 A−B
II
φ20
φ17.5
φ15
φ14
φ15
φ15
M5−7H
φ12
Ra 1.6
R0.5
Ra 1.6
P
A
Ra 0.8
B
Ra 1.6
Ra 1.6
0.005
4 +0.025 0
0.02 A−B
Ra 3.2
4 +0.025 0
I
4:1
II
4:1
0.01 A−B
R0.3
R0.1
Ra 3.2
4 0 −0.04
Ra 3.2
φ10
11.6 +0.12 0
1.1 +0.1 0
Ra 3.2
φ14.3 0 −0.12
Ra 3.2
φ9.5 0 −0.1
技术要求
1.调质220～250HBW。
2.未注倒角C1 Ra12.5 。
Ra 6.3 (√)

 班级________ 姓名________ 学号________

根据所给数据，标注表面粗糙度。

表面	ϕ22 凸台顶面	前后端面	底面	ϕ32 轴孔	ϕ24 凸台顶面	2×ϕ14 通孔	倒角	其余
Ra（μm）	12.5	6.3	6.3	1.6	12.5	12.5	12.5	∀

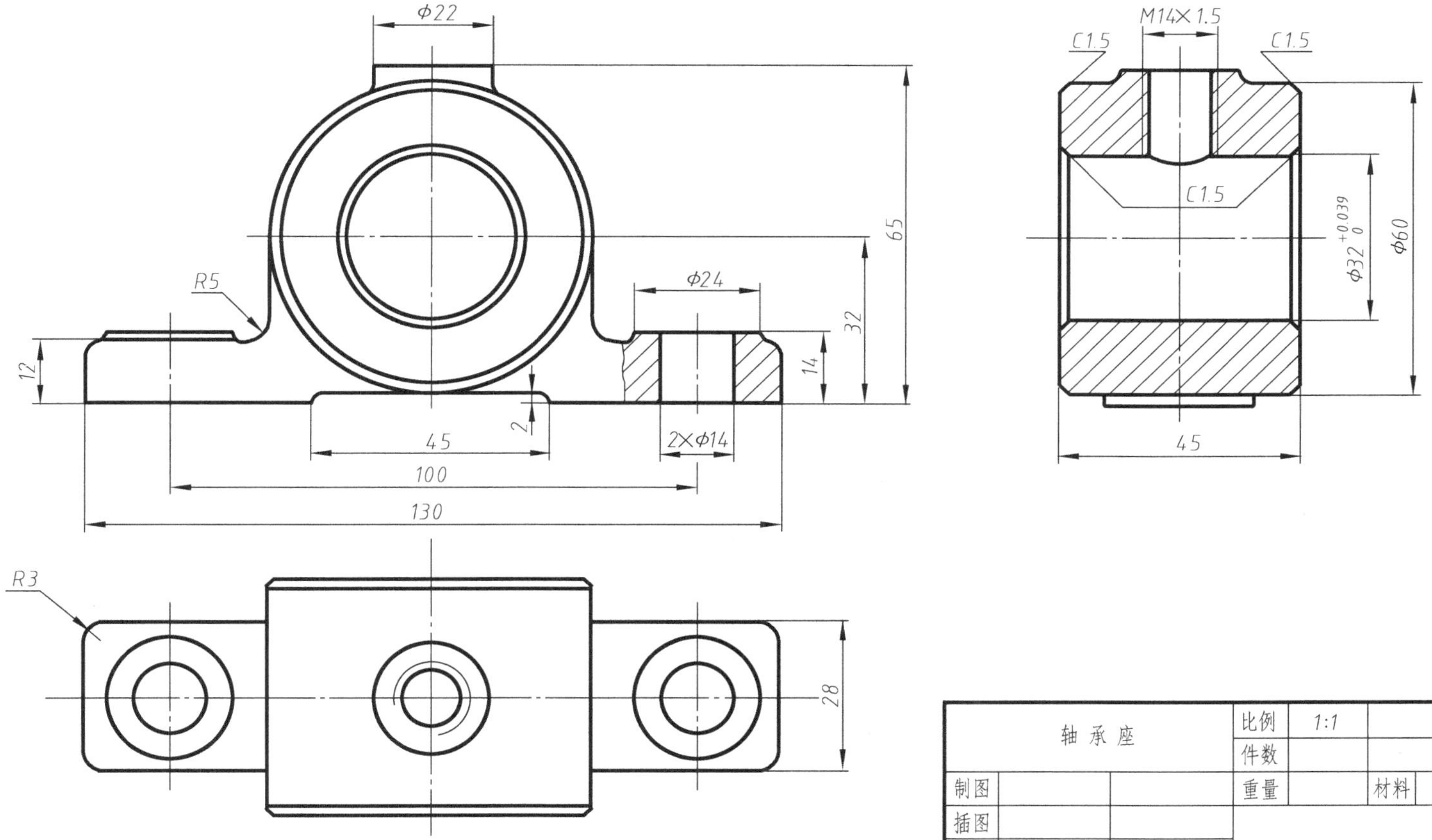

轴承座		比例	1:1	
		件数		
制图		重量		材料 HT200
插图				
审核				

第 9 章　零件的连接

9-1　螺纹

班级________　姓名________　学号________

1. 找出下列螺纹和螺纹连接画法上的错误之处（打×号），并在下方画出正确的图。

（1）有三处错误。

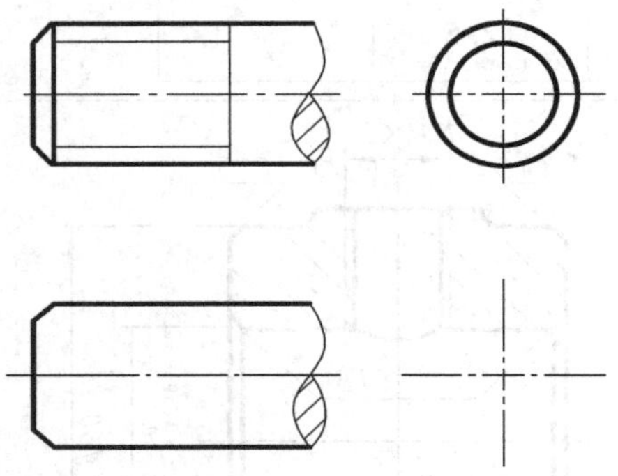

（2）有二处错误。

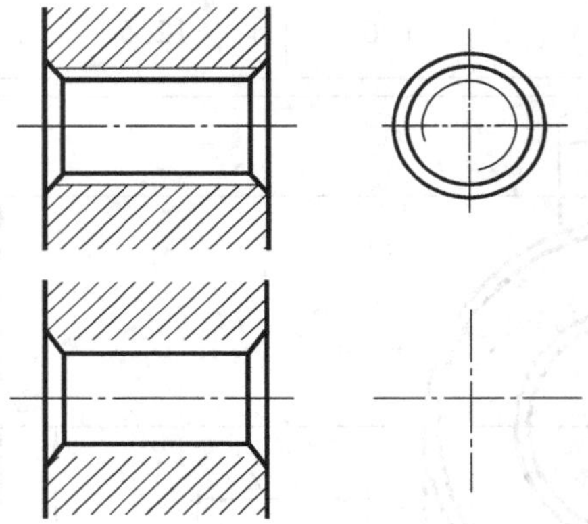

（3）有三处错误。

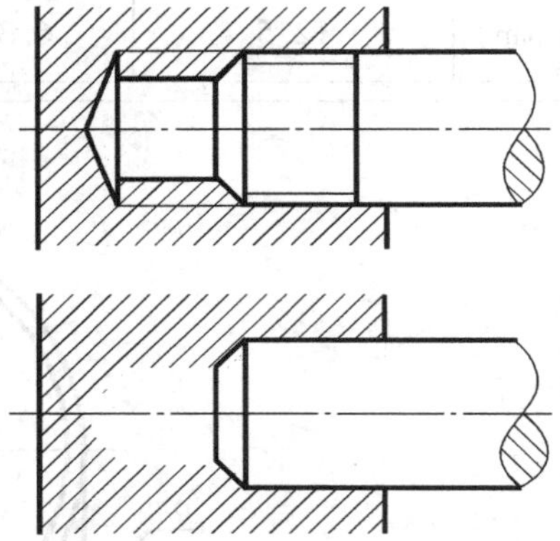

（4）有二处错误。

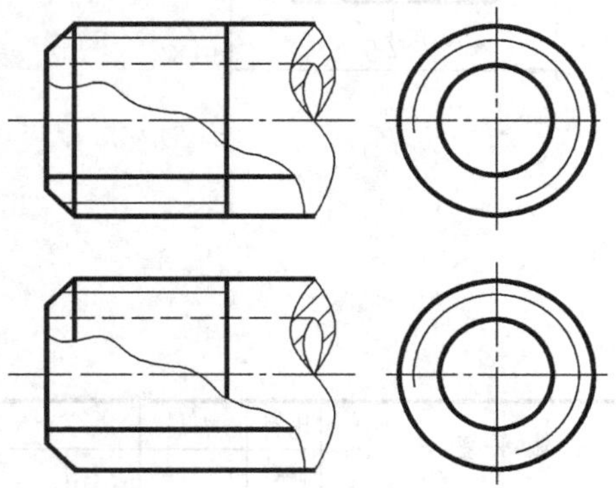

（5）有三处错误。

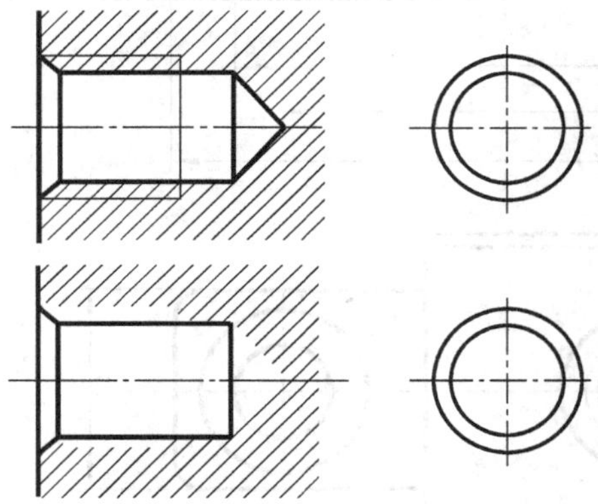

（6）有三处错误。

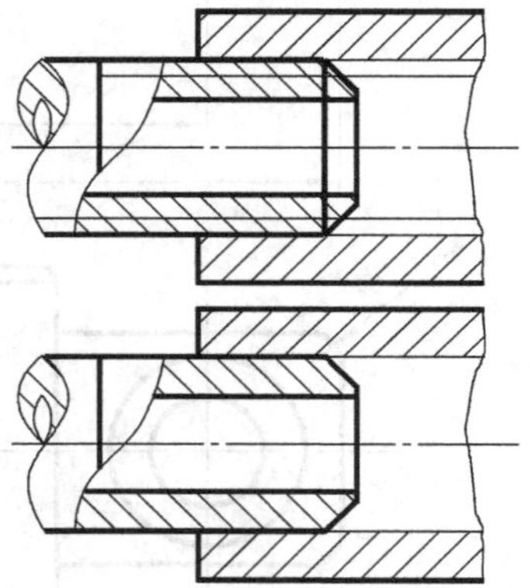

2. 根据下列给定的螺纹要素，标注螺纹的标记或代号。

（1）粗牙普通螺纹，公称直径 24mm，螺距 3mm，单线，右旋，螺纹公差带：中径、小径均为 6H。

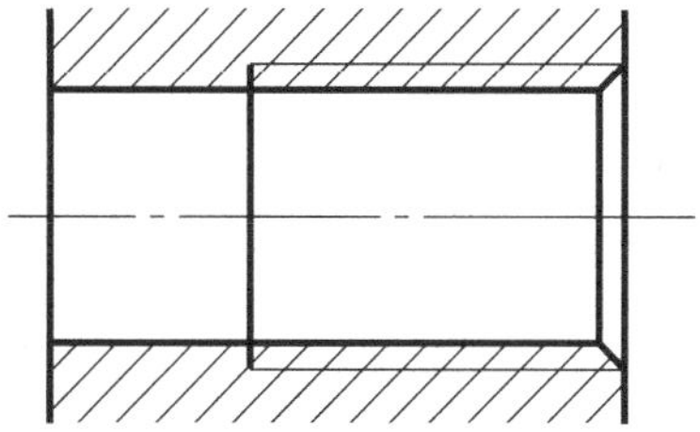

（2）细牙普通螺纹，公称直径 30mm，螺纹 2mm 单线，左旋，螺纹公差带：中径 5g，大径 6g。

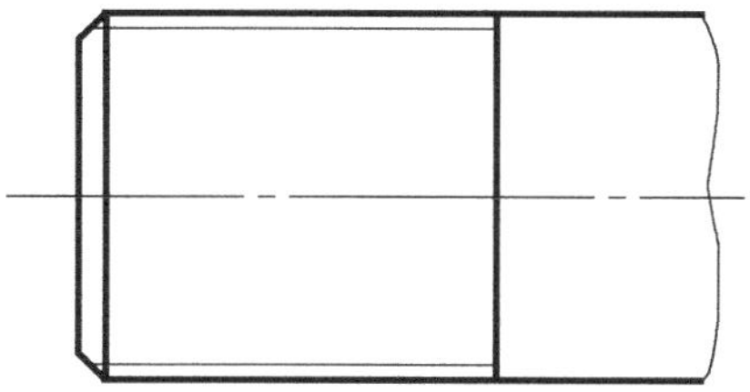

（3）非螺纹密封的管螺纹，尺寸代号 3/4 英寸，公差等级为 A 级，右旋。

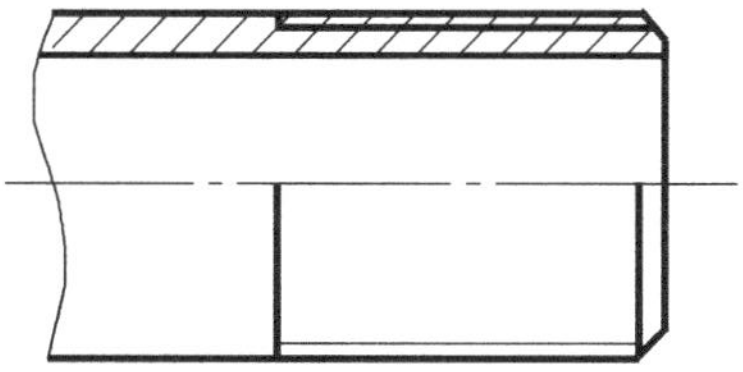

（4）梯形螺纹，公称直径 32mm，螺距 6mm，双线，左旋。

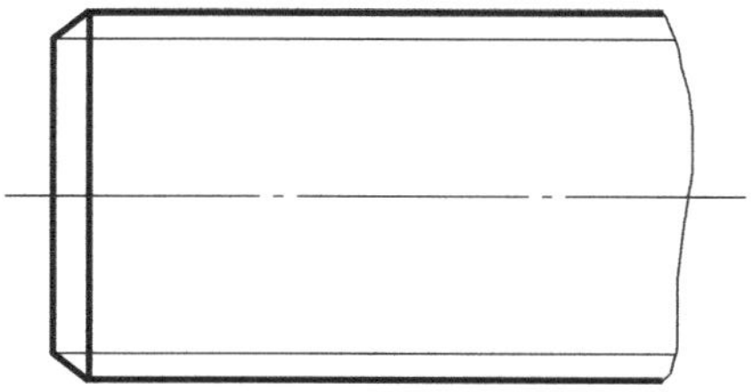

3. 根据标注的螺纹代号，查表并填空说明螺纹的各要素。

（1）

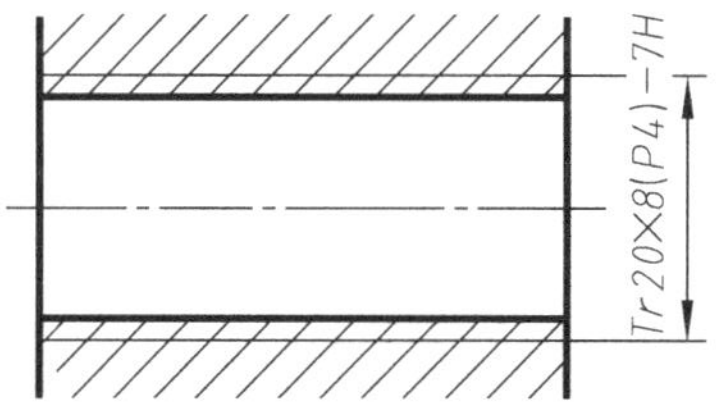

该螺纹为________螺纹；
公称直径________mm；
螺　　距________mm；
线　　数________；
旋　　向________；
螺纹公差带________。

（2）

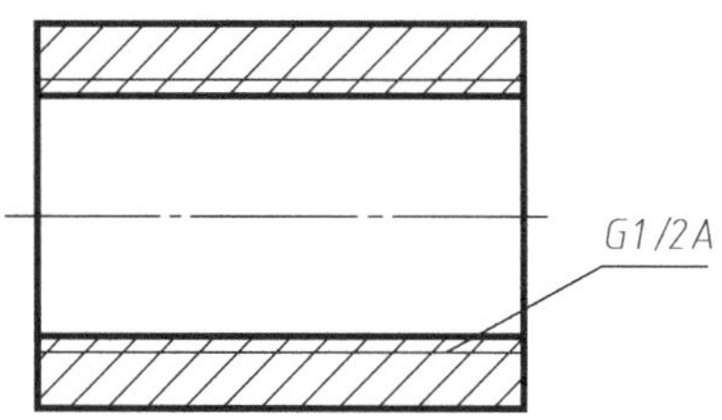

该螺纹为________螺纹；
公称直径________mm；
大　　径________mm；
小　　径________mm；
螺　　距________mm；
公差等级________级。

1. 查表确定下列各紧固件的尺寸，并写出其规定标记。

（1）六角头螺栓——A 和 B 级。

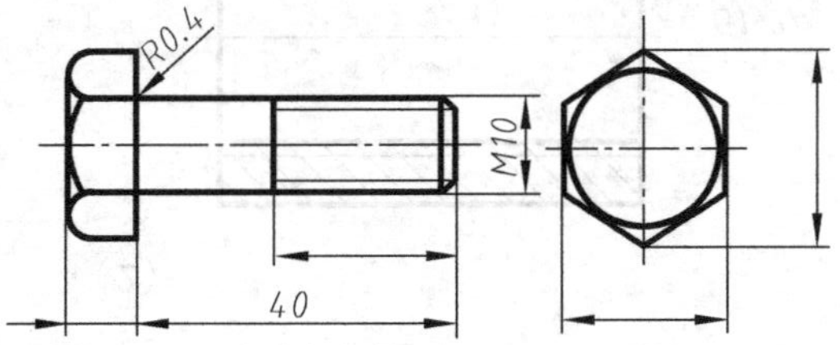

规定标记______

（2）双头螺柱。

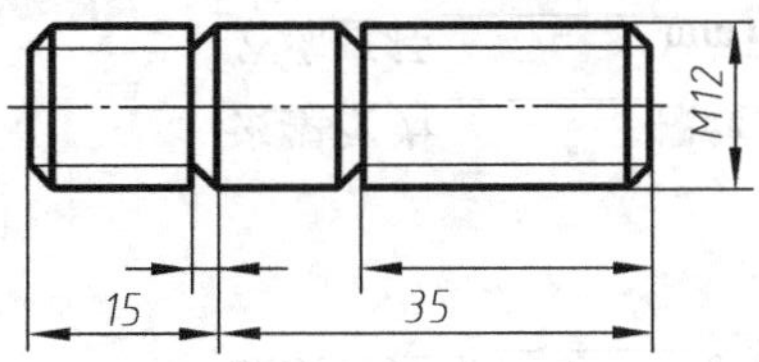

规定标记______

（3） I 型六角螺母——C 级。

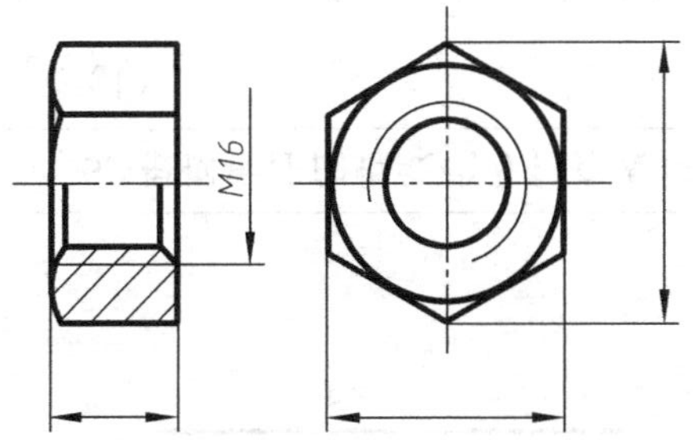

规定标记______

（4）开槽盘头螺钉。

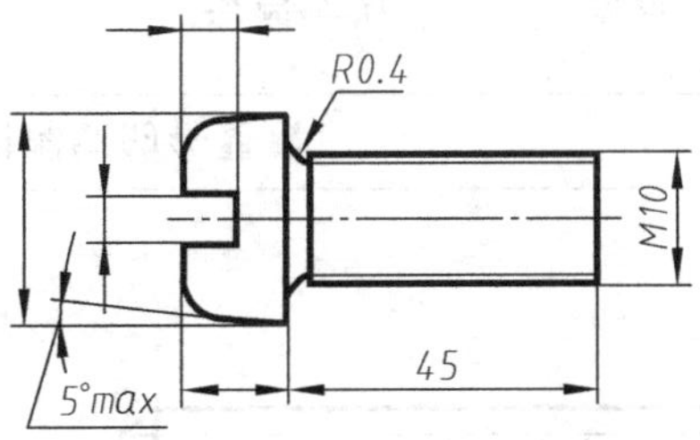

规定标记______

（5）标准型弹簧垫圈（公称直径为20mm）。

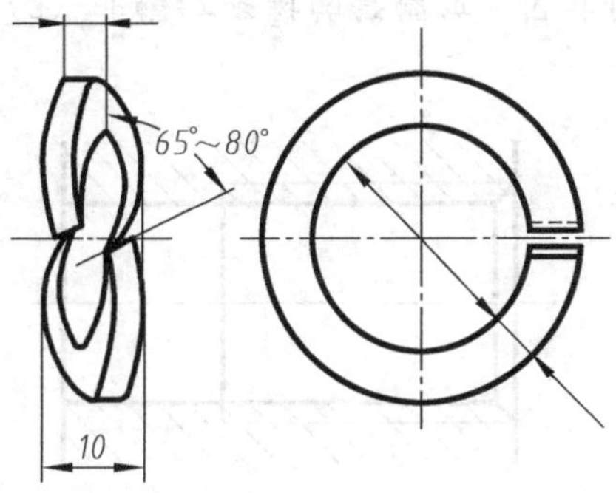

规定标记______

（6）圆柱销（公称直径为 12mm，长度 $L=45$）。

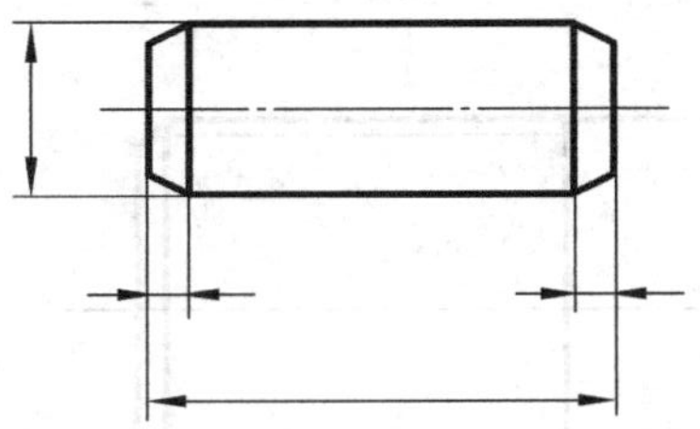

规定标记______

2. 指出下列各螺纹紧固件连接图中的各种错误，并在其旁画出正确的连接图。

(1)

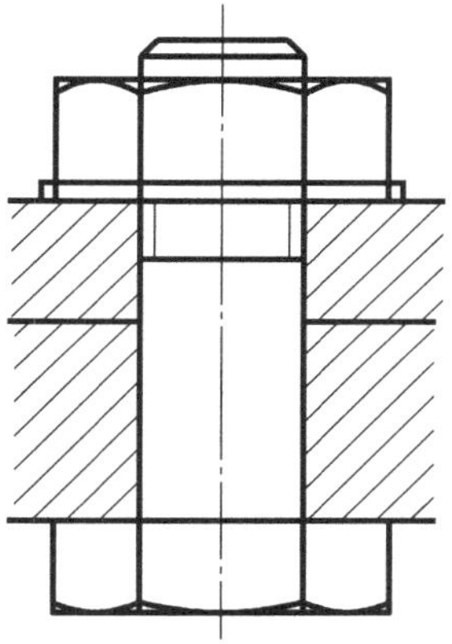

(2)

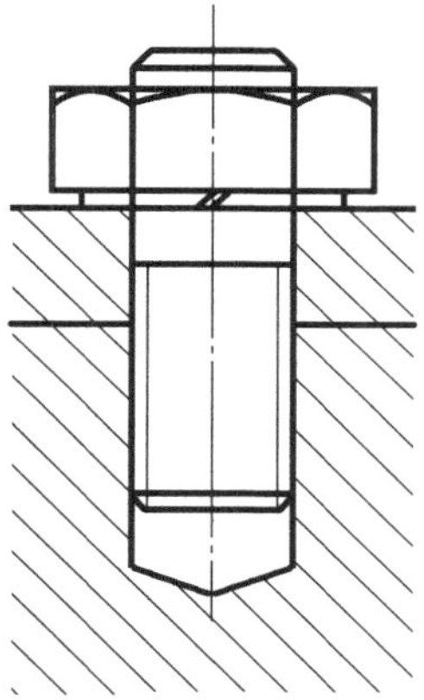

(3)

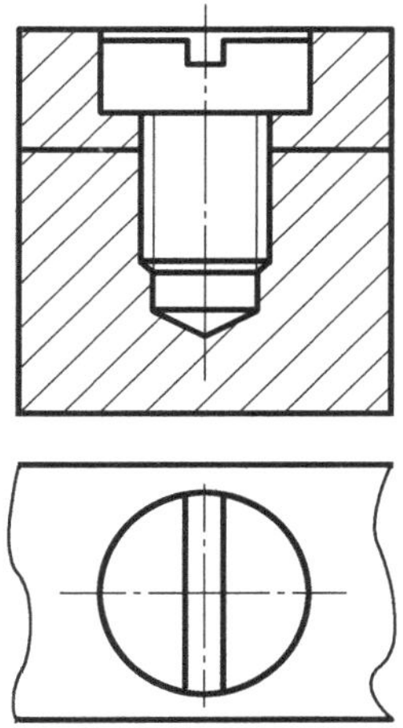

(4)

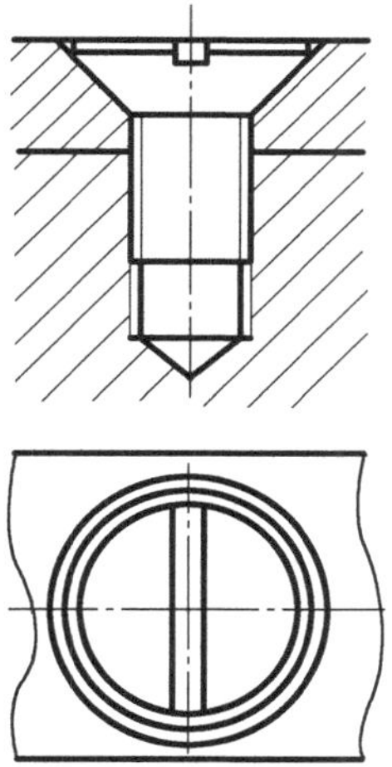

作业指导书

一、目的、内容与要求

1. 目的：掌握螺栓、螺柱、螺母、垫圈等紧固件的查表、选用及其连接画法和标记的注写。

2. 内容：见下页，在图示连接装置中，按要求配上各紧固件，并标注其规定标记。

3. 要求：*A* 处配上 d=M16 的螺栓 GB/T 5782、螺母 GB/T 6170、垫圈 GB/T 93；B 处配圆头普通平键 GB/T 1096；*C* 处配 d=M10 的锥端紧螺钉 GB/T 71；*D* 处配 d=10 的圆锥销 GB/T 117。

二、图名、图幅与比例

1. 图名：螺纹紧固件综合练习。

2. 图幅：A3。

3. 比例：1∶1。

三、绘图步骤与注意事项

1. 按规定的比例合理布置图面。

2. 利用近似画法中的比例关系算出各紧固件的全部尺寸。

3. 计算螺栓的公称长度，并查表选取标准长度。

4. 螺纹大径和头部的有关尺寸均应查表确定。

在 A3 图纸上，用 1 : 1 的比例画出图示连接装置，按要求配上各连接件，并注写其规定标记。

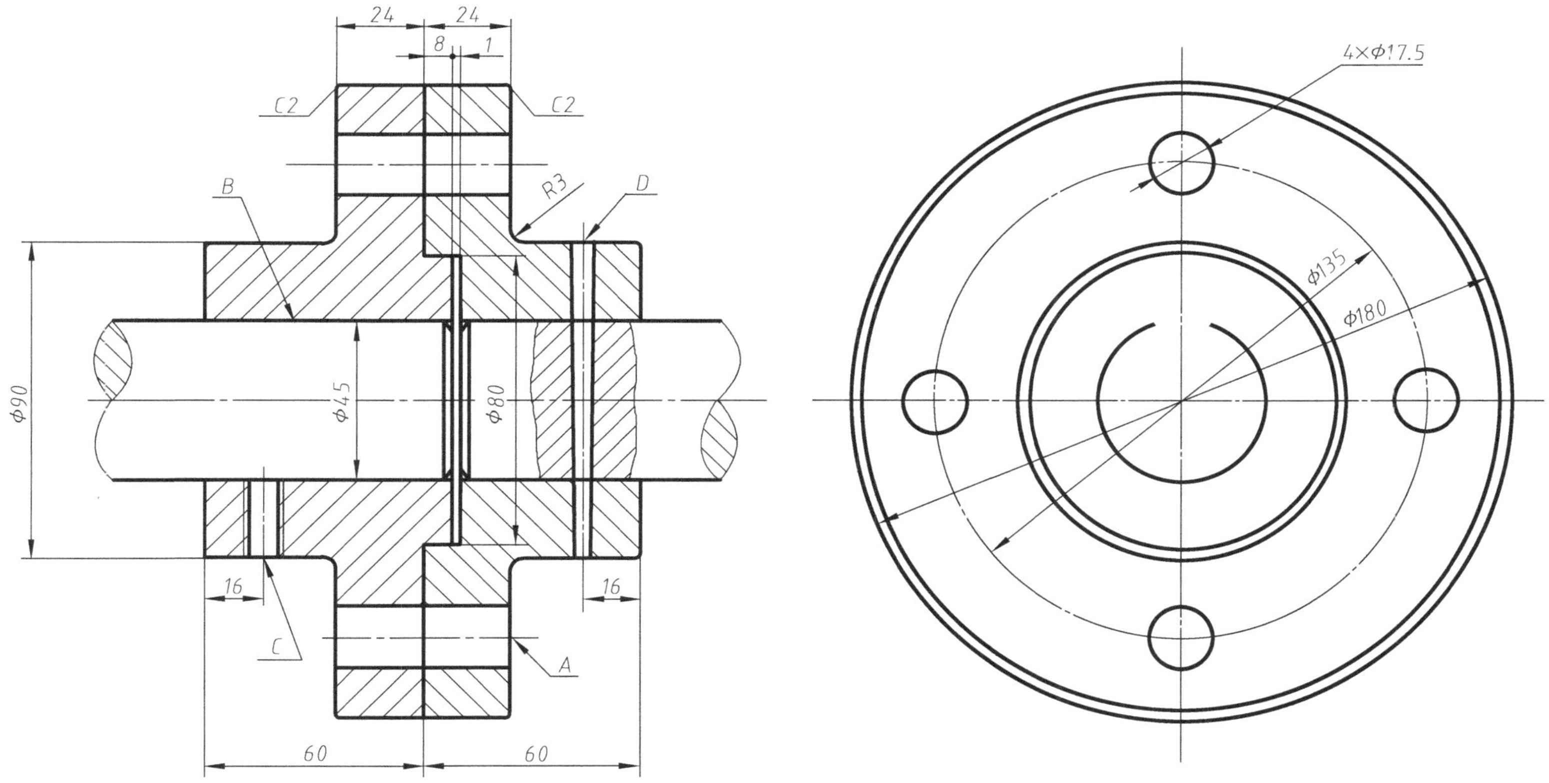

未注倒角C1。

要求：A处配4个 d=16的螺栓GB/T 5782、4个螺母GB/T 6170、4个垫圈GB/T 93。
B处配圆头普通平键GB/T 1096。
C处配d=10的锥端紧定螺钉GB/T 71。
D处配 d=10的圆锥销GB/T 117。

10-1　齿轮　　　　班级________　姓名________　学号________

1. 直齿圆柱齿轮的齿数 $z_1=17$，$z_2=37$，中心距 $a=54$mm，试计算齿轮上轮齿部分的几何尺寸，完成其啮合图；小齿轮与轴用 A 型普通平键连接，查表后画出其连接图并注出标记。

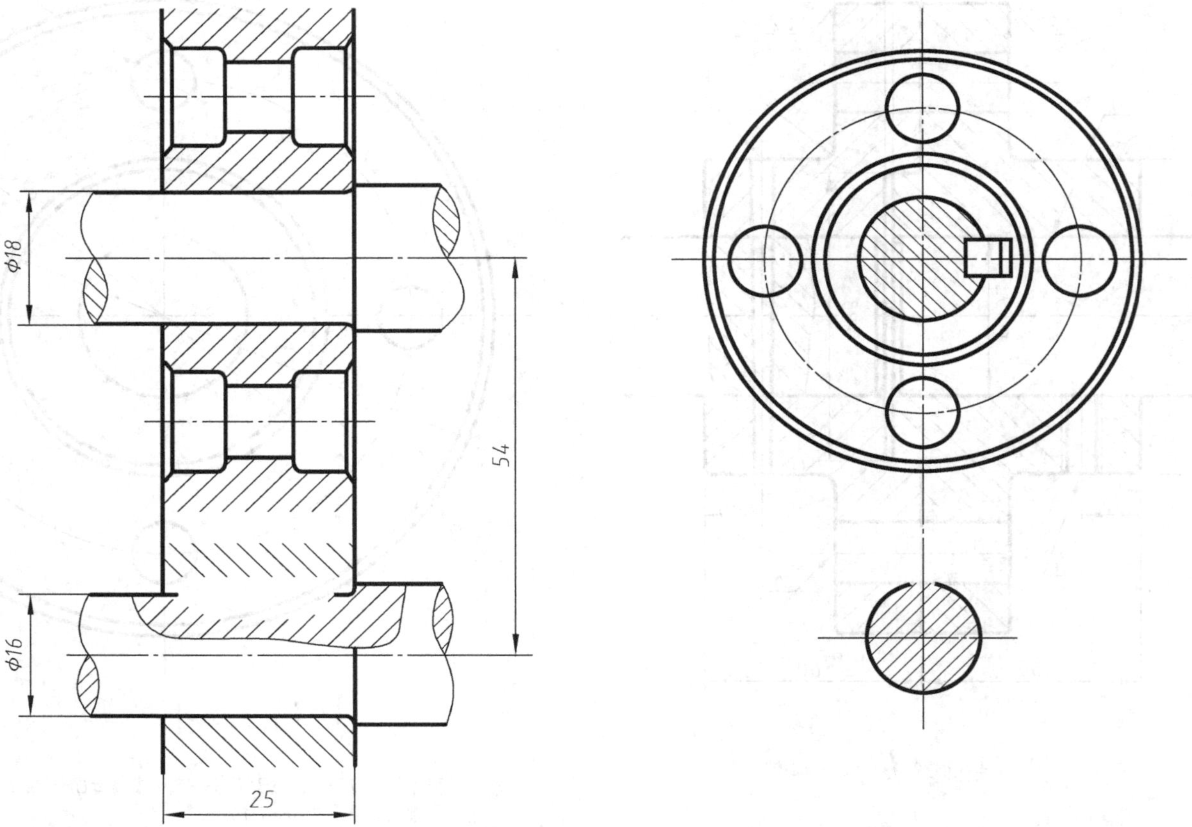

2. 直齿锥齿轮的齿数 $z_1=z_2=18$，模数 $m=3.5$mm，两轴夹角为 90°，试计算齿轮的几何尺寸，完成其啮合图。

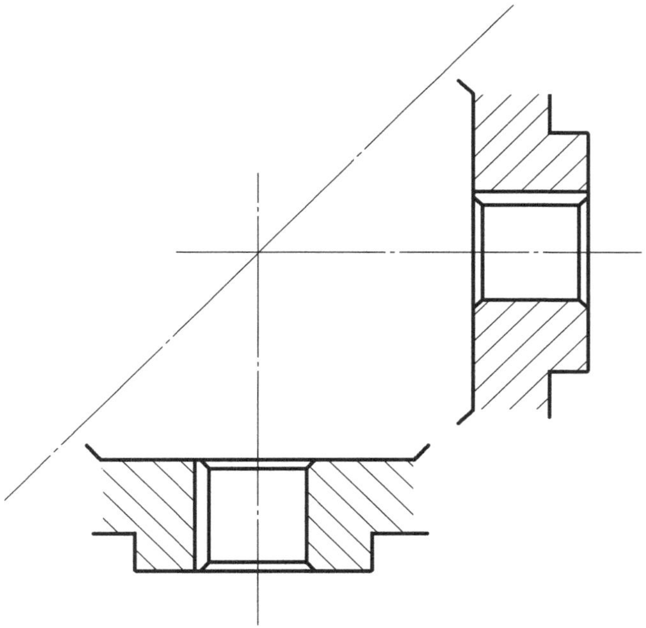

3. 画出10-1第1题中小齿轮的主、左视图，并标注尺寸。

4. 画出10-1第2题中齿轮轴线水平的直齿锥齿轮的主、左视图，并标注尺寸。

1. 阶梯轴两端支承轴肩处的直径分别为25mm和15mm，试用1：1的比例画出支承处的滚动轴承（规定画法）。

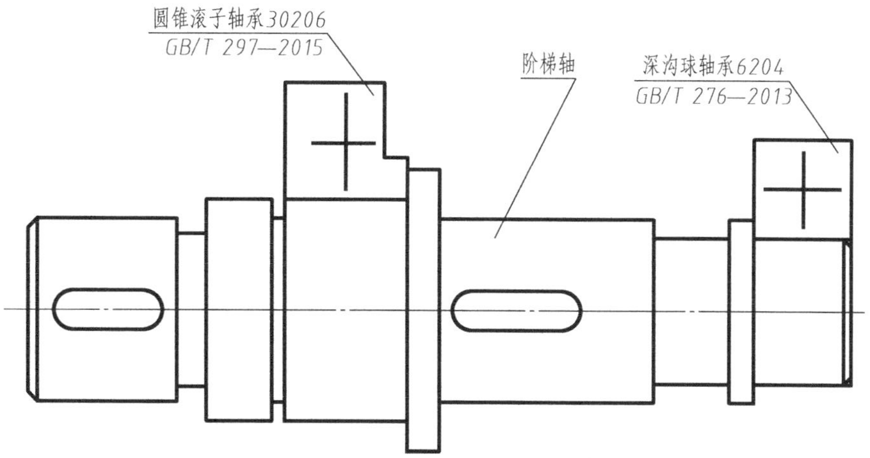

2. 已知圆柱螺旋弹簧的材料直径 $d=5$mm，弹簧中径 $D=55$mm，节距 $t=10$mm，有效圈数 $n_1=7$，支承圈数 $n_2=2.5$，右旋，试用1：1的比例画出弹簧的全剖视图（轴线水平）。

读各分题零件图后回答下列问题并作图

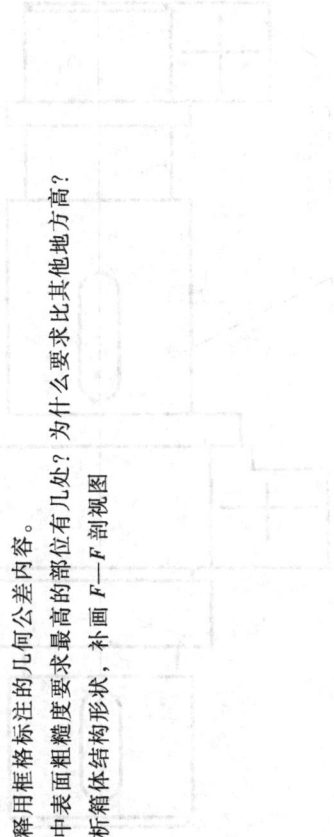

一、主轴

1. 此零件图采用的基本视图是什么？
2. 主视图上采用断裂画法，其理由是什么？
3. 主视图中，虚线表示什么？
4. 解释各几何公差的含义。
5. 表面粗糙度要求最高是多少？
6. $\phi69$ 与 $\phi46$ 两圆柱面轴线之间有什么形位公差要求？
7. 作出 $C—C$ 移出断面图。

二、轴承架

1. 该零件属于哪一类零件？材料是什么？
2. 该零件图中采用了哪些表达方法？
3. 分析该零件的结构形状和表面粗糙度情况。
4. 按 1∶2 的比例（图上量，取整数）及指定的主要尺寸基准，标注尺寸。
5. 根据标注的尺寸，按 1∶1 的比例抄画该零件图。

三、车轮毂

1. 图中采用了哪些表达方法？
2. 零件可分为几部分？各部分是什么形状？
3. 看懂 $\phi120$ 内腔的基本形状。
4. 指出加工要求最高的表面。
5. 指出各方向尺寸的主要基准和定位尺寸。
6. 查出俯视图。

四、箱体

1. 表达该零件用了几个基本视图？几个剖视图？几个斜视图和局部视图？
2. 指出长、宽、高三个方向的主要尺寸基准。
3. 解释用框格标注的几何公差内容。
4. 图中表面粗糙度要求最高的部位有几处？为什么要求比其他地方高？
5. 分析箱体结构形状，补画 $F—F$ 剖视图

1. 主轴。

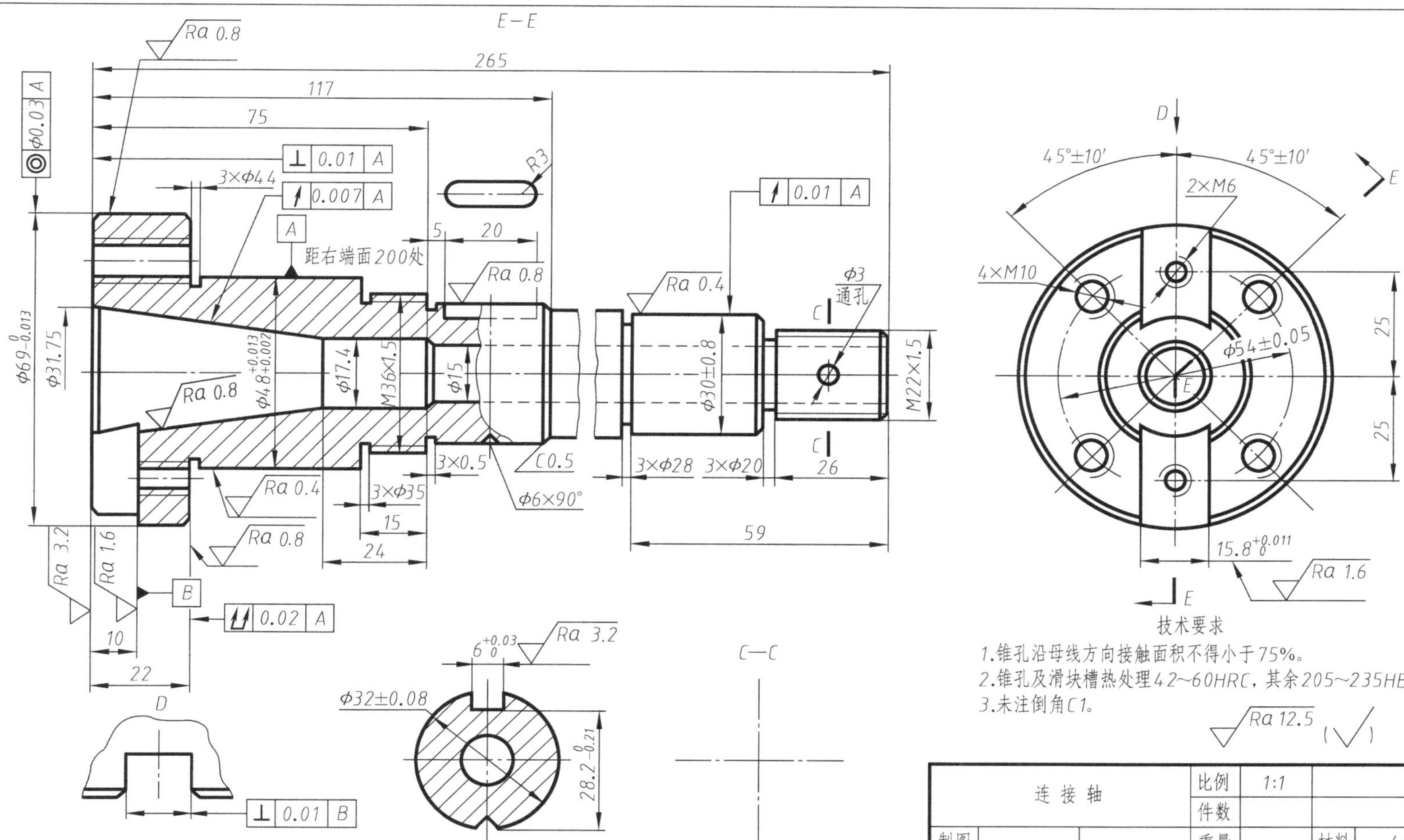

技术要求

1.锥孔沿母线方向接触面积不得小于75%。
2.锥孔及滑块槽热处理42~60HRC，其余205~235HBW。
3.未注倒角C1。

Ra 12.5 (√)

连 接 轴		比例	1:1	
		件数		
制图		重量		材料 45
描图				
审核				

2. 轴承架。

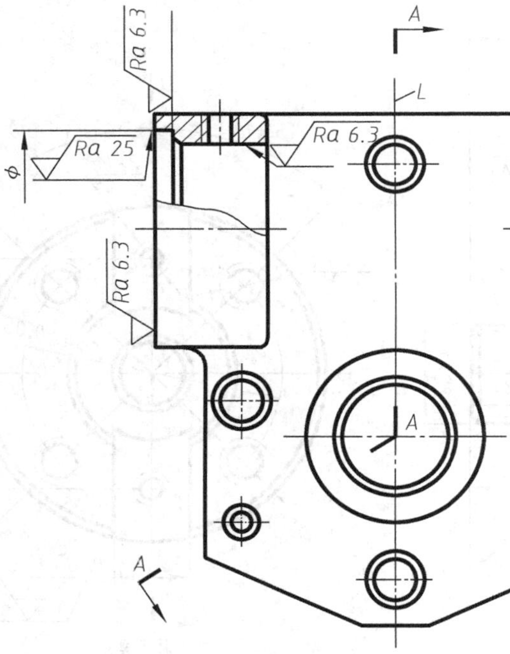

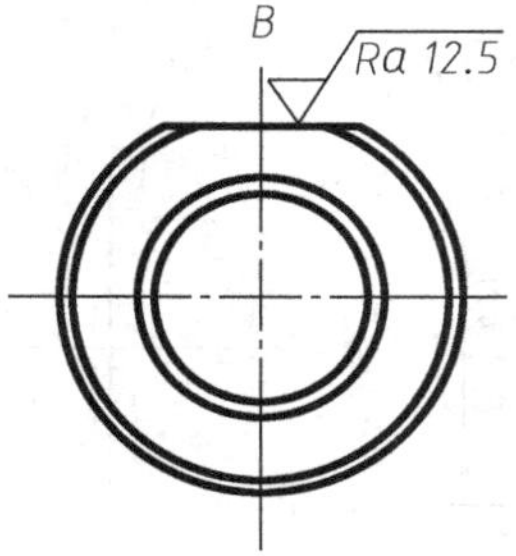

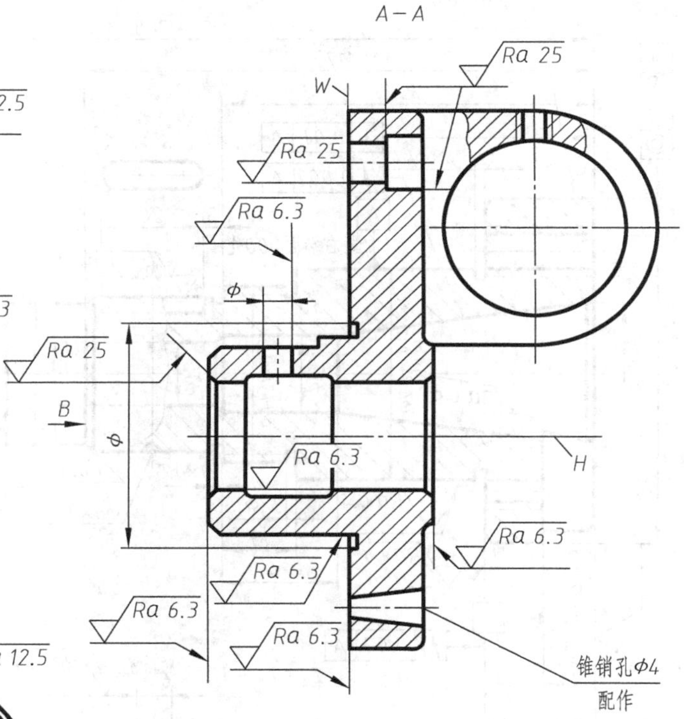

主要尺寸基准：

L——长度方向；

H——高度方向；

W——宽度方向。

技术要求

未注圆角R1。

轴承架	比例	数量	材料	(图号)
	1:2	1	HT150	
制图				
校核				

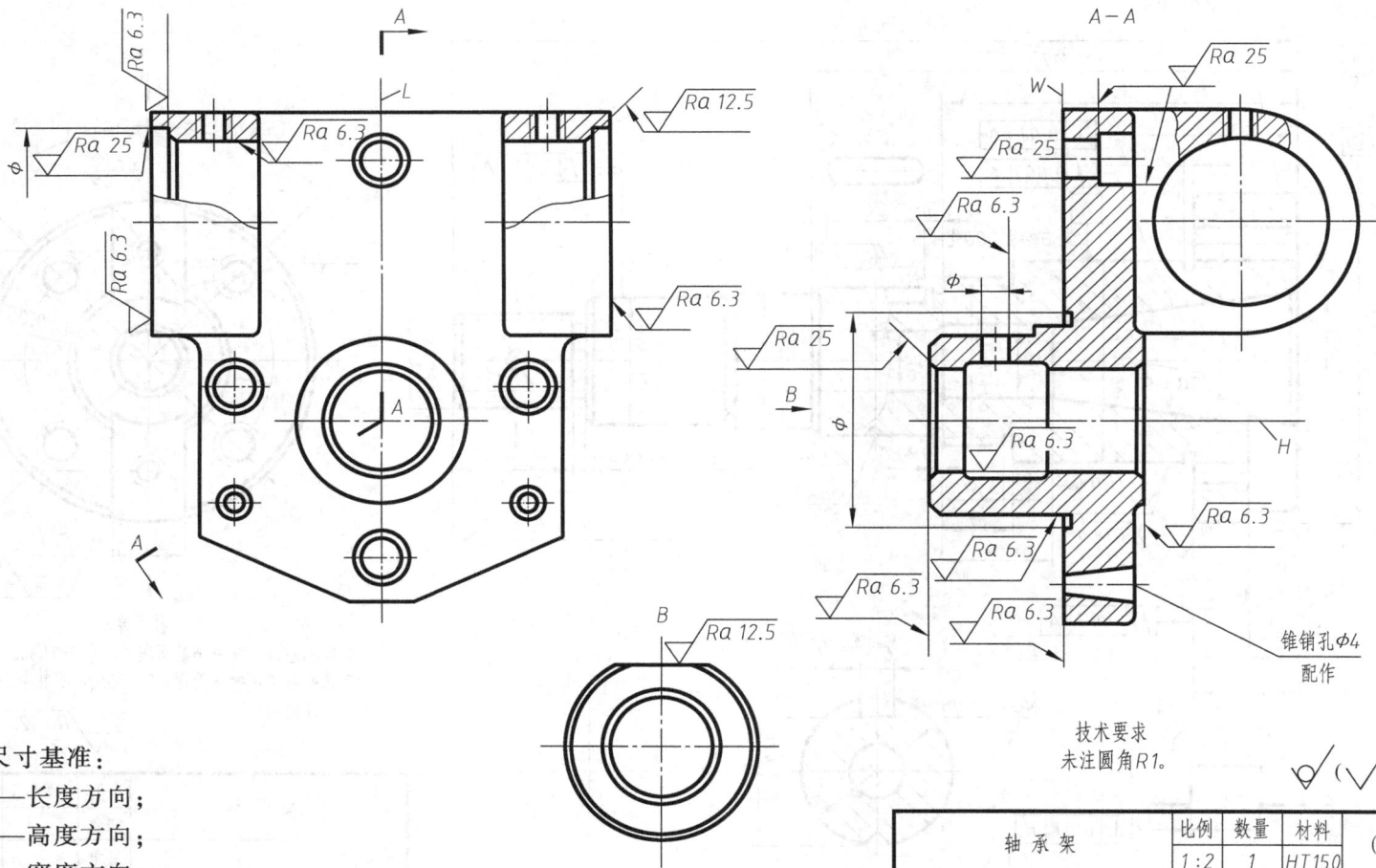

3. 车轮壳。

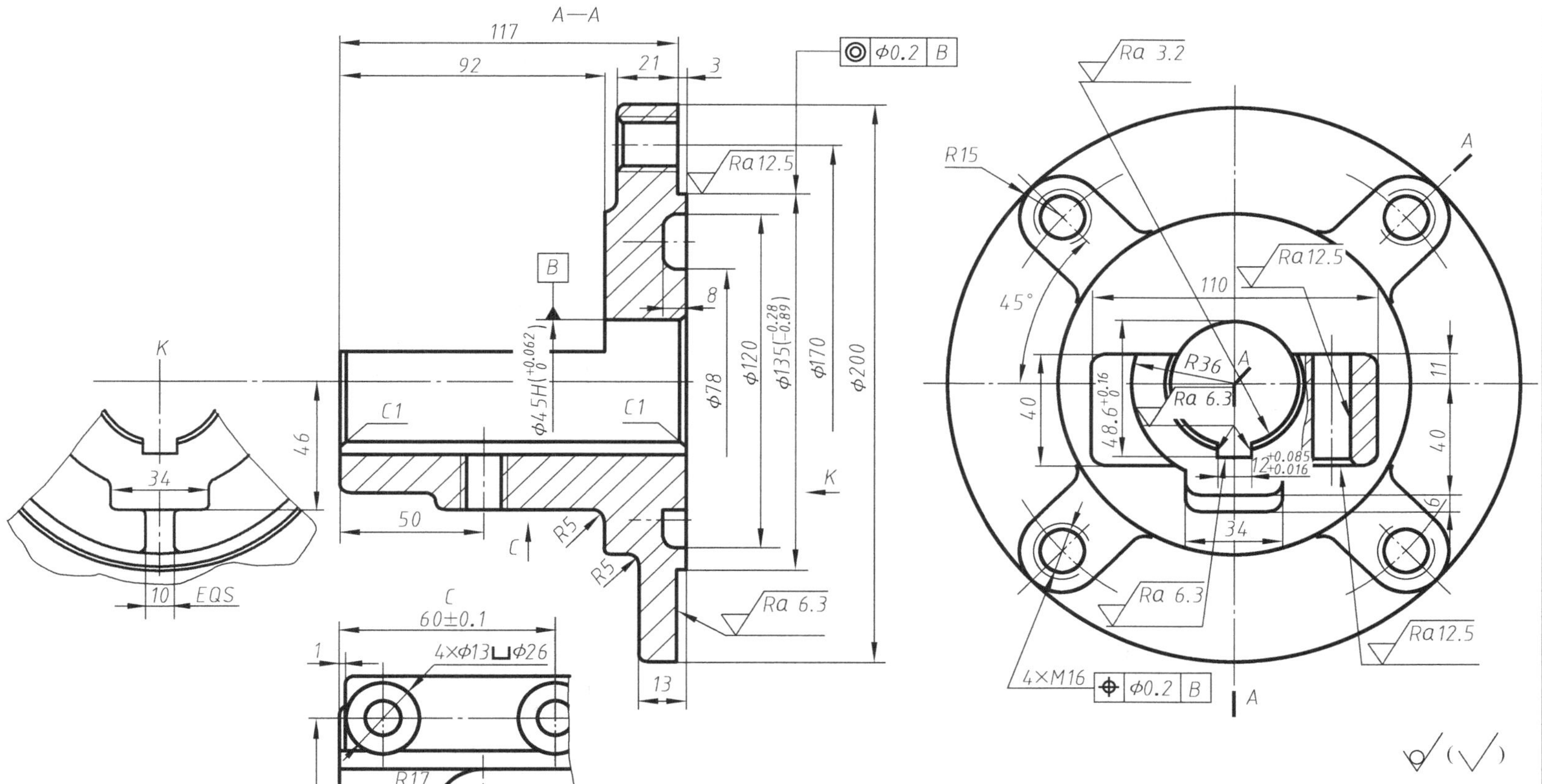

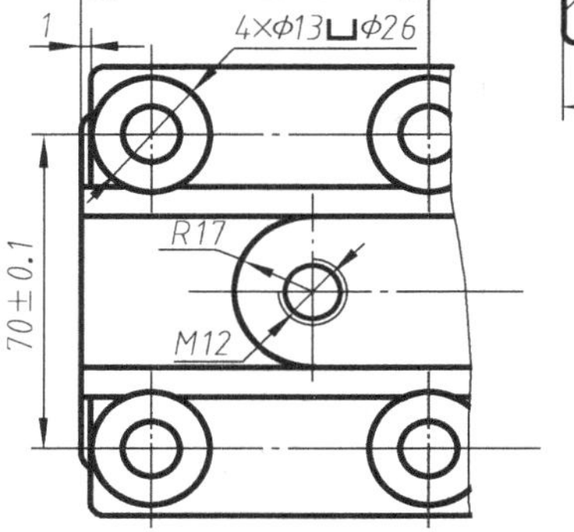

技术要求

1. 铸件要求光洁、无气孔、砂眼等缺陷。
2. 未注明铸造圆角半径R2～R5。
3. 未注倒角C0.5。
4. 去毛刺和飞边。

车轮壳	校核	数量	材料	(图号)
	1:2		HT150	
制图				
校核				

4. 箱体。

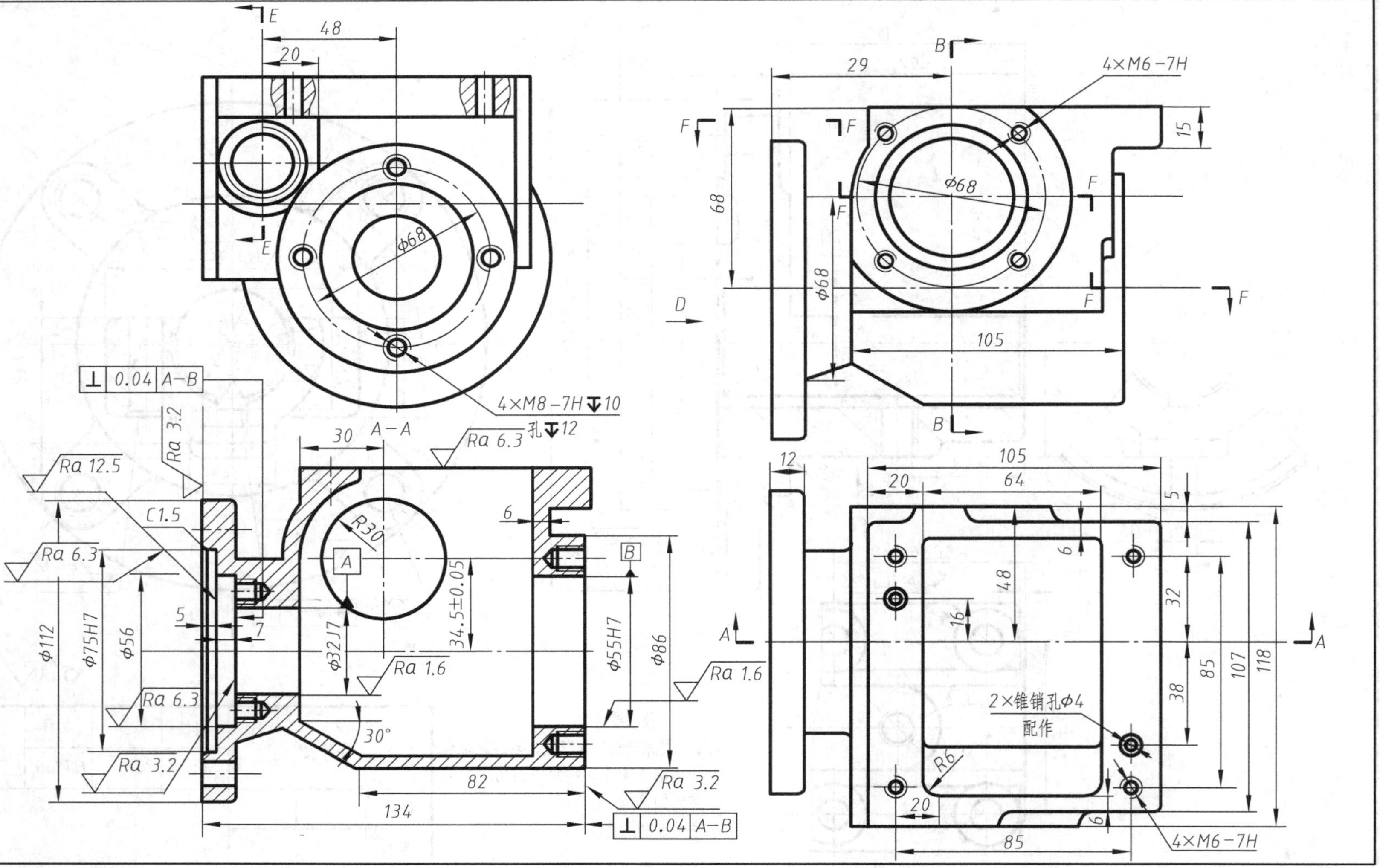
E
48
20
ϕ68
4×M8-7H ↧10
孔↧12
⊥ 0.04 A-B
Ra 3.2
A-A
30
Ra 6.3
Ra 12.5
C1.5
Ra 6.3
R30
A
B
6
5
7
ϕ112
ϕ75H7
ϕ56
ϕ32J7
34.5±0.05
ϕ55H7
ϕ86
Ra 1.6
Ra 1.6
Ra 6.3
30°
Ra 3.2
Ra 3.2
82
134
⊥ 0.04 A-B
B
29
4×M6-7H
F
15
68
ϕ68
D
105
12
105
20
64
5
6
48
16
32
85
107
118
38
2×锥销孔ϕ4
配作
R6
20
6
85
4×M6-7H

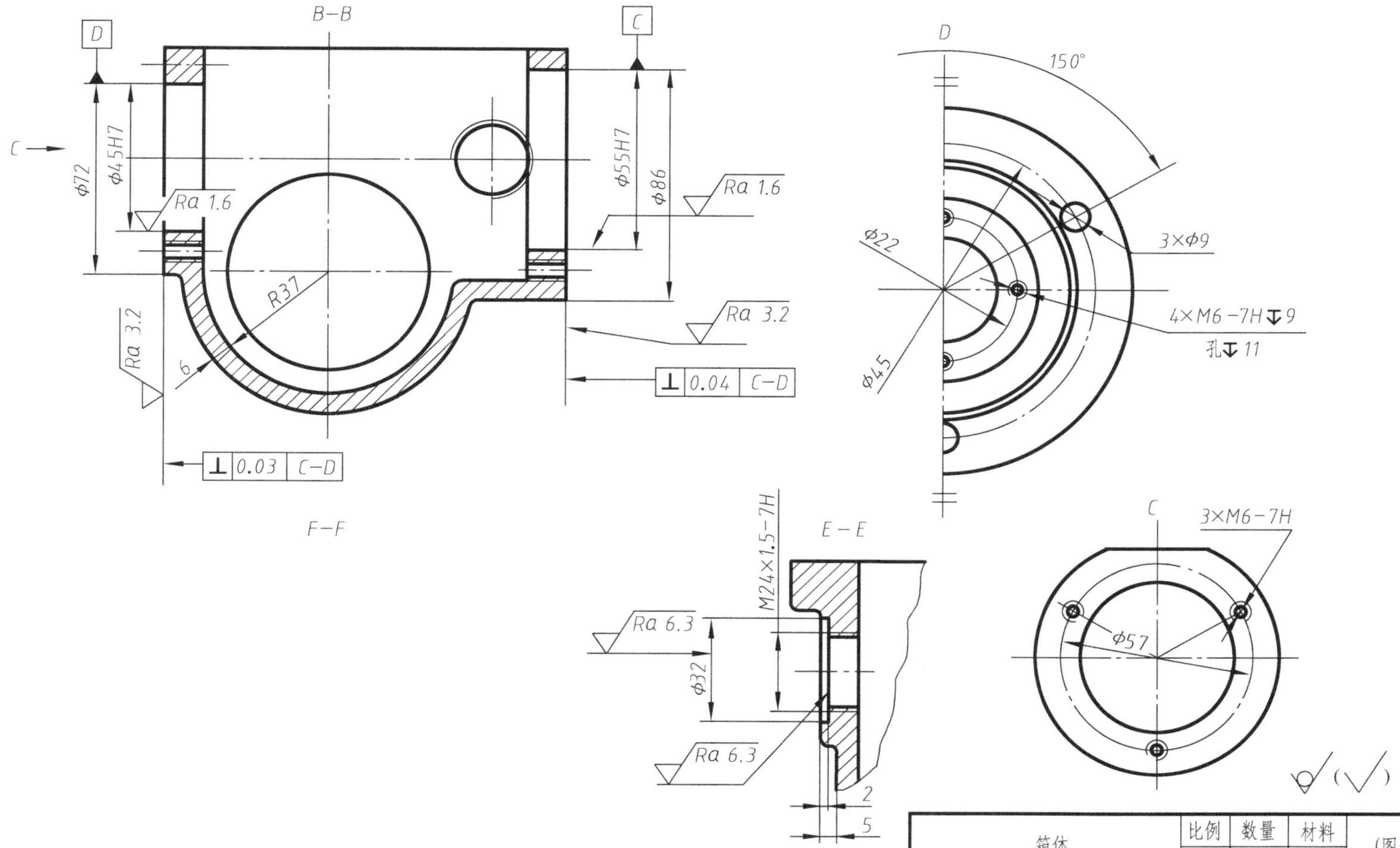

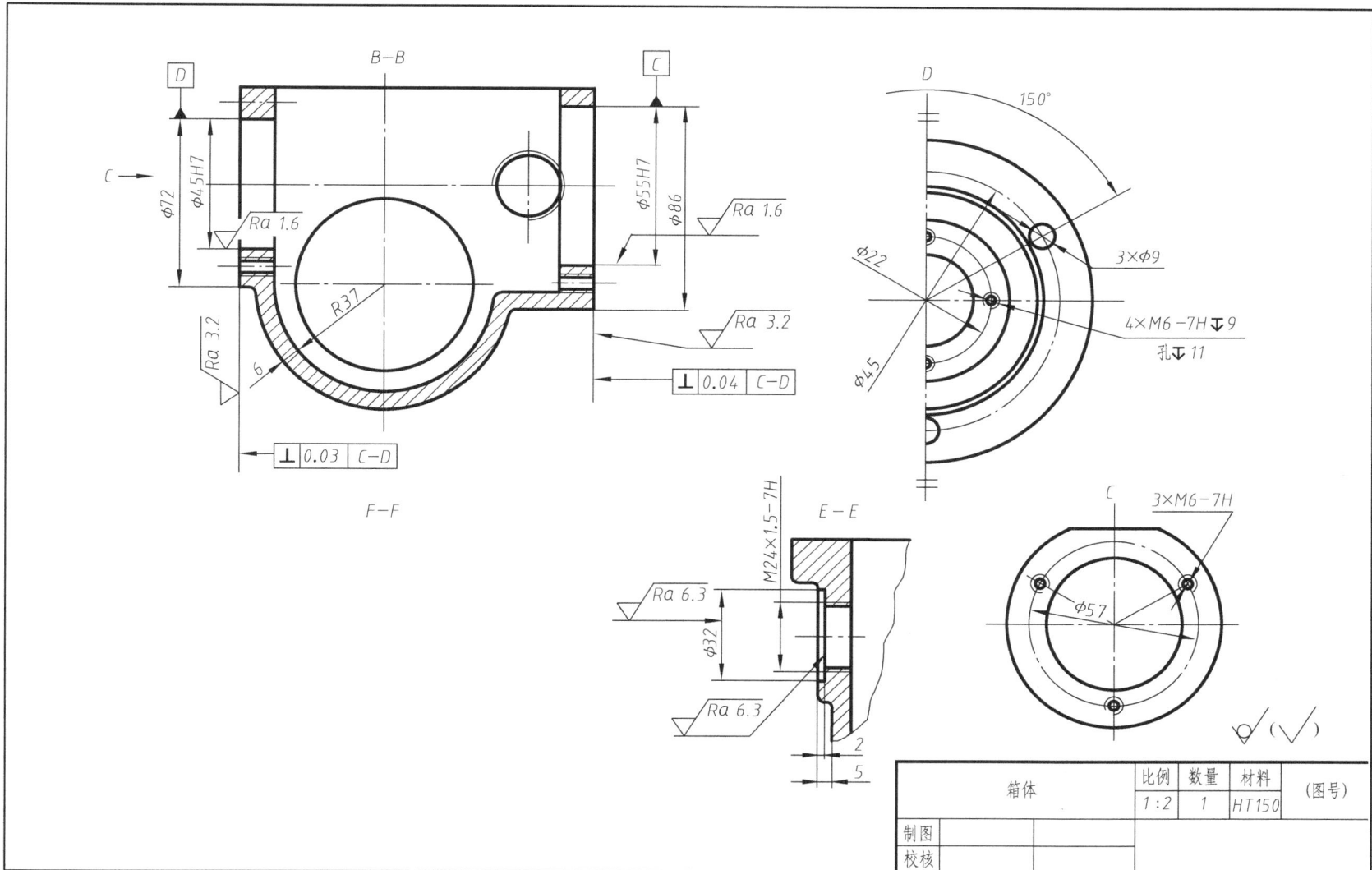

箱体		比例	数量	材料	(图号)
		1:2	1	HT150	
制图					
校核					

作业指导书

一、目的、内容与要求

1. 目的：熟悉零件图的内容与要求，练习徒手绘制零件草图并掌握绘制零件工作图的方法。

2. 内容：

1）根据题 1 轴的零件轴测图画出它的零件草图。

2）根据题 2 端盖的零件轴测图画出它的零件草图。

3）有条件的用实际零件测绘更好。

3. 注意事项及作业要求：

1）零件的名称、件数、材料和图号见各零件轴测图的右下角。

2）仔细分析该零件由哪些基本形体构成，零件上有哪些工艺结构，是否具有对称平面等。应该注意，对于形体较复杂的零件，基本视图不宜过少。

3）零件轴测图上的尺寸，可在标注尺寸时作为参考。对零件轴测图上未注尺寸的标准结构，如键槽、砂轮越程槽等，应查表确定。

4）零件图标题栏，必须填写完整。

5）图面同质量前。

6）绘制 1~2 张零件工作图。

二、图名、图幅与比例

1. 图名：由零件轴测图画零件图或零件测绘图。

2. 图幅：A3。

3. 比例：1∶1。

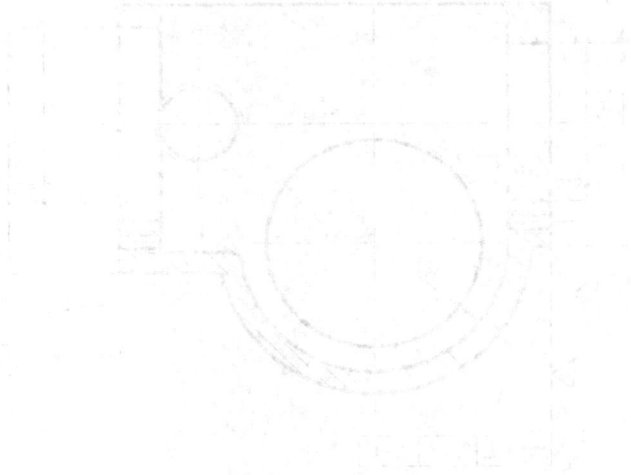

1. 轴。

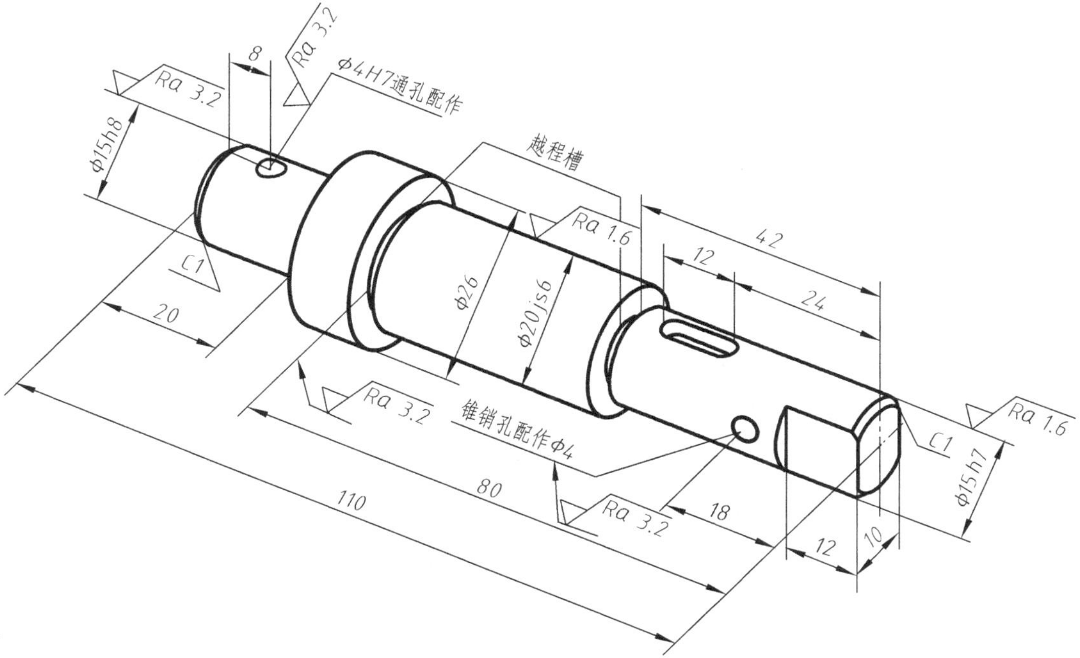

技术要求
1. 材料45。
2. 调质处理T235。
3. 未注表面粗糙度值Ra6.3。

Ra 25 (√)

2. 端盖。

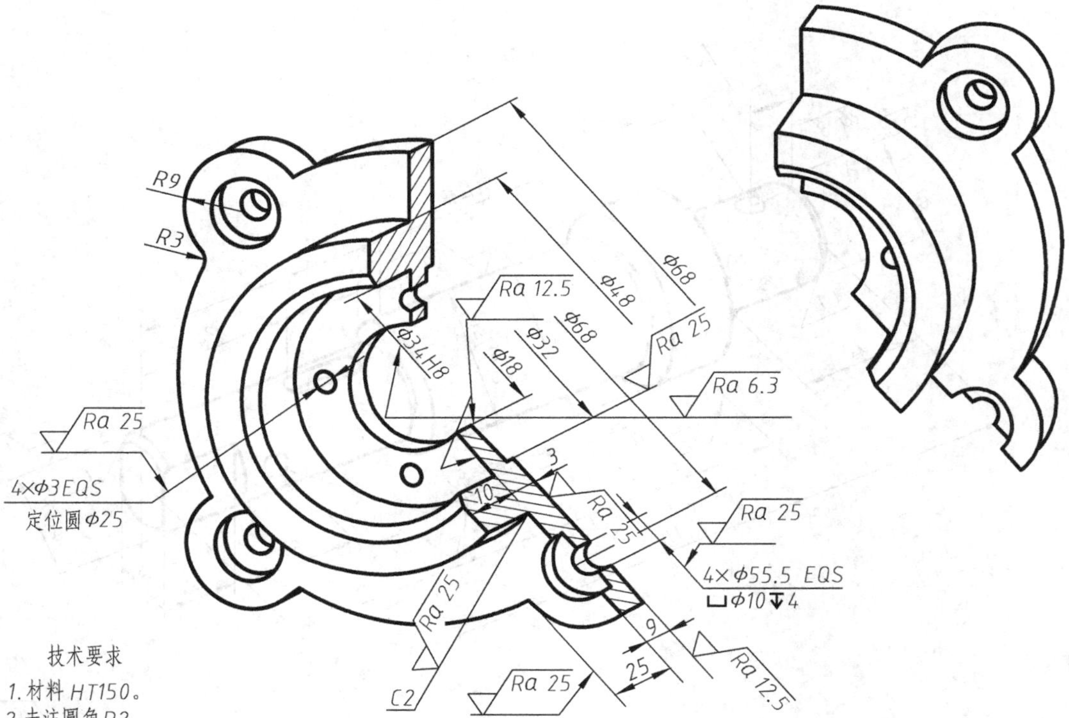

技术要求

1. 材料 HT150。
2. 未注圆角R2。
3. 锐角倒钝。
4. 未注表面保持前道工序状态。

第12章　装　配　图

12-1　由零件图拼画装配图

班级________　姓名________　学号________

作业指导书

一、目的、内容与要求

1. 目的：学习阅读成套零件图和装配示意图（或轴测图）并绘制装配图的方法和步骤，培养拼画装配图的能力。

2. 内容：根据各专业要求在以下两套零件图中选出 1、2 套详细阅读，并在此基础上结合装配示意图（或轴测图），拼画出装配图。

3. 要求：

1）结合球阀轴测图及主要零件图读懂球阀各组成零件的结构形状和它们之间的装配连接关系，绘制装配图（建议用主、左两个视图再加局部剖视图表达）。

2）根据机用虎钳装配示意图及成套零件图（详见后页），绘制装配图（建议用主、俯、左三个视图再加适当的辅助视图，各视图按需进行适当地剖切）。

4. 各部件的工作原理

（1）球阀　阀体内装有球塞，球塞上的凹槽与阀杆的扁头相接，当用扳手旋转阀杆并带动球塞转动一定的角度时，即可改变阀体通孔与球塞通孔的相对位置，从而起到启闭及调节管路内流体流量的作用。为了防止流体泄漏，由环、填料压盖和密封圈、垫圈分别在两个部位组成密封装置。

零件间的装配关系是阀体的中心处装上球塞，并借两个密封圈支承；阀体与阀盖用四组双头螺柱紧固，并以适当厚度的垫圈调节密封圈与球塞之间的松紧程度；球塞上端装有阀杆，并把阀杆扁头嵌入球塞凹槽使两者相接；在阀体与阀杆之间的填料函内装进填料并旋紧压盖。

（2）减速器　减速器是改变原动机（如电动机）的转速，以适应工作机械（如皮带运输机、起重机等）要求的中间传动装置。

减速器的种类很多，常用的有圆柱齿轮减速器和蜗杆减速器。一级齿轮减速器是最简单的减速器。减速器工作时，回转运动是通过零件 17（齿轮轴）传入，经过零件 17 上的小齿轮传递给零件 31（齿轮），经过零件 30（键 10×22）将减速后的回转运动传给零件 27（轴），零件 27（轴）将回转运动传给工作机械。

齿轮轴（零件 17）与轴（零件 27）两端均由滚动轴承支承，工作时采用飞溅润滑，改善了工作情况。零件 09（垫片）、零件 21（挡油环）和零件 15、23（填料）是为了防止润滑没渗漏和灰尘进入轴承，零件 29（支承环）是为了防止零件 31（齿轮）轴向窜动，零件 18、26（调整环）是为了调整两轴的同向间隙。减速器机体、机盖用零件 01（销 4×18）定位，并用六对螺栓紧固。机盖顶部有观察孔，机体有放油孔。零件 20 为用于观察润滑油面高度的油标。零件 13、14 为排放污油用的零件。

二、图名、图幅与比例

1. 图名：由零件图拼画装配图。

2. 图幅：A3。

3. 比例：1∶1。

班级＿＿＿＿＿ 姓名＿＿＿＿＿ 学号＿＿＿＿＿

1. 球阀。

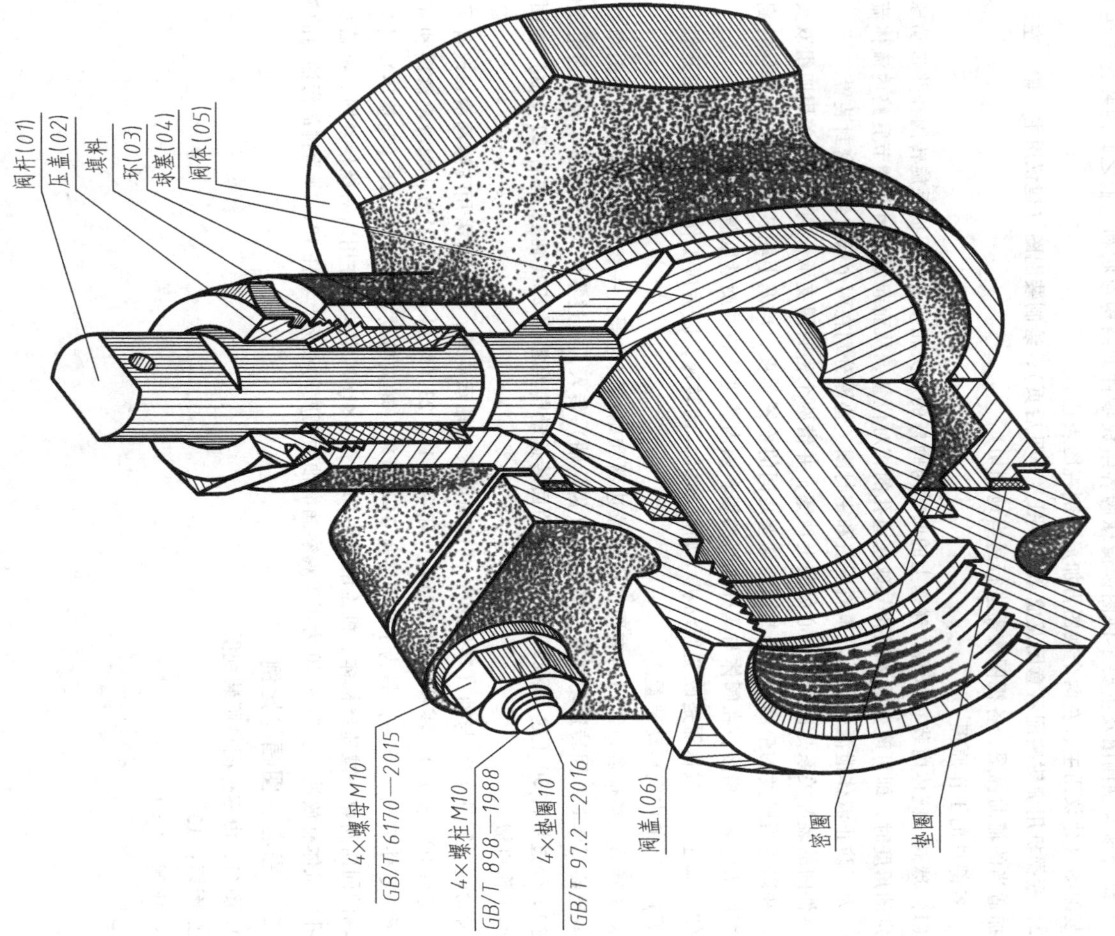

括号内的数字为一般零件的序号。

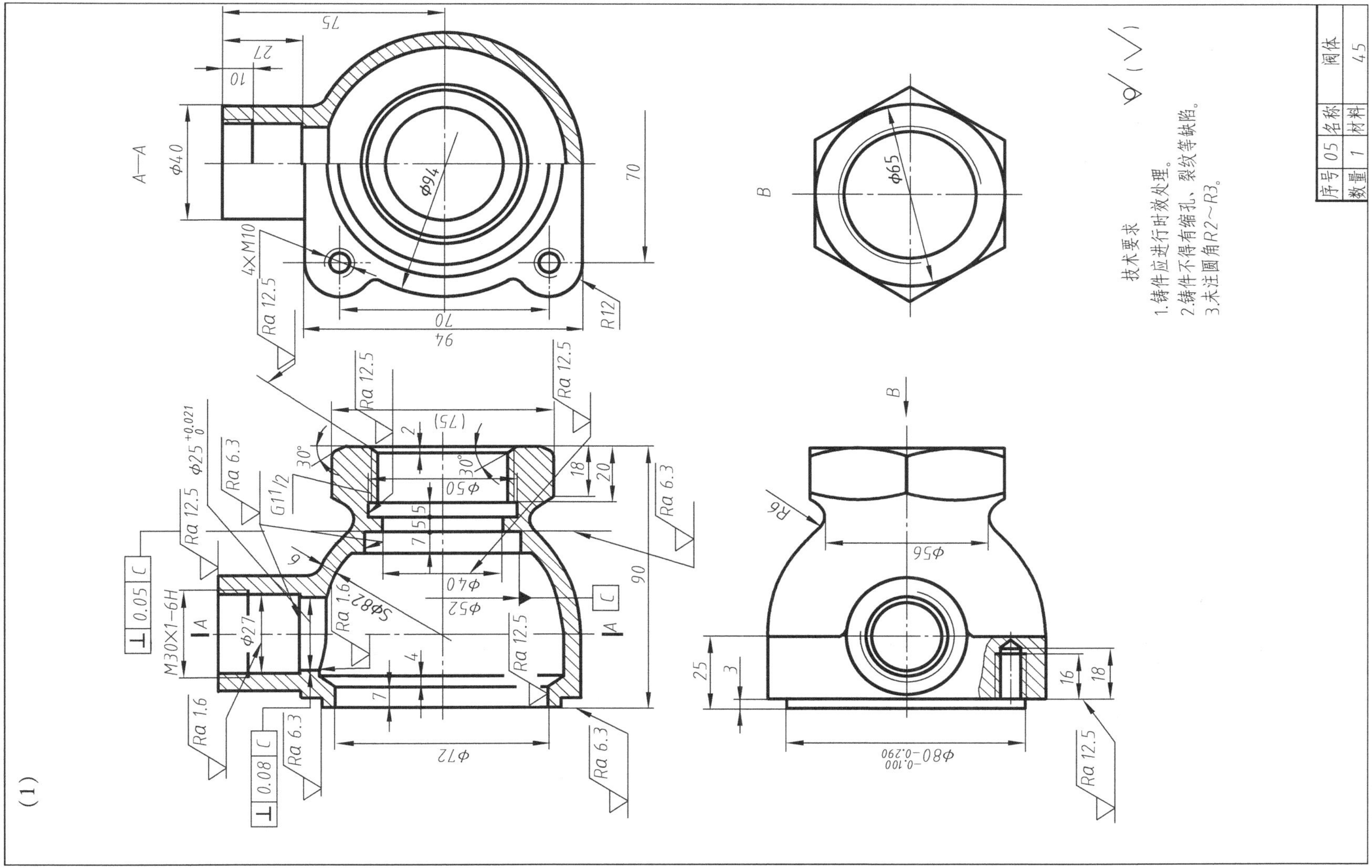
(1)
A—A
B
技术要求
1.铸件应进行时效处理。
2.铸件不得有缩孔、裂纹等缺陷。
3.未注圆角R2～R3。
序号 05 名称 阀体
数量 1 材料 45

(2)

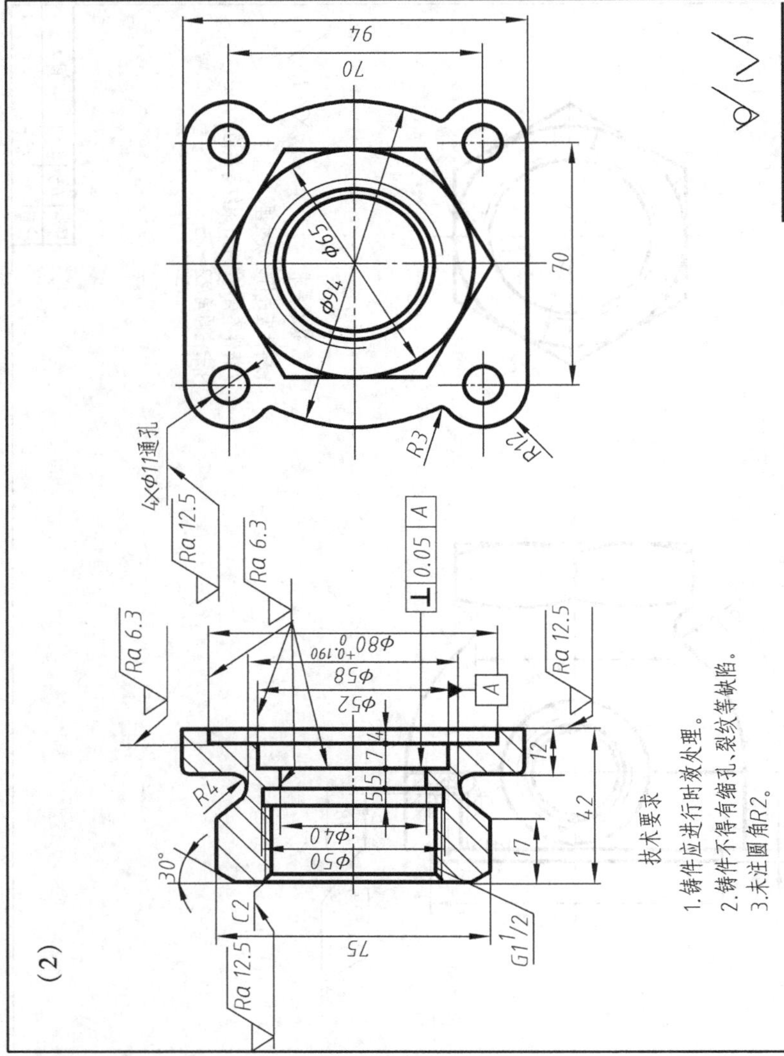

序号	06	名称	阀盖
数量	1	材料	ZG25

(3)

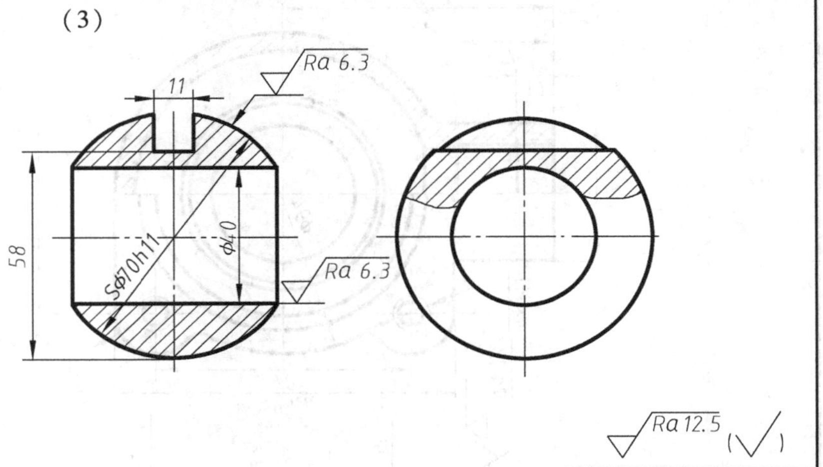

序号	04	名称	球塞
数量	1	材料	45

(4)

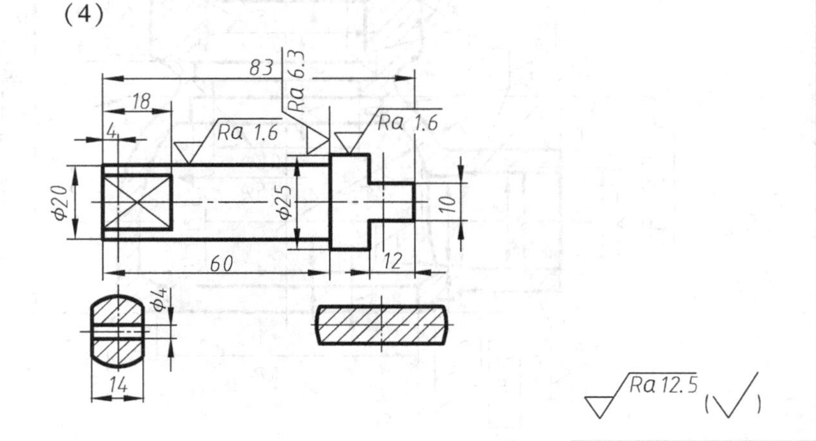

序号	01	名称	阀杆
数量	1	材料	45

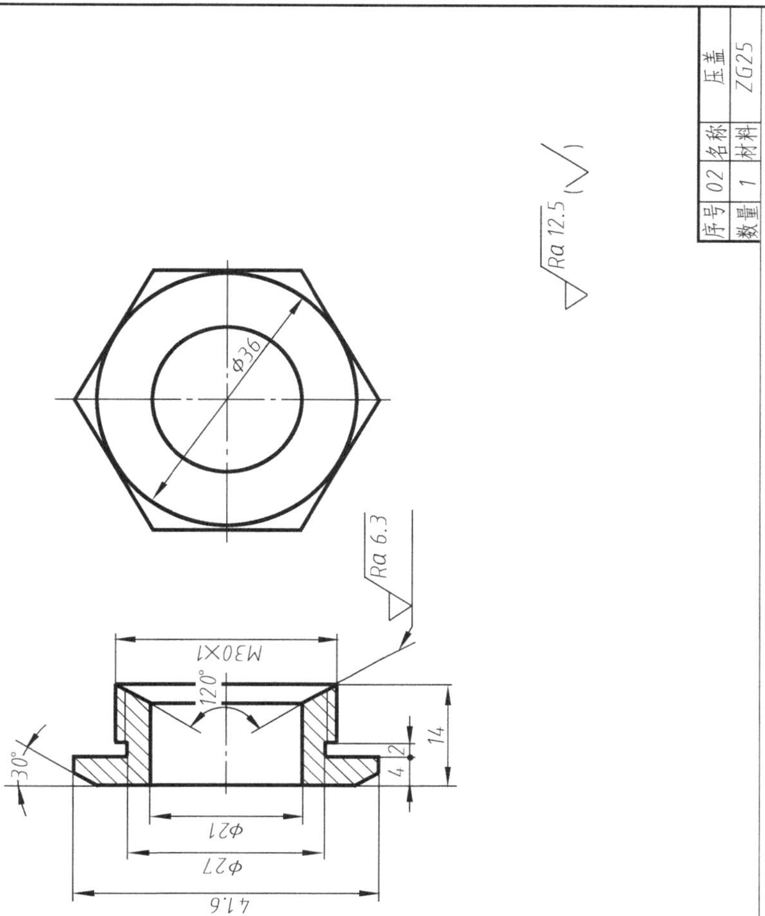
序号 02 名称 压盖
数量 1 材料 ZG25
Ra 12.5 (√)
Φ36
Ra 6.3
M30X1
120°
30°
14
4
2
Φ21
Φ27
41.6

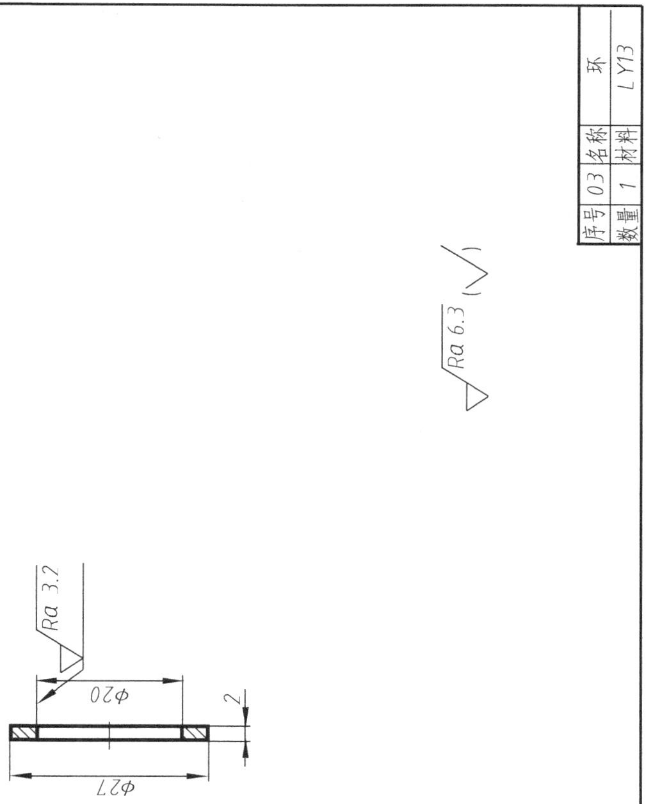
序号 03 名称 环
数量 1 材料 LY13
Ra 6.3 (√)
Ra 3.2
Φ20
2
Φ27

2. 减速器。

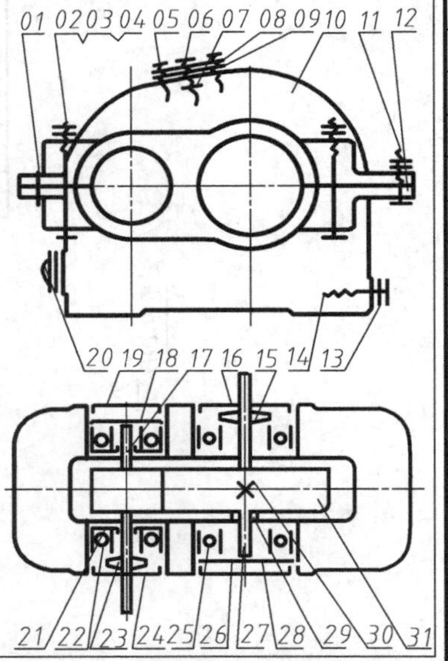

序号	名称	数量	材料	备注
01	销4×18	2	Q235	GB/T 117—2000
02	螺栓M8×65	4	Q235	GB/T 5780—2016
03	垫圈8	6	65Mn	GB/T 93—1987
04	螺母M8	6	Q235	GB/T 6170—2015
05	螺钉M3×10	4	Q235	GB/T 67—2016
06	透气塞	1	Q235	
07	螺母M10	1	Q235	GB/T 6170—2015
08	视孔盖	1	Q235	
09	垫片	1	耐油橡胶石棉板	
10	机盖	1	ZL102	
11	螺栓M8×25	2	Q235	GB/T 5780—2016

序号	名称	数量	材料	备注
12	机体	1	ZL102	
13	垫圈	1	耐油橡胶石棉板	
14	油塞	1	Q235	
15	填料	1	毛毡	
16	嵌入端盖	1	Q235	
17	齿轮轴	1	45	
18	调整环	1	Q235	
19	嵌入端盖	1	尼龙66	
20	圆形塑料油标	1		
21	挡油环	2	10	
22	滚动轴承204	2		GB/T 273.3—2015
23	填料	1	毛毡	
24	嵌入端盖	1	Q235	
25	滚动轴承206	2		GB/T 273.3—2015
26	调整环	1	Q235	
27	轴	1	45	
28	嵌入端盖	1	尼龙66	
29	支承环	1	Q235	
30	键10×22	1	45	GB/T 1096—2003
31	齿轮	1	HT200	

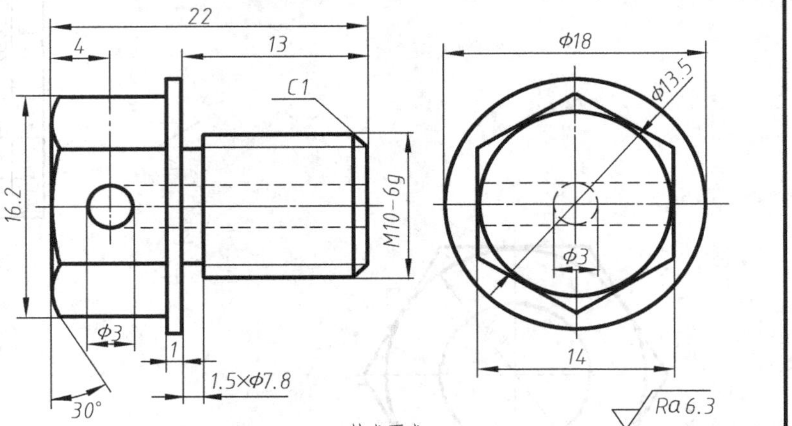

技术要求

表面处理：发蓝。

序号	06	名称	透气塞
数量	1	材料	Q235

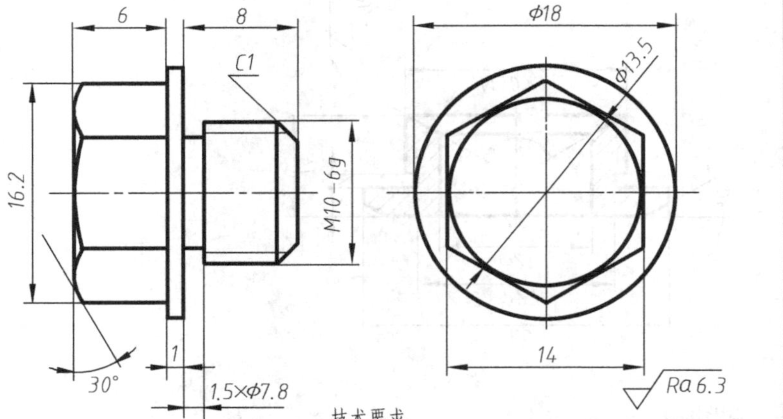

技术要求

表面处理：发蓝。

序号	26	名称	调整环
数量	1	材料	Q235

班级________ 姓名________ 学号________

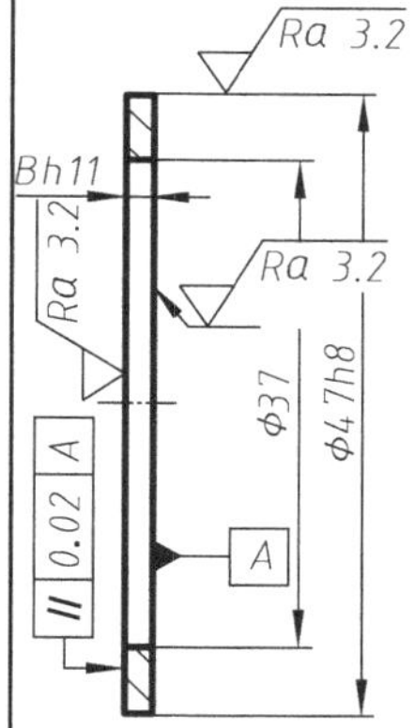

技术要求
1.厚度B可冲1.8mm、2mm、2.2mm，装配时选用。
2.表面处理：发蓝。

Ra 12.5 (√)

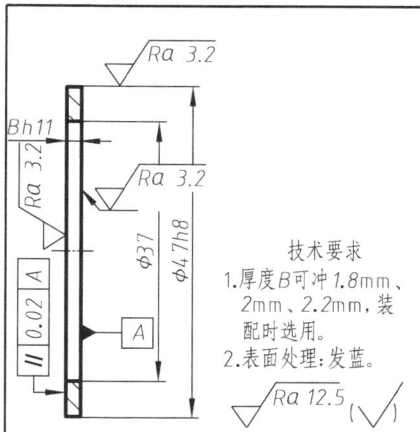

序号	18	名称	调整环
数量	1	材料	Q235

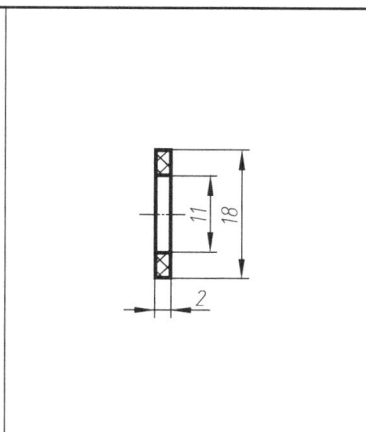

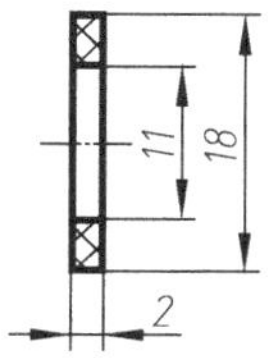

序号	13	名称	垫圈
数量	1	材料	耐油橡胶石棉板

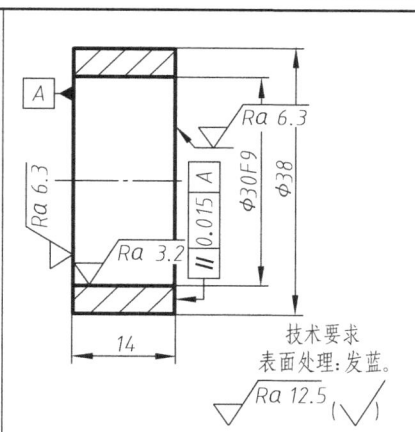

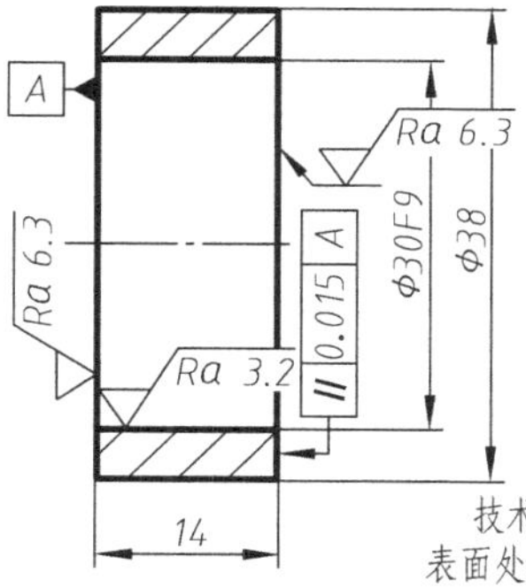

技术要求
表面处理：发蓝。

Ra 12.5 (√)

序号	29	名称	支承环
数量	1	材料	Q235

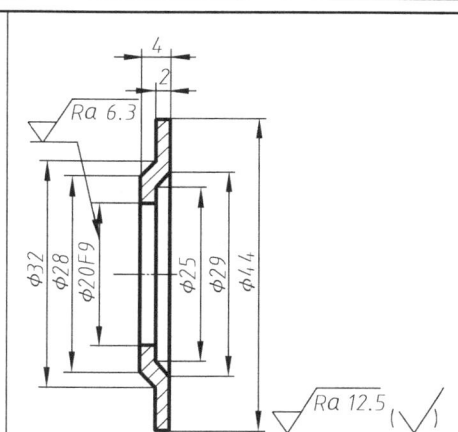

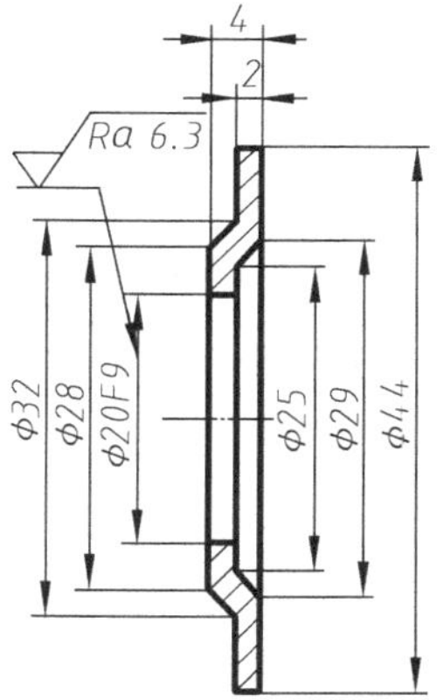

Ra 12.5 (√)

序号	21	名称	挡油环
数量	2	材料	10

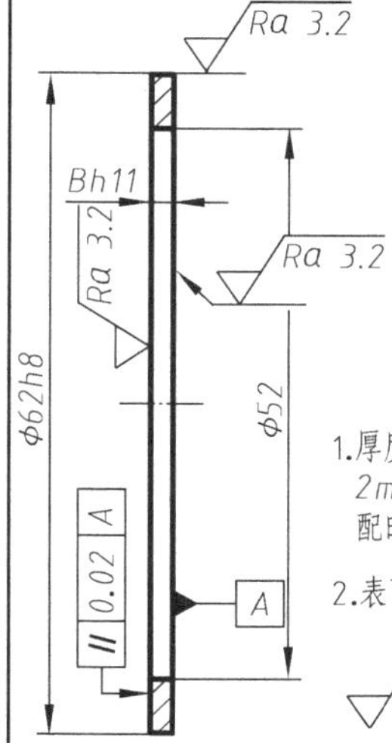

技术要求
1.厚度B可冲1.8mm、2mm、2.2mm，装配时选用。
2.表面处理：发蓝。

Ra 12.5 (√)

序号	26	名称	调整环
数量	1	材料	Q235

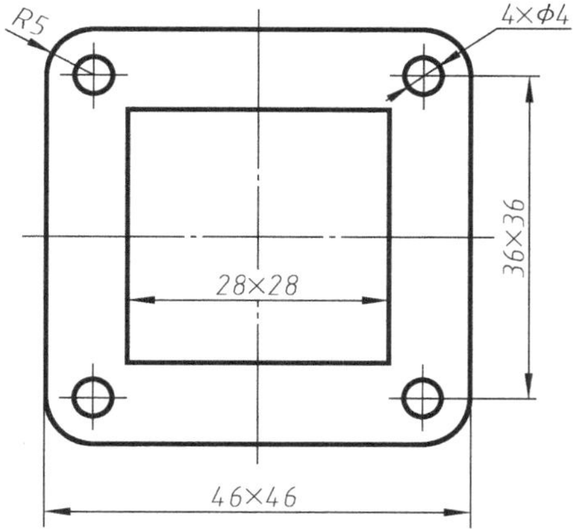

厚度为2mm。

序号	09	名称	垫片
数量	1	材料	耐油橡胶石棉板

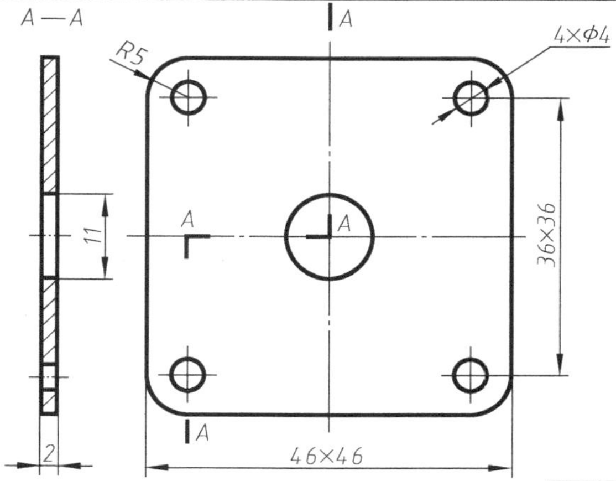

技术要求
表面处理：发蓝。

Ra 6.3 (√)

序号	08	名称	视孔盖
数量	1	材料	Q235

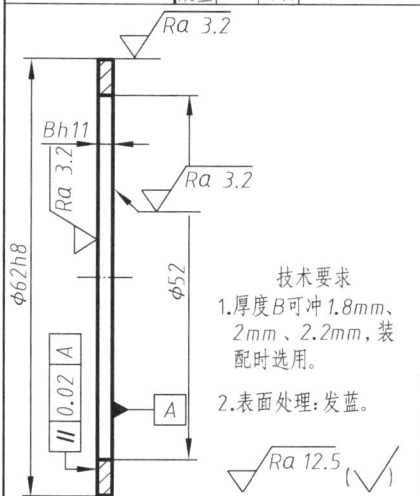

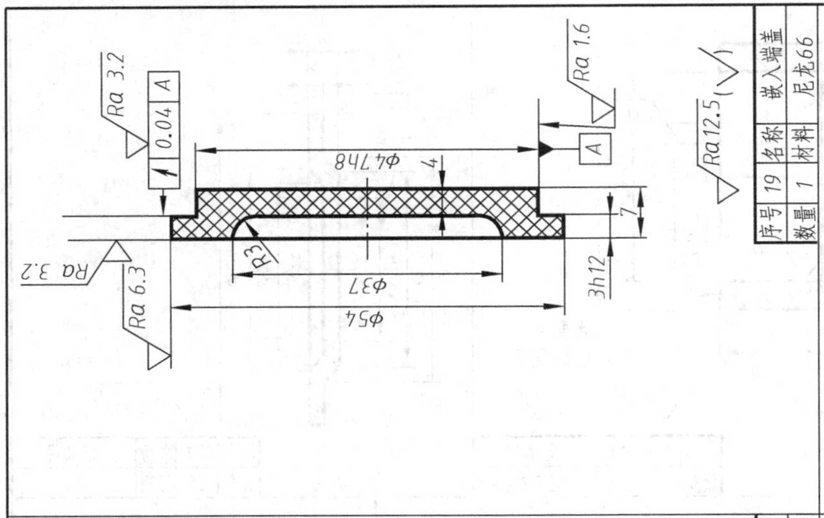
序号 19 名称 嵌入端盖
数量 1 材料 尼龙66
Ra 12.5 (√)

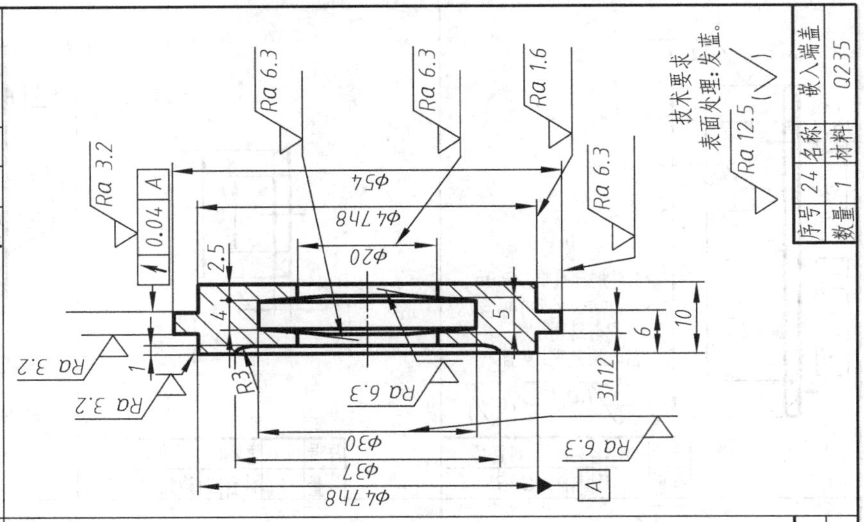
序号 24 名称 嵌入端盖
数量 1 材料 Q235
技术要求
表面处理:发蓝。
Ra 12.5 (√)

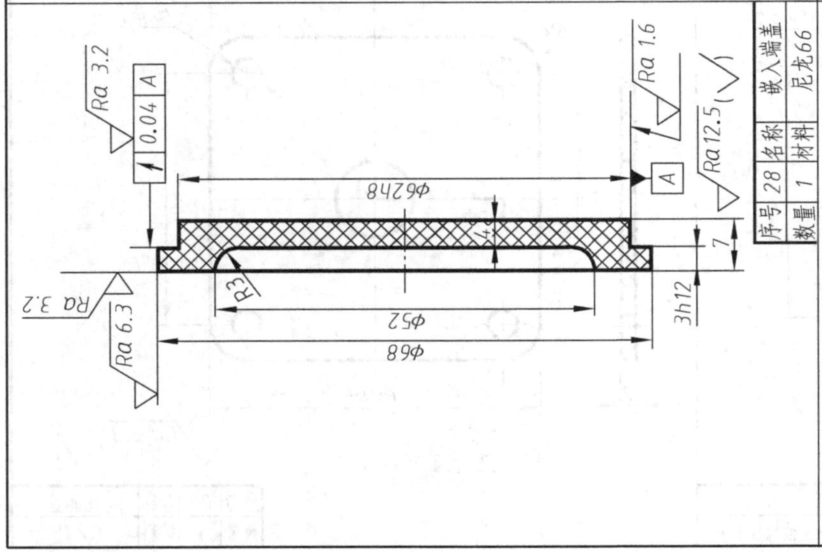
序号 28 名称 嵌入端盖
数量 1 材料 尼龙66
Ra 12.5 (√)

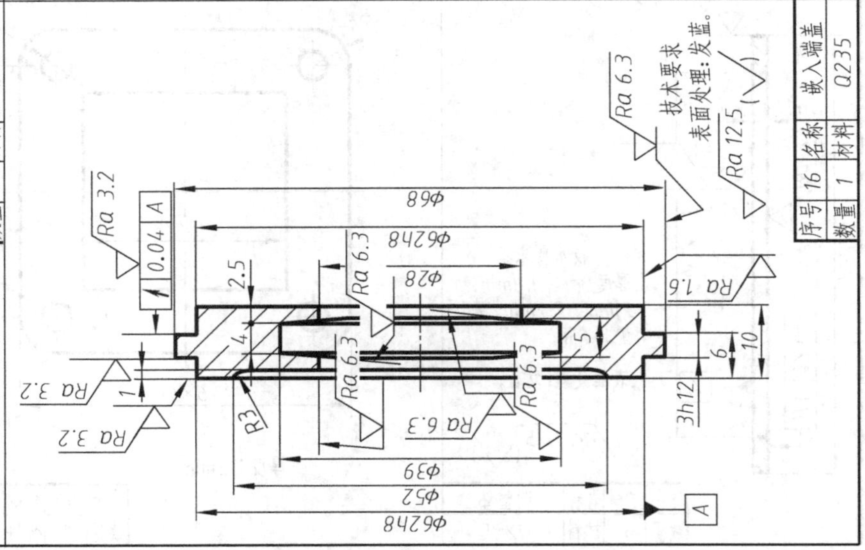
序号 16 名称 嵌入端盖
数量 1 材料 Q235
技术要求
表面处理:发蓝。
Ra 12.5 (√)

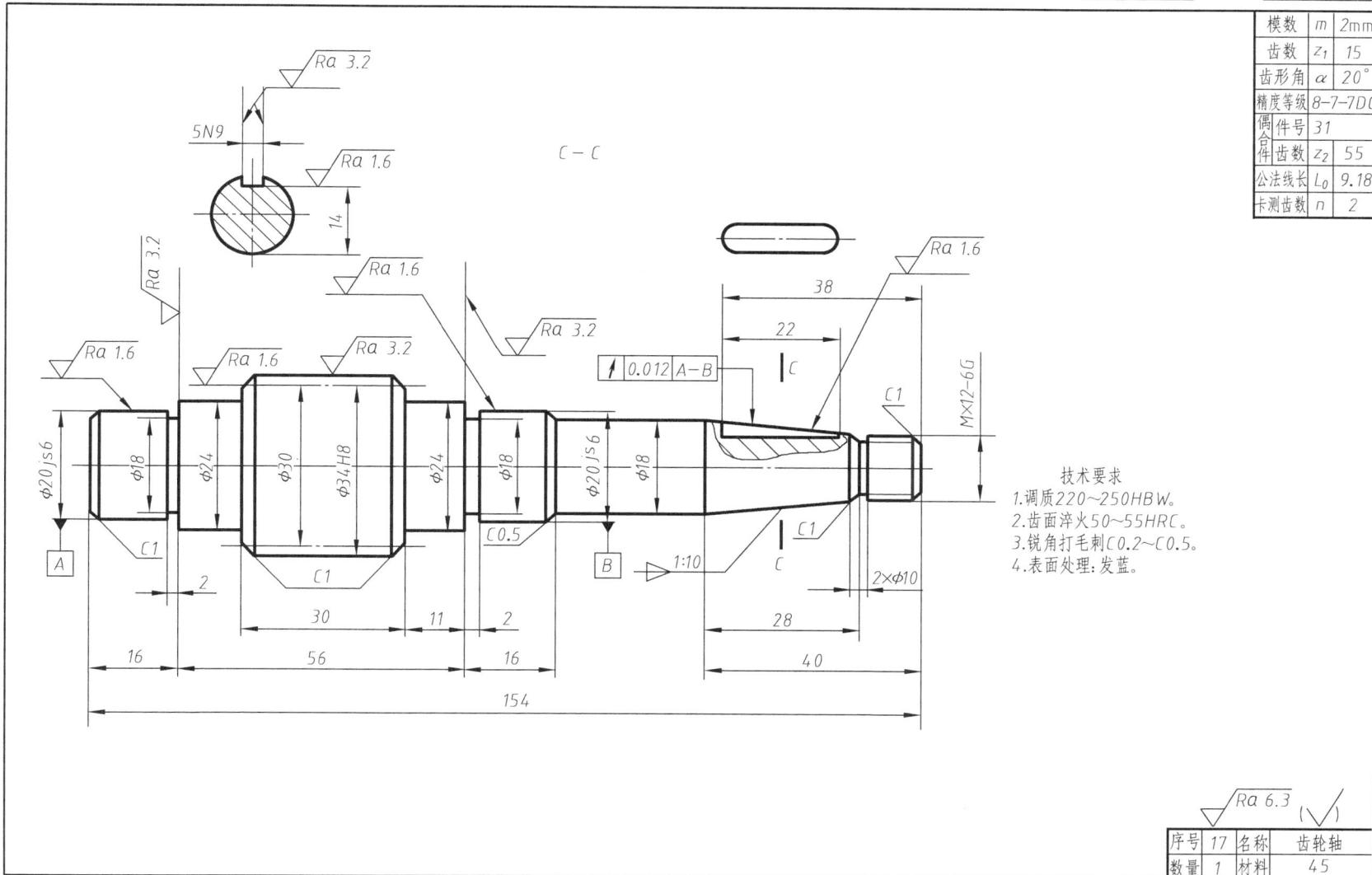

模数	m	2mm
齿数	z_1	15
齿形角	α	20°
精度等级	8-7-7DC	
偶合件 件号	31	
偶合件 齿数	z_2	55
公法线长	L_0	9.18
卡测齿数	n	2

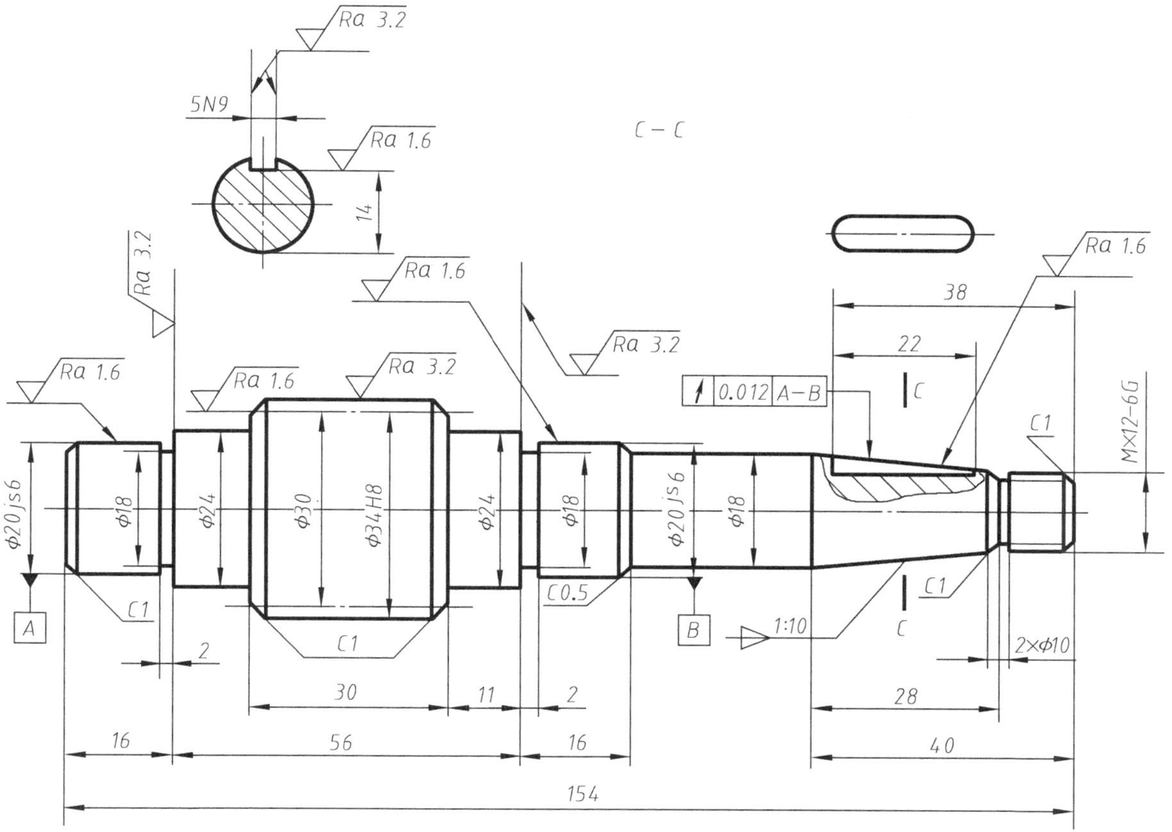

技术要求

1.调质220～250HBW。
2.齿面淬火50～55HRC。
3.锐角打毛刺C0.2～C0.5。
4.表面处理：发蓝。

Ra 6.3 (√)

序号	17	名称	齿轮轴
数量	1	材料	45

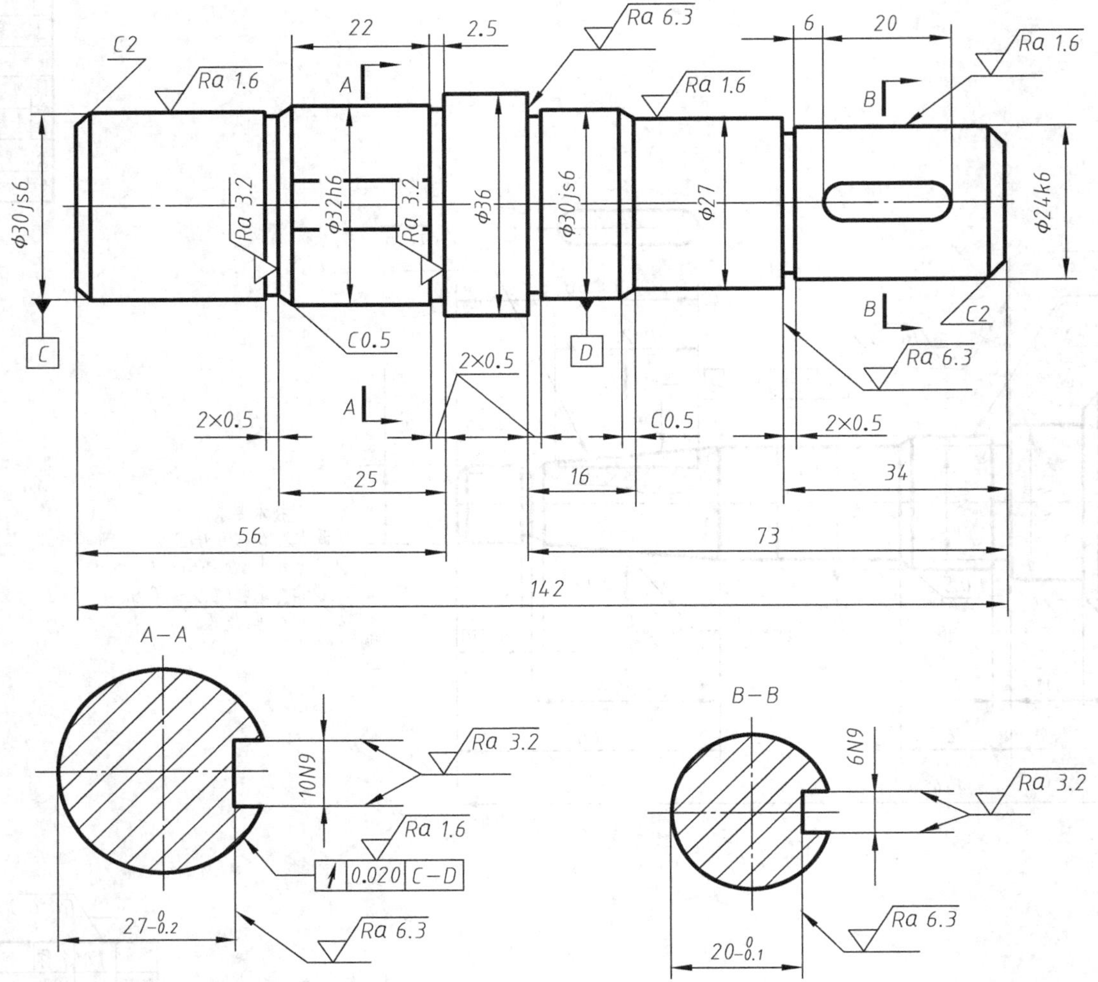

技术要求
1.调质220～250HBW。
2.表面处理：发蓝。
3.未注圆角R1。

Ra 6.3 (√)

序号	27	名称	轴
数量	1	材料	45

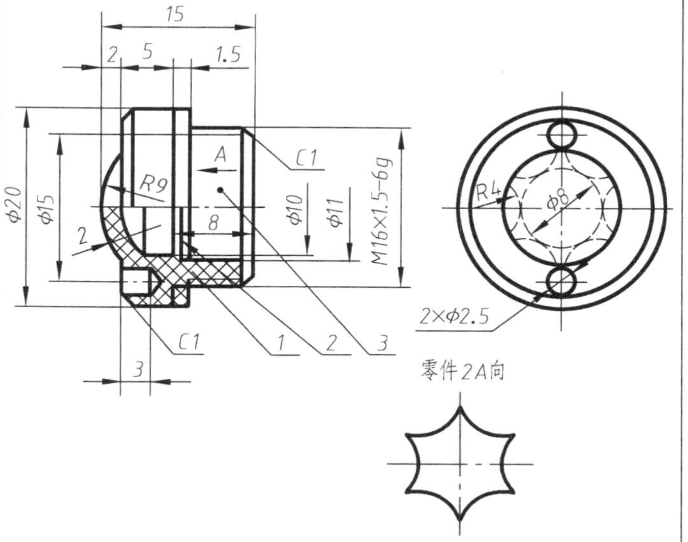

1—聚氯乙烯，耐油橡胶。
2—白铁皮。
3—有机玻璃(透明塑料)。

序号	20	名称	圆形塑料油标
数量	1	材料	

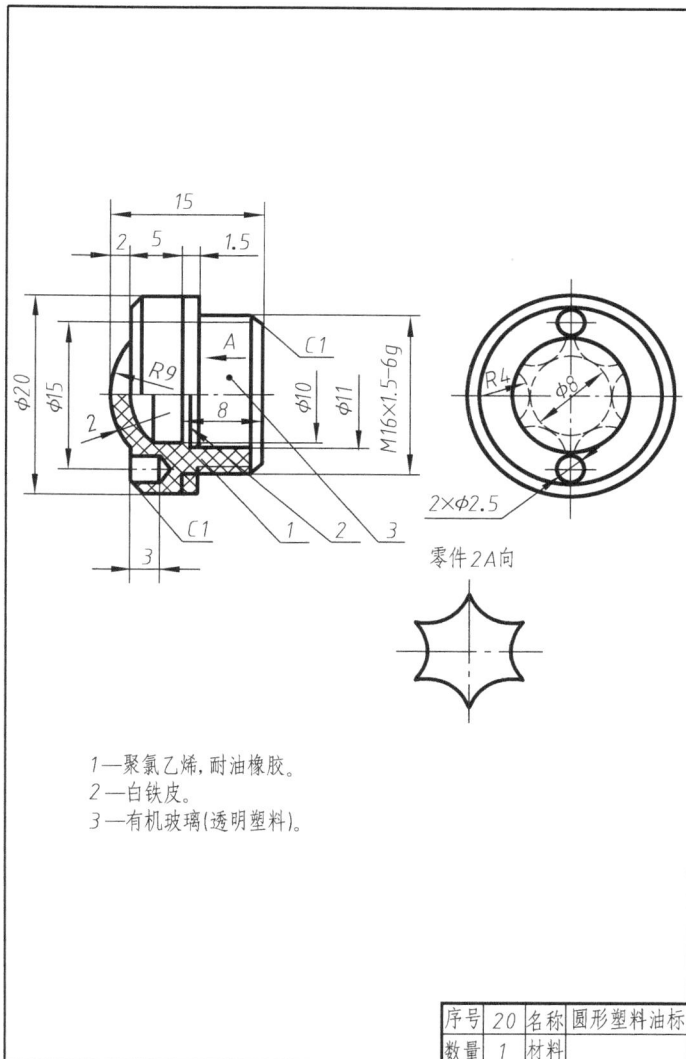

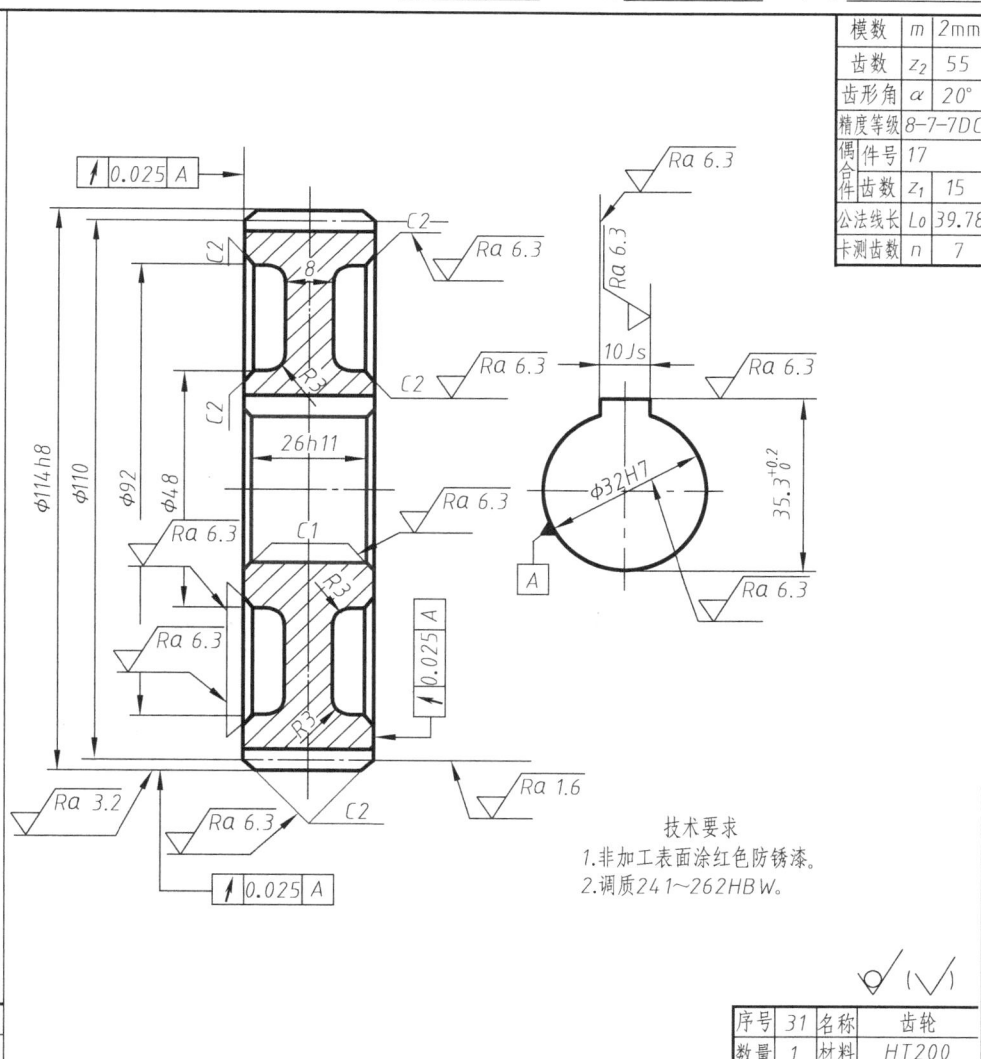

模数	m	2mm
齿数	z_2	55
齿形角	α	20°
精度等级	8-7-7DC	
偶合件 件号	17	
偶合件 齿数	z_1	15
公法线长	L_0	39.78
卡测齿数	n	7

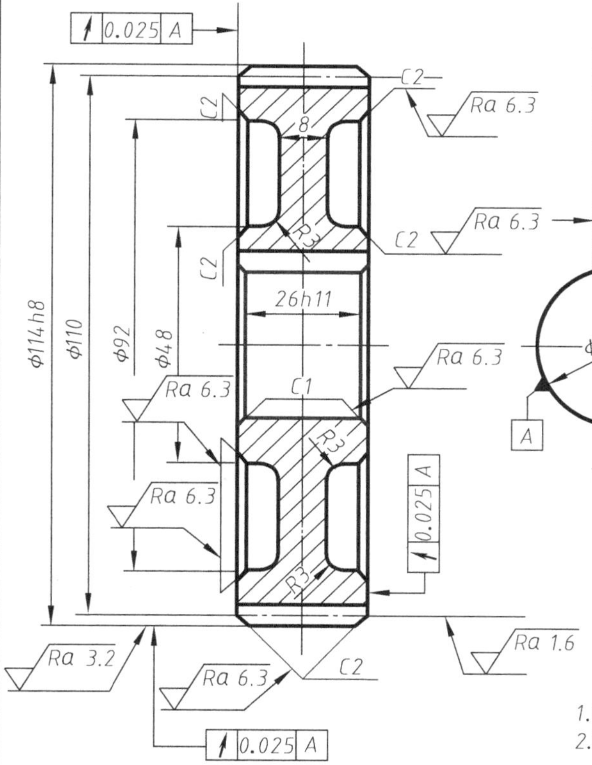

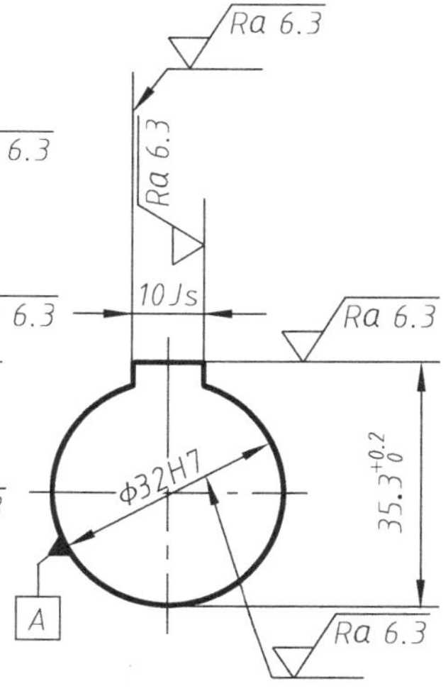

技术要求
1.非加工表面涂红色防锈漆。
2.调质241~262HBW。

序号	31	名称	齿轮
数量	1	材料	HT200

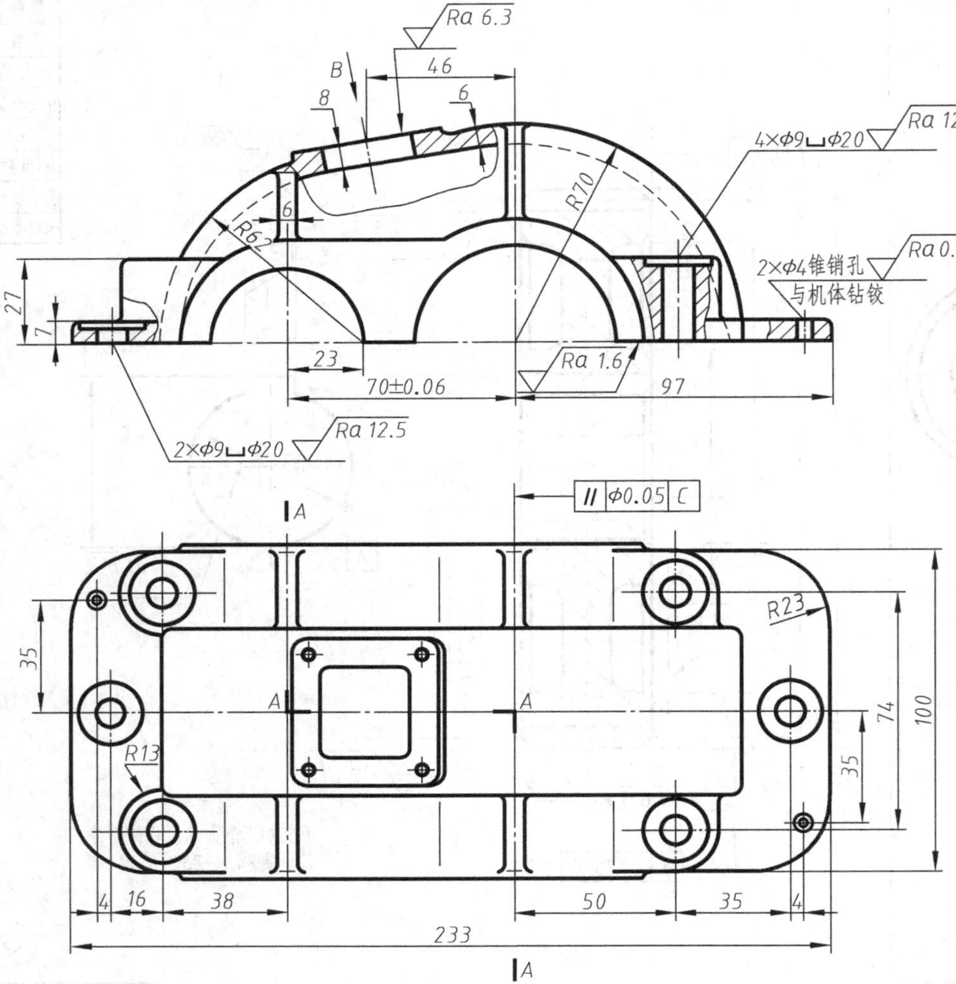

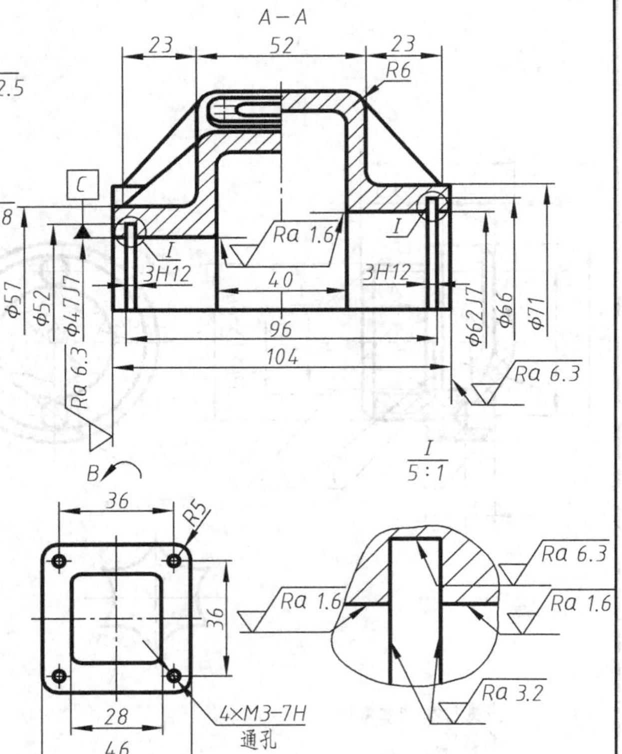

技术要求

1. 未注明的铸造圆角均为R2~R4。
2. 非加工的外表面涂腻子，用砂纸抛光，喷淡绿色漆。
3. 铸件应时效处理，以消除内应力。

序号	10	名称	机盖
数量	1	材料	ZL102

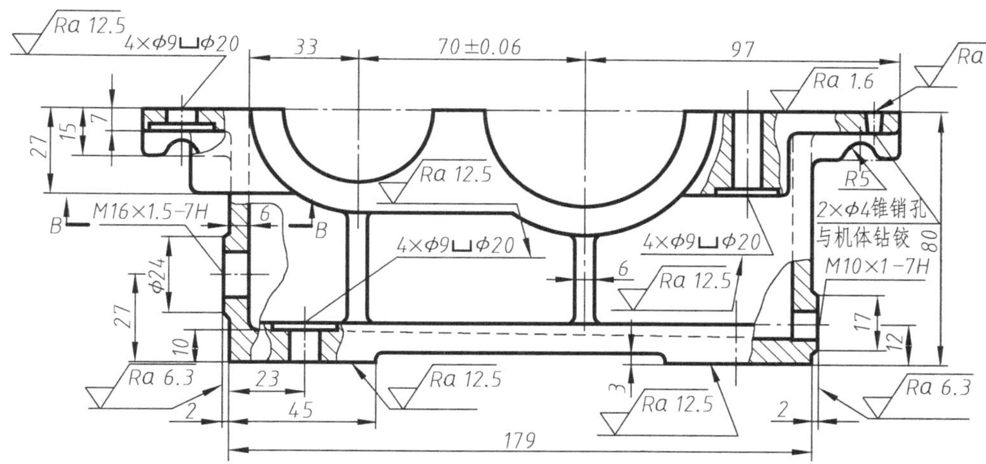

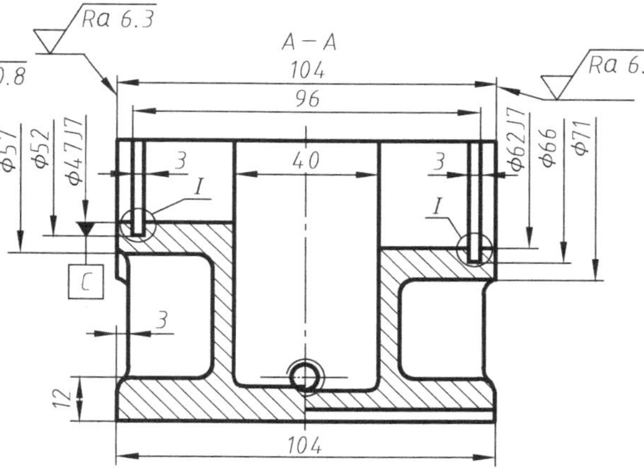

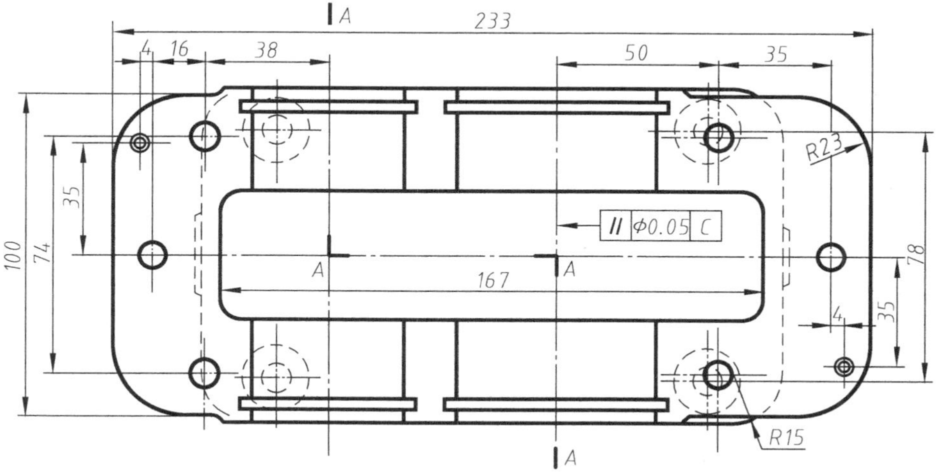

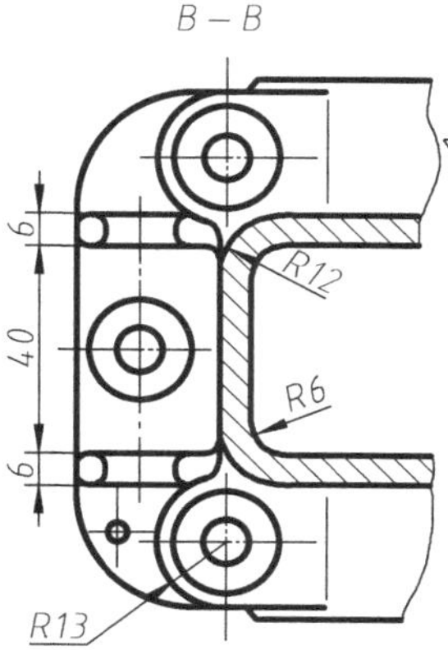

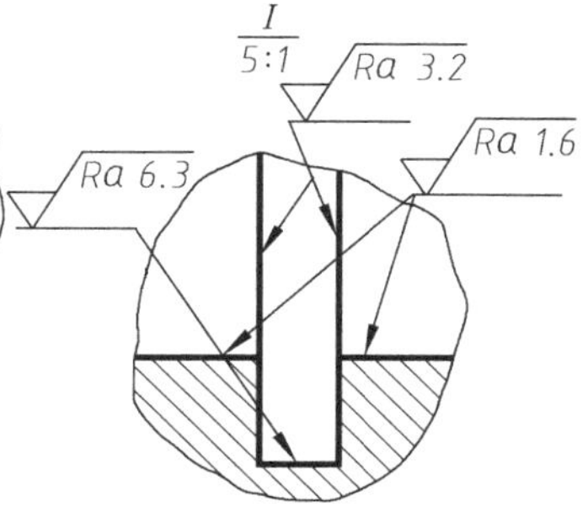

技术要求

1. 未注明的铸造圆角均为R2～R4。
2. 非加工的外表面涂腻子，用砂纸抛光，喷淡绿色漆。
3. 铸件应时效处理，以消除内应力。

序号	12	名称	机体
数量	1	材料	ZL102

作业指导书

一、目的、内容与要求

1. 目的：

1）学习阅读装配图的方法和步骤，培养阅读装配图的能力。

2）学习由装配图拆画零件图的方法和步骤，提高绘制零件图的能力。

2. 内容：根据各专业要求在下列装配图中选 1～3 个进行详细阅读，在此基础上拆画零件的零件图。

3. 要求：

1）读懂夹线体装配团，画出 A—A 剖视图及夹套的零件图。

2）读懂机油泵装配图，画出泵体或泵盖的零件图。

二、图名、图幅与比例

1. 图名：由装配图画零件图。

2. 图幅：A3。

3. 比例：1∶1。

三、各装配体的工作原理及结构分析

1. 夹线体

夹线体是将线穿入衬套 3 中，然后旋转动手动压套 1，通过螺纹 M36×2 使手动压套向右移动，沿着锥面接触使衬套向中心收缩（因在衬套上开有槽），从而夹紧线体。当衬套夹住线后，还可以与手动压套、夹套 2 一起在盘座 4 的 ϕ48mm 孔中旋转。

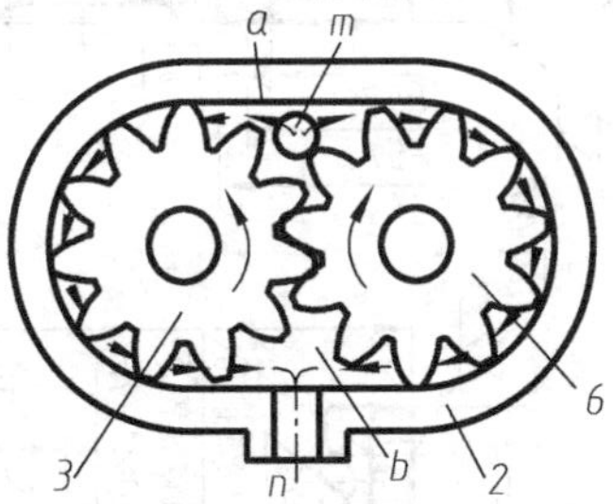

机油泵工作原理

2. 机油泵

机油泵是机械的润滑系统中的一个部件，其工作原理如上图所示。

在泵体 2 内装有一对啮合的主动齿轮 3 和从动齿轮 6，齿轮的齿顶圆及侧面均与泵体内壁接触，因此各个齿的槽间均形成密封的工作空间。油泵的内腔被相互啮合的轮齿分为两个互不相通的空腔 a 和 b，分别与进油孔 m 和排油孔 n 相通。当主动齿轮按逆时针方向旋转时，吸油腔 a 处的轮齿逐渐分离，工作空间的容积逐渐增大，形成部分真空，因此油箱中的液油在大气压力的作用下，经吸油管从泵体底部的吸油孔 m 进入油泵的低压区（吸油腔 a），进入各个齿槽间的油液在密封的工作空间中随着齿轮的旋转，沿箭头方向被带到油泵的高压区（排油腔 b），因为这里的轮齿逐渐啮合，工作空间的容积逐渐减小，所以齿槽间的油液被挤出，从排油孔 n 经油管输出。

从机油泵的装配图（见 P140）中可看出，主动齿轮 3 和从动齿轮 6 装在泵体 2 上部的内腔中，泵盖 4 与泵体 2 间用四个螺栓 8 及螺栓及弹簧垫圈 9 连接，并装有垫片 10 以防止漏油。主动齿轮 3 用销 5 固定在主动轴 1 上，由主动轴 1 带动旋转；从动轴 7 与泵体孔间采用过盈配合，因而该轴是不转动的；从动齿轮 6 活套在从动轴 7 上旋转，从而获得润滑。泵体下部的 ϕ10 孔即是进油孔 m，前方的 M12×1 螺孔与管接头 17 连接，并用垫片 16 密封，此处即为排油孔 n，由此将油液输送到机器中需要润滑的部分。

在泵盖中还有一个安全阀，当输出管道中发生堵塞，则高压油可以顶开钢球，使弹簧 14 压缩，从而使阀门打开，油液流回到低压区返回油箱，从而起安全作用。弹簧 14 的压力可用螺钉 11 调节可以控制油压，螺钉 11 调节好后，再用螺母 12 锁紧。

3. 摆线转子泵

摆线转子泵的工作原理如下图所示。一对偏心距为 e（本例 e=4.5mm）的内、外转子，在其啮合过程中的能自动形成几个独立空间（包液腔）。当内转子绕中心 O_1 顺时针方向转动时，带动与它啮合的外转子绕中心 O_2 同方向旋转。在内转子的每个齿（以图中画箭头的齿为例）旋转 180°过程中，包液腔从 $A1$ 到 $A4$，逐渐增大，一直到 $A5$ 为最大。因此这时油液就通过泵体上方的进油孔以及泵体下方的一个月牙形进油槽逐渐吸入包液腔，这是吸油过程。当继续旋转时，内转子的每个齿在另外 180°中，包液腔从 $B1$ 到 $B5$ 逐渐缩小，油液通过上方一个月牙形的出油槽压入油管，这就是压油过程。压油过程结束后又是吸油过程。转子每转一周，每个齿完成吸、压油各一次。

摆线转子泵的装配关系分析如下（装配图见 P141）：摆线转子泵通过泵体安装板上的安装孔向上安装在机座上。外转子 5 放在泵体 1 内，由内转子 4 带动。内转子由平键 6×20 与泵轴 3 连接，轴上有两个轴套 2 与 10 分别紧装在泵体 1 和泵盖 7 上，泵轴一端用钢丝挡圈防止泵轴向左窜动。用两个圆柱销 A6×20 将泵盖与泵体定位以保证轴孔对准，再用四个螺栓 M10×25 和弹簧垫圈 10 连接。垫片 6 用来防止漏油以及调整转子的轴向间隙以防转子咬死。齿轮 9 用平键 5×12 与泵轴相连接，六角开槽螺母 M12、垫圈 12、开口销 3.2×22 将齿轮固定在轴上，防止旋转时松动。斜齿轮在传动时有轴向力，因此在齿轮轮毂与泵盖之间装有止推轴衬 8。

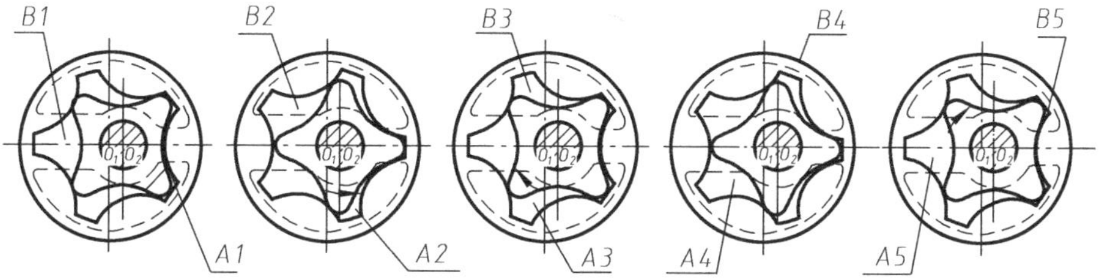

用摆线转子泵工作原理

4. 顶尖座

顶尖座用于铣床上支承有顶针孔的工件，通过底座、底板上左右两侧 V 形槽，用螺栓（图上用双点画线表示）固定在铣床工作台上。

顶尖座主要有下述结构：

1）松夹工作的顶紧结构。它由把手 1、套 2、板 3、顶尖套 4、尾架体 5、顶尖螺杆 6 和顶尖 7 等零件组成。

转动把手 1，通过套 2、销 4×20 使顶尖螺杆 6 左右移动，然后通过板 3、销 4×28 使顶尖套 4 随顶尖螺杆 6 移动，最后通过顶尖 7 的左右移动，即可松开或夹紧工作。

2）调整顶尖高低的结构。它由定位螺杆 8、螺母 M12、升降螺杆 9、定位卡 11、定位板 15 和锁紧螺栓 M10×35 等零件组成。

调整顶尖高低时，松开螺母 M12，拧动螺母 M12，拧动升降螺杆 9，便可升、降定位螺杆 8，从而使定位板 15、尾架体 5 一起升降。位置校准后，即拧紧螺母 M12。

顶尖和顶尖套还可以夹紧螺杆 12 为支点，在平行正面的平面内作 20°（-5°~+15°）的摆动。松开锁紧螺栓 M10×35，扳动把手 1，即可使顶尖绕夹紧螺杆 12 转动所需角度。校正后，将锁紧螺栓 M10×35 拧紧。

松开工件前，应先转动夹紧手柄 14，使尾架体 5 放松顶尖套 4，然后顶尖才能向左移动。顶紧工件后，也要转动夹紧手柄 14 以夹紧顶尖套 4。

此外，定位键 16 起定位作用，保证对准中心。M4×16 的螺针盖住油孔，注入机油后拧紧防尘。

1. 夹线体。

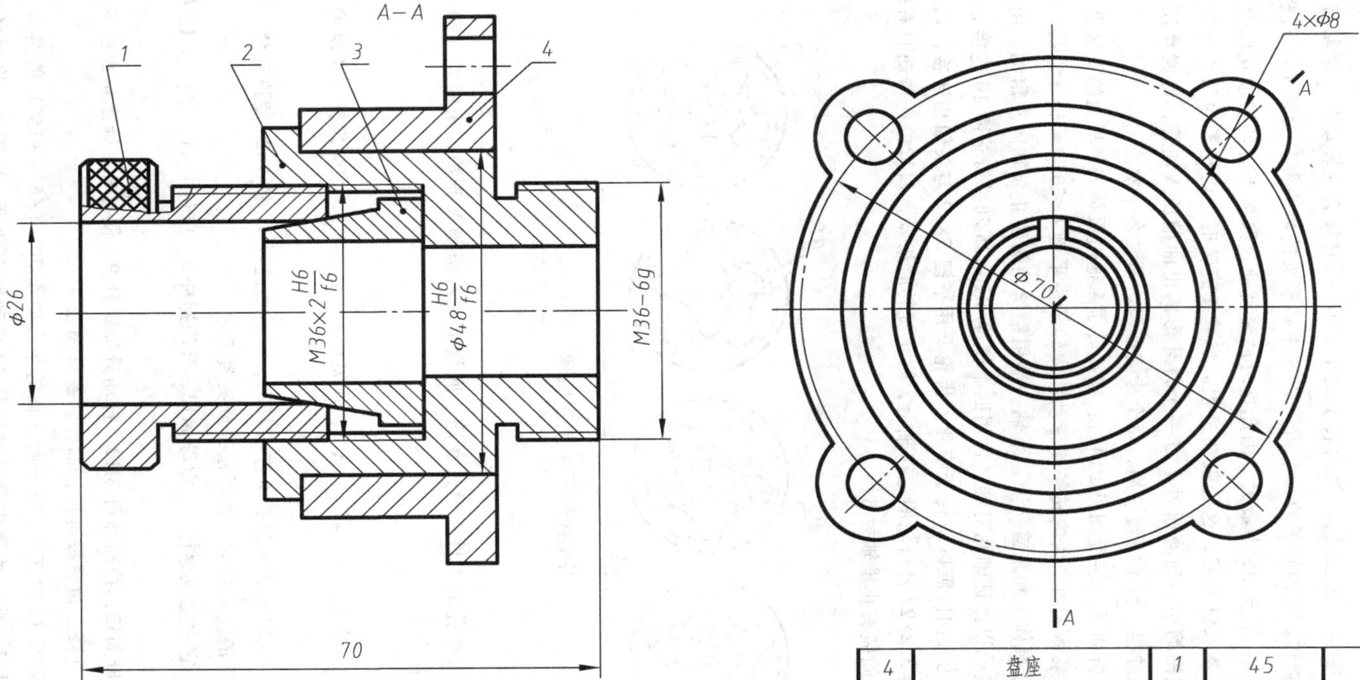

序号	名称	数量	材料	备注
4	盘座	1	45	
3	衬套	1	Q235	
2	夹套	1	Q235	
1	手动压套	1	Q235	

夹线体		比例	1:1	
		件数		
制图		重量		共 张 第 张
描图				
审核				

2. 机油泵。

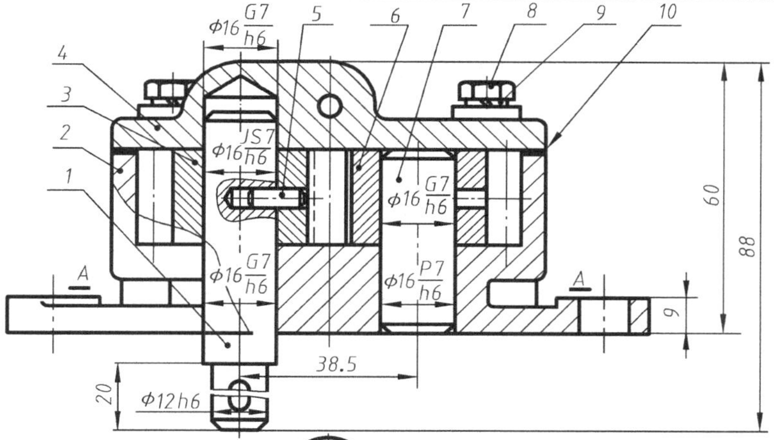

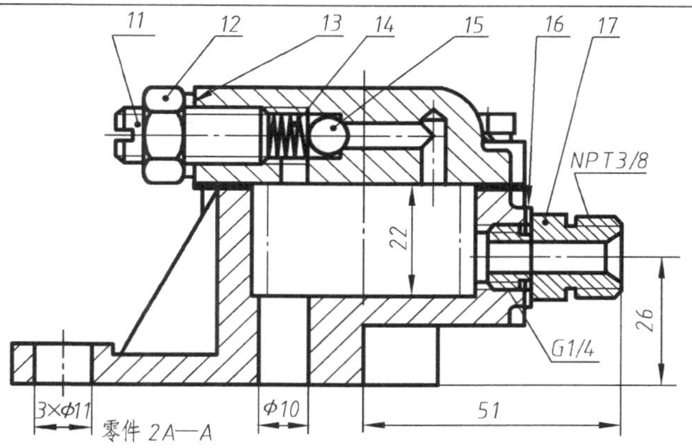

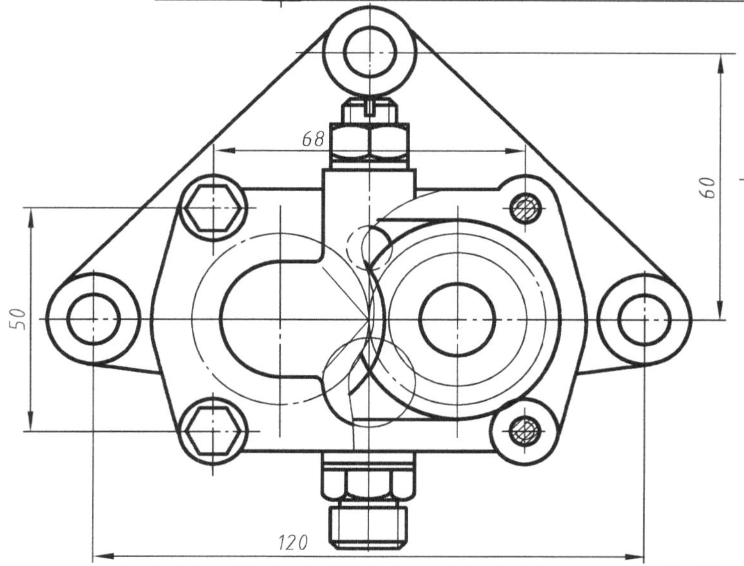

零件 2A—A

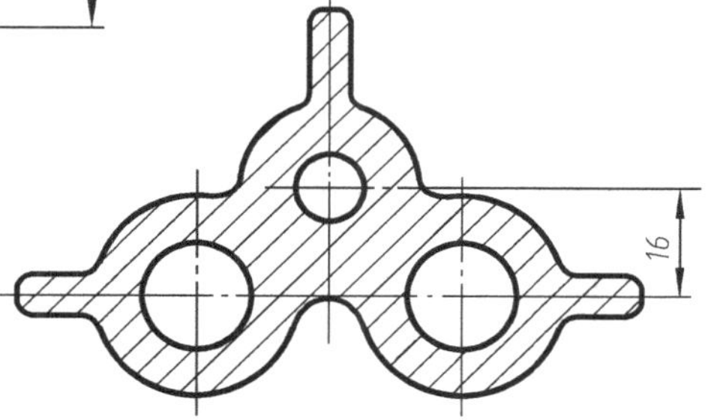

技术要求

1. 泵体、泵盖和齿轮端面单向间隙为0.2～0.3mm，由垫片调整。
2. 转动主动轴时无咬紧现象。

17	管接头	1	H62		7	从动轴	1	45	
16	垫片	1	皮革		6	从动齿轮	1	45	m=3.5mm，z=11
15	钢球	1	GCr6	SΦ8	5	销GB/T 119.1—2000	1	45	A6×12
14	弹簧	1	65Mn		4	泵盖	1	HT150	
13	垫圈	1	皮革		3	主动齿轮	1	45	m=3.5mm，z=11
12	螺母GB/T 41—2016	1	45	M10×1	2	泵体	1	HT150	
11	螺钉	1	35	M10×1	1	主动轴	1	45	
10	垫片	1	橡胶		序号	名称	数量	材料	备注
9	垫圈	4	45	6	机油泵		比例	1:2	共 张 第 张
8	螺栓GB/T 5783—2016	4	45	M6×20			图号	001	

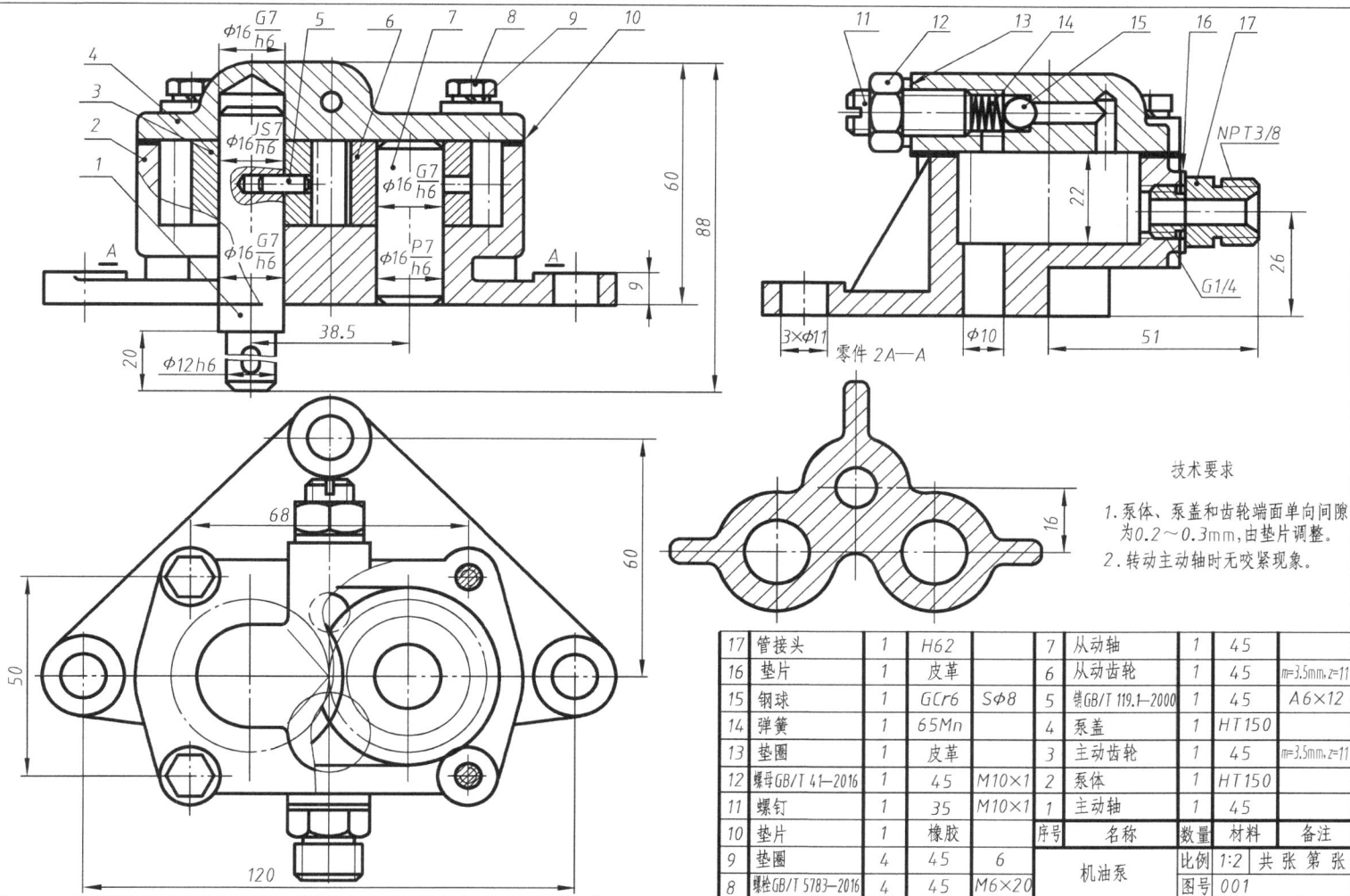

3. 摆线转子泵。

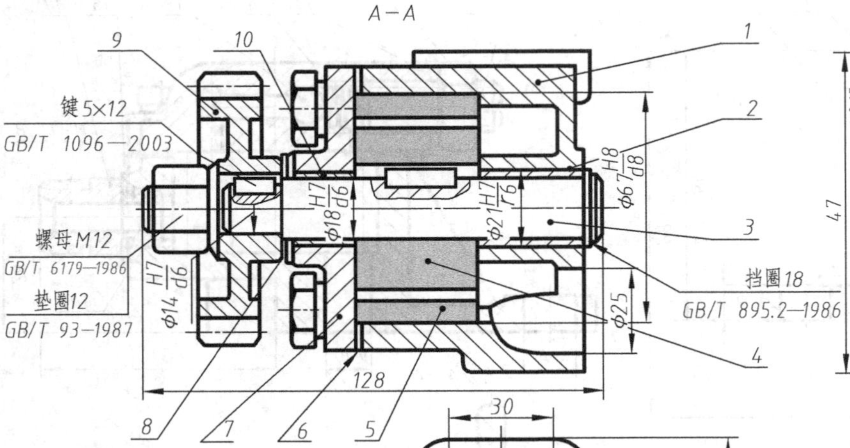

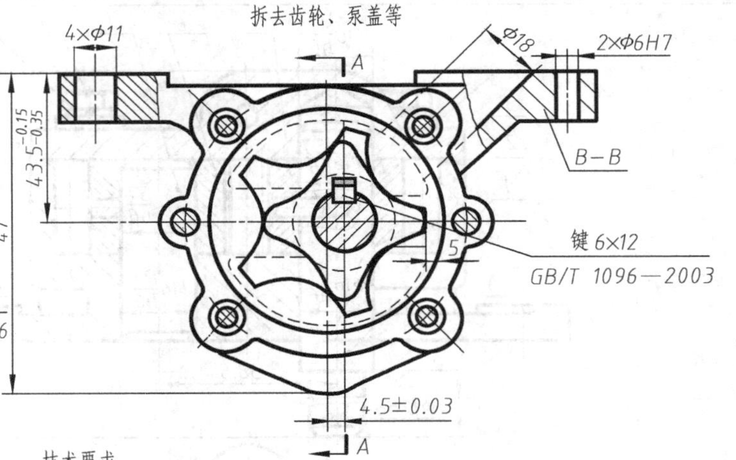

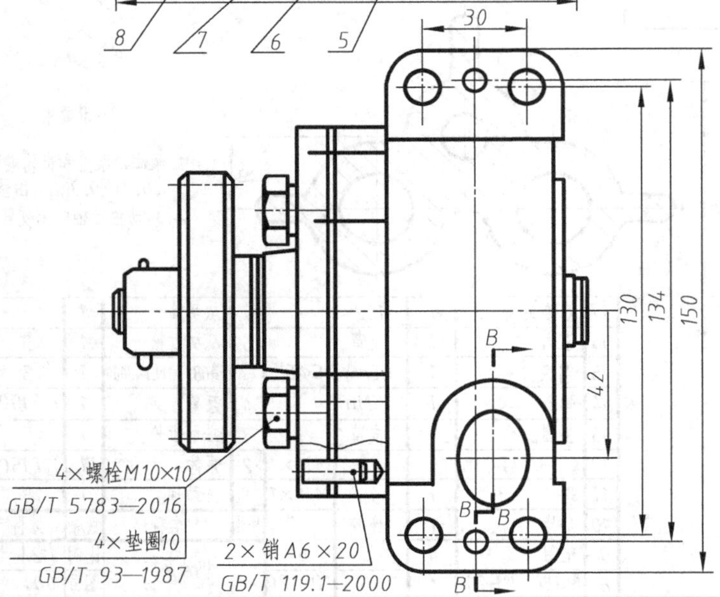

技术要求

1. 装成部件后，用手旋转轴时，转动应均匀，无任何阻、卡现象。
2. 装配完毕后，用手推主轴时，应有轴向间隙。
3. 以垫片6来调整转子与泵体轴向间隙为0.115~0.5mm。
4. 在装配中转动主轴，使内外转子的径向间隙为0.10~0.25mm。
5. 出口油压为(60±5)×10⁴Pa时，油泵转速为1850r/min时，供油量不得少于3290L/h。
6. 试验时的机油温度为(85±5)℃，亦允许采用室温下的锭子进行试验，供油量有出入时，以20℃为准。
7. 试验时，除轴承部分外，当机油泵出口油压为（160±51）×10 Pa时，在机油泵泵盖与泵体的接触面和连接螺钉处，不允许有漏油现象。

序号	名称	数量	材料	备注
10	轴套	1	QA19-4	
9	齿轮	1	QT600-3	
8	止推轴衬	1	QA19-4	
7	泵盖	1	HT250	
6	垫片	1	纸柏	
5	外转子	1	铁基粉末冶金	
4	内转子	1	铁基粉末冶金	
3	泵轴	1	45	
2	轴套	1	QA19-4	
1	泵体	1	HT250	

摆线转子泵		比例	1:2		
		数量			
制图		重量		共 张	第 张
描图					
审核		（厂名）			

4. 顶尖座。

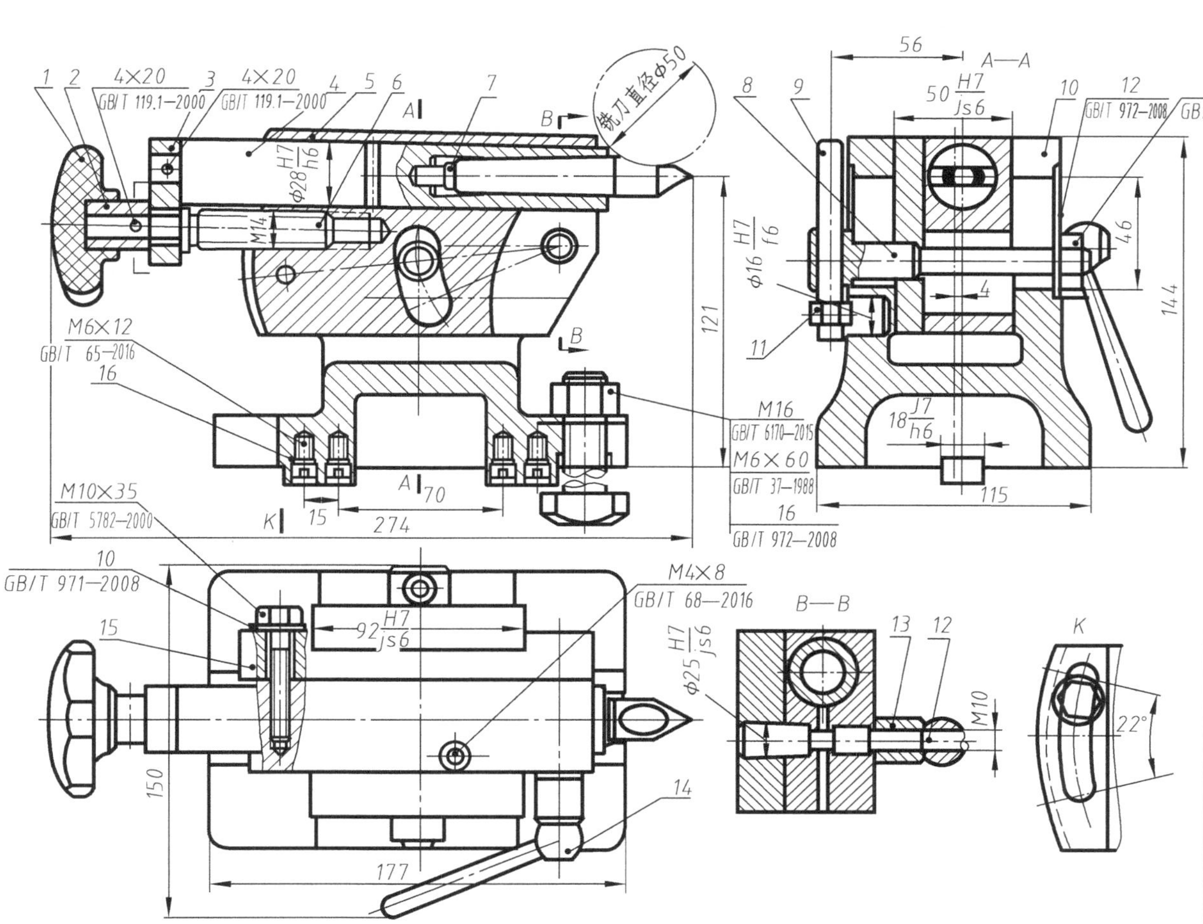

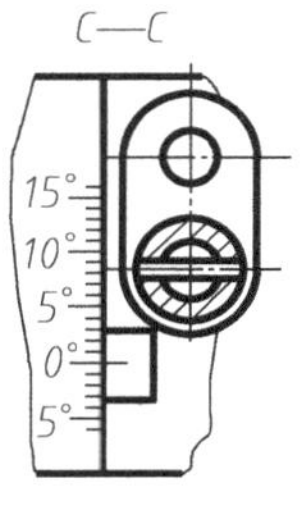

技术要求

1. 装好后倒去配合面以外的锐角C0.5～C1。
2. 调整顶尖轴线与部件5轴线等高与平行。并刻"0"线，打0位字。

序号	名称	数量	材料
16	定位键	2	20Mn2
15	定位板	1	HT200
14	夹紧手柄	1	45
13	套	1	45
12	夹紧螺杆	1	45
11	定位卡	1	45
10	底座	1	HT200
9	升降螺杆	1	45
8	定位螺杆	1	45
7	顶尖	1	200Mn
6	顶尖螺杆	1	45
5	尾架体	1	HT200
4	顶尖套	1	45
3	板	1	45
2	套	1	45
1	把手	1	

顶尖座		比例		
		数量		
制图		重量		共 张 第 张
描图				
审核		（厂名）		

13-1　**展开图**（截交线）　　班级________ 姓名________ 学号________

作出截头六棱柱的表面展开图。

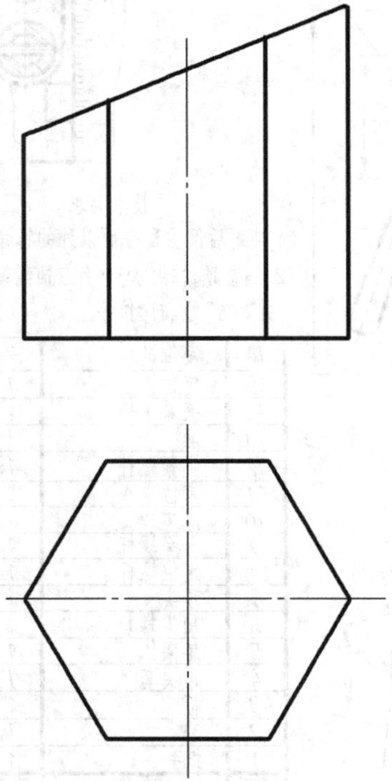

求出斜交两圆柱的相贯线，并分别画出两圆柱侧表面的展开图。

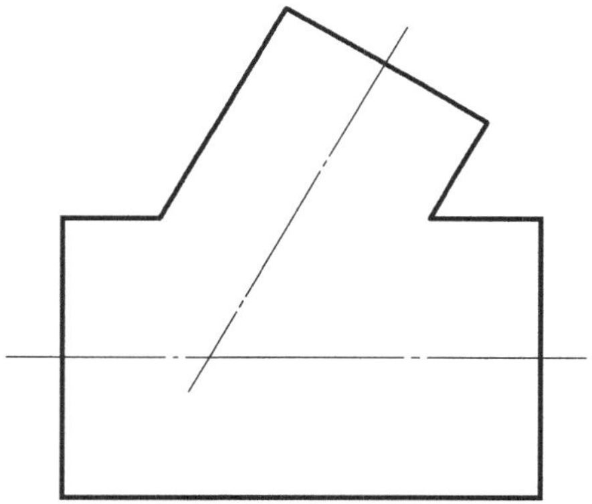

求作下图中 *A*、*B*、*C* 管的展开图。

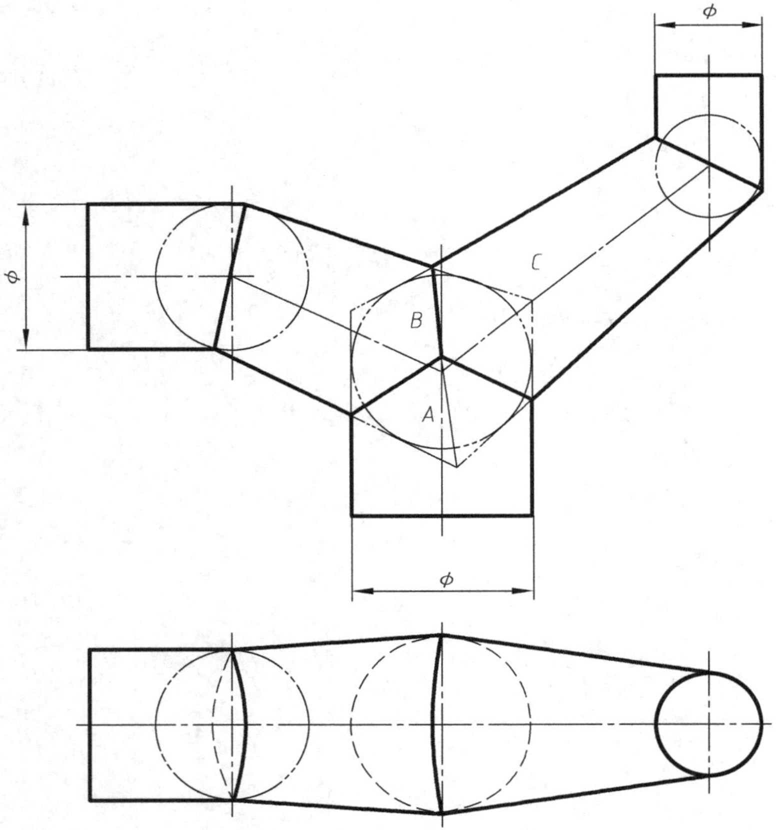

作出带切口的半圆球面近似展开图。

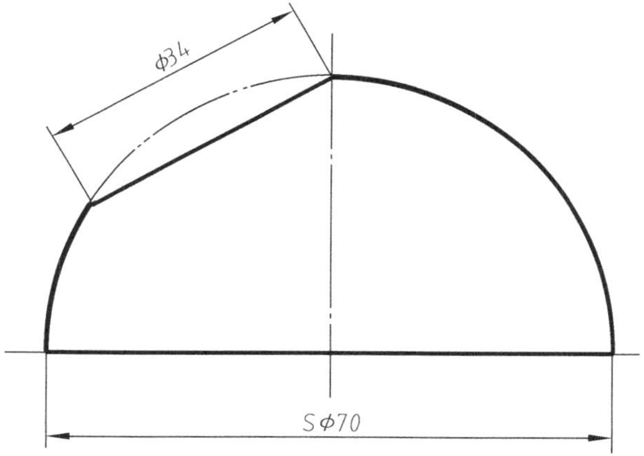

作出一个五节直角弯头（两端为半节，中间三段全节）的表面展开图。

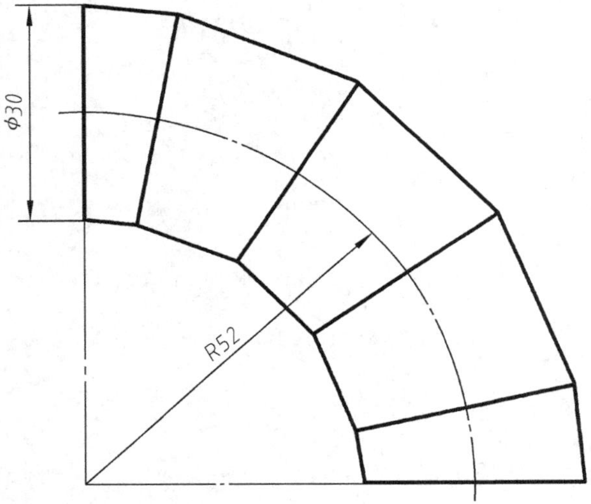

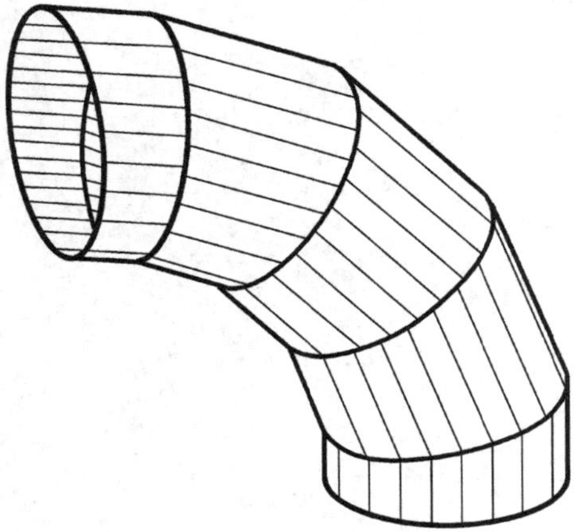

参考文献

[1] 钱可强，何铭新，徐祖茂，等. 机械制图习题集 [M]. 7版. 北京：高等教育出版社，2015.

[2] 朱辉，等. 画法几何及工程制图习题集 [M]. 7版. 上海：上海科学技术出版社，2013.

[3] 大连理工大学工程图学教研室. 机械制图习题集 [M]. 6版. 北京：高等教育出版社，2013.

[4] 葛常清，等. 现代工程图学习题集 [M]. 南京：河海大学出版社，2008.

[5] 焦永和，张彤，张京英，等. 工程制图习题集 [M]. 2版. 北京：高等教育出版社，2015.

[6] 王兰美，殷昌贵，等. 画法几何及工程制图习题集 [M]. 3版. 北京：机械工业出版社，2017.

[7] 葛常清，等. 工程制图 [M]. 徐州：中国矿业大学出版社，2001.

[8] 许纪旻，高政一，刘朝儒，等. 机械制图习题集 [M]. 4版. 北京：高等教育出版社，2006.

[9] 王冰，等. 工程制图习题集 [M]. 2版. 北京：高等教育出版社，2015.